21世纪高等职业教育信息技术类规划教材

21 Shiji Gaodeng Zhiye Jiaoyu Xinxi Jishulei Guihua Jiaocai

计算机网络实训教程

JISUANJI WANGLUO SHIXUN JIAOCHENG

张晖 杨云 主编

人民邮电出版社

北 京

图书在版编目（CIP）数据

计算机网络实训教程 / 张晖，杨云主编. —北京：人民
邮电出版社，2008.11（2012.1 重印）
21 世纪高等职业教育信息技术类规划教材
ISBN 978-7-115-18609-6

Ⅰ．计…　Ⅱ．①张…②杨…　Ⅲ．计算机网络—高等学
校：技术学校—教材　Ⅳ．TP393

中国版本图书馆 CIP 数据核字（2008）第 116897 号

内 容 提 要

本书以实训教学为主线，各章由 4～10 个实训项目组成，全书共计 37 个实训项目，基本涵盖了计算机网络的各种实训。每个实训项目一般包括实训背景、实训目的、实训内容、实训环境要求、实训拓扑、理论基础、实训步骤、实训思考题、实训问题参考答案、实训报告要求 10 部分。全书共分为 6 章，分别为虚拟机与 VMware Workstation、计算机网络基本实训、路由与交换技术实训、Windows Server 2003 实训、Linux 网络操作系统实训、网络操作系统综合实训。

本书作为计算机网络课程的实训教材，实践性很强，旨在帮助读者在学习了计算机网络基础理论和基础知识的前提下，进行网络工程的应用训练。

本书适合作为高职高专院校各专业计算机网络课程的实训教材，也适合计算机网络爱好者和有关技术人员参考使用。

21 世纪高等职业教育信息技术类规划教材
计算机网络实训教程

◆ 主　编　张　晖　杨　云
　责任编辑　潘春燕
　执行编辑　王　威

◆ 人民邮电出版社出版发行　　北京市崇文区夕照寺街 14 号
　邮编　100061　电子邮件　315@ptpress.com.cn
　网址　http://www.ptpress.com.cn
　北京铭成印刷有限公司印刷

◆ 开本：787×1092　1/16
　印张：16.25　　　　　　2008 年 11 月第 1 版
　字数：413 千字　　　　 2012 年 1 月北京第 5 次印刷

ISBN 978-7-115-18609-6/TP

定价：26.00 元
读者服务热线：(010)67170985　印装质量热线：(010)67129223
反盗版热线：(010)67171154

前　言

　　计算机网络课程教学不仅让学生掌握技术原理，更重要的是帮助学生运用所学基本知识进行工程设计与实践，从而培养学生的创造能力、开发能力、独立分析和解决问题的能力。为了帮助学生能够在学习知识的同时提高实际动手能力，我们组织了几位长期工作在计算机网络教学一线的教师，编写了这本实训教程。

　　本书的特点

　　（1）紧密结合高职高专教学实际。目前，各个学校在计算机网络实验与实训中普遍使用了虚拟实验环境，本书开篇首先介绍虚拟机与 VMware，为后续实训做准备。在一些设备要求复杂的实训中，特别给出了使用 VMware 虚拟机完成实训的方案方法，利于学生学习和教师指导。

　　（2）较好的条理性和系统性。本书由 5 个实训单元组成，每个实训单元由若干个实用性好、可操作性强的实训项目组成，共计 37 个实训项目。以实训项目为中心介绍相关知识和实训步骤，有利于学生在实训中掌握计算机网络的实用知识，提高专业素质。

　　（3）理论和实践紧密结合，突出了高职教育的特色。每个实训项目一般包括实训背景、实训目的、实训内容、实训环境要求、实训拓扑、理论基础、实训步骤、实训思考题、实训问题参考答案、实训报告要求 10 部分。每个实训项目就是一个知识和技能的综合训练题。

　　（4）方便教师教学和学生自学。本书中每个实训项目都是对所学的理论知识的综合运用及扩展，其后都有相关的思考题，有利于学生思考和教师督促学生学习。与本书配套的学习网站提供实验视频、学习论坛、补充资料等教学资源。其网址是：http：//web2.jnrp.cn/jbkc/wl。

　　本书的内容

　　本书共分 6 章、37 个实训项目，建议学时数为 96 个学时（整周实训需安排 3 到 4 周，可以安排在不同学期）。其主要内容包括下面几个部分。

　　第 1 章主要介绍虚拟机的基础知识和如何使用 VMware Workstation 软件建立虚拟网络环境。为后续实训做准备。

　　第 2 章介绍非屏蔽双绞线的制作、对等网以及子网的规划和划分等 4 个实训。

　　第 3 章的实训项目是使用路由器、交换机组建网络，介绍路由与交换技术方面的 10 个实训项目。

　　第 4 章介绍 Windows Server 2003 网络操作系统方面的 9 个实训项目。

　　第 5 章介绍 Red Hat Enterprise Linux 4.0 服务器版网络操作系统方面的 10 个实

训项目。

第 6 章介绍网络操作系统方面的 4 个综合实训项目。

本书是学院老师与企业工程师共同编写的一本工学结合实训教材。浪潮集团的薛立强高级工程师，审订了大纲并编写了部分内容。全书由张晖、杨云担任主编。其中第 1 章至第 3 章由张晖编写，第 4 章至第 5 章由杨云、薛立强编写，第 6 章由平寒编写，马立新也参加了部分章节的编写。

由于时间仓促，加之作者水平有限，书中难免存在错误和不妥之处，敬请广大读者批评指正。作者的 E-mail：yangyun@jn.gov.cn。

编　者

2008 年 6 月

目 录

虚拟机与 VMware Workstation

英国 17 世纪著名化学家罗伯特·波义耳说过："实验是最好的老师"。实验是从理论学习到实践应用必不可少的一步，尤其是在计算机、计算机网络、计算机网络应用这种实践性很强的学科领域，实验与实训更是重中之重。

选择一个好的虚拟机软件是顺利完成各类虚拟实验的基本保障。有资料显示，VMware 就是专门为微软公司的 Windows 操作系统及基于 Windows 操作系统的各类软件测试而开发的。由此可知 VMware 软件功能的强大。

本章主要介绍虚拟机的基础知识和如何使用 VMware Workstation 软件建立虚拟网络环境。

1.1 虚拟机

对于大学生来说，只有理论学习而没有经过一定的实践操作，一切都是"纸上谈兵"，在实际应用中碰到一些小问题都有可能成为不可逾越的"天堑"。然而，在许多时候我们不可能在已经运行的系统设备上进行各种实验，如果为了掌握某一项技术和操作而单独购买一套设备，在实际应用中几乎是不可能的。虚拟实验环境的出现和应用解决了以上问题。

"虚拟实验"即"模拟实验"，它借助一些专业软件的功能来实现与真实设备相同效果的过程。虚拟实验是当今技术发展的产物，也是社会发展的要求。

1.1.1 虚拟机的功能与用途

大量的虚拟实验都是通过虚拟机软件来实现的，虚拟机的主要功能有两个，一是用于实验，二是用于生产。所谓用于实验，就是指用虚拟机可以完成多项单机、网络和不具备真实实验条件和环境的实验；所谓用于生产，主要包括以下几种情况。

● 用虚拟机可以组成产品测试中心。通常的产品测试中心都需要大量、具有不同环境和配置的计算机及网络环境,例如,有的测试需要从 Windows 98、Windows 2000、Windows XP 到 Windows 2003 的环境,而每种环境,比如 Windows XP,又分为 Windows XP(不打补丁)、Windows XP(打 SP1 补丁)、Windows XP(打 SP2 补丁)这样的多种环境。如果使用"真正"的计算机进行测试,需要大量的计算机,而使用虚拟机可以降低和减少成本而不影响测试的进行。

● 用虚拟机可以"合并"服务器。通常企业需要多台服务器,但有可能每台服务器的负载比较轻或者服务器总的负载比较轻。这时候就可以使用虚拟机的企业版,在一台服务器上安装多个虚拟机,其中的每台虚拟机都用于代替一台物理的服务器,从而充分利用资源。

虚拟机可以做多种实验,主要包括以下几点。

● 一些"破坏性"的实验,比如需要对硬盘进行重新分区、格式化,重新安装操作系统等操作。

● 一些需要"联网"的实验,比如做 Windows 2003 联网实验时,需要至少 3 台计算机、1 台交换机、3 条网线。

● 一些不具备条件的实验,比如 Windows 群集类实验,需要"共享"的磁盘阵列柜,而一个最便宜的磁盘阵列柜也需要几万元,如果再加上群集主机,则一个实验环境大约需要 10 万元以上的投资。使用虚拟机可以大大节省成本。

1.1.2　VMware Workstation 虚拟机简介

VMware Workstation 为每一个虚拟机创建了一套模拟的计算机硬件环境,其模拟的硬件设置如下。

● CPU:Intel CPU,CPU 主频与主机频率相同。

● 硬盘:普通 IDE 接口或者 SCSI 接口的硬盘,如果是创建 Windows NT 或 Windows 2000 的虚拟机,则 SCSI 型号为 BusLogic SCSI Host Adapter(SCSI),如果创建的虚拟机是 Windows Server 2003,则 SCSI 卡型号为 LSI SCSI 卡。

● 网卡:AMD PCNET 10/100/1000Mbit/s 网卡。

● 声卡:Creative Sound Blaster 16 位声卡。

● 显卡:标准 VGA、SVGA 显示卡,16MB 显存(可修改)。在安装 VMware SVGA Ⅱ 显示卡驱动后可支持 32 位真彩色及多种标准(如 1 600 像素×1 280 像素、1 280 像素×1 024 像素、1 024 像素×768 像素、800 像素×600 像素、640 像素×480 像素等)与非标准(如 1 523 像素×234 像素等可以任意设置)的分辨率,支持全屏显示模式,也可以在 VMware Workstation 窗口中显示。

● USB:可以在虚拟机中使用 USB 的硬件设备,如 U 盘、USB 鼠标、USB 打印机等,目前 VMware Workstation 提供了 USB 1.1 的接口。

1.1.3　VMware Workstation 功能与用途

VMware Workstation 5.5.2 是目前为止功能最全、性能最优、使用最方便的虚拟机产品之一。VMware Workstation 5.x 有如下功能与特点。

● 多次快照与恢复:这是对 VMware Workstation 4.x 相应功能的更新。VMware Workstation 5.x

可以根据用户需求，在使用虚拟机的过程中保存多次"快照"，并且可以根据需要，恢复到每个"快照"前的状态，就像 Windows XP 中的"即时还原"功能一样，但比即时还原功能要好。因为"快照"保存的是当时完整的系统状态，可以随时还原，而在 VMware Workstation 4.x 和 VMware GSX Server 3.x 版本中，只能保存一次"快照"，VMware Workstation 4.0 以前的版本不支持"快照"功能。

- 组（team）：这是 VMware Workstation 5.x 新增加的功能。使用 VMware Workstation 5.x 的"组"功能，可以将多台虚拟机组织到一个项目组中一起管理和使用，并且可以对每个虚拟机进行设置并限制其网络带宽。
- 克隆：这是 VMware Workstation 5.x 的新增功能。可以将一个虚拟机（从一个虚拟机的"快照"状态）克隆成一个新的虚拟机，或者克隆一个"链接"虚拟机来使用。
- 更好的内存和网络支持。
- 64 位支持。
- 录像：VMware Workstation 5.x 新增功能。在 VMware Workstation 5.x 中，可以将虚拟机的操作和使用情况录制成 AVI 文件，这对于制作教程和演示录像有很大的帮助。
- V2V 支持：使用 V2V 工具，可以将 Microsoft Virtual PC 或 Microsoft Virtual Server 的虚拟机导入到 VMware 的虚拟机中使用。
- 支持双路虚拟 SMP：支持两路 Virtual SMP，可以指派一个或两个 CPU 给虚拟机使用。如果使用这项功能，用户的主机 CPU 需要是超线程的或者有多个 CPU。
- 集成 VMware Player 组件：VMware Player 是一个免费软件，可以让 PC 用户在 Windows 或 Linux PC 上很容易地运行虚拟机。支持的格式有 VMware Workstation、GSX Server、ESX Server、Microsoft Virtual PC、Microsoft Virtual Server 2005 虚拟机与 Symantec Live State Recovery 的镜像文件等。

1.2　安装 VMware Workstation

在某个真实操作系统上安装 VMware Workstation 软件，然后可以利用该工具在一台计算机上模拟出若干台虚拟计算机，每台虚拟计算机可以运行独立的操作系统而互不干扰，还可以将一台计算机上的几个操作系统互联成一个网络。在 VMware 环境中，将真实的操作系统称为主机系统，将虚拟的操作系统称为客户机系统或虚拟机系统。主机系统和虚拟机系统可以通过虚拟的网络连接进行通信，从而实现一个虚拟的网络实验环境。从实验者的角度来看，虚拟的网络环境与真实网络环境并无太大区别。虚拟机系统除了能够与主机系统通信以外，甚至还可以与实际网络环境中的其他主机进行通信。

因为需要装两个以上操作系统，所以主机的内存应该比较大。推荐的计算机硬件基本配置如表 1-1 所示。

表 1-1　　　　　　　　　　　　　　　实验设备要求

设　　备	要　　求
内存	建议 512MB 以上
CPU	1GHz 以上
硬盘	40GB 以上
网卡	10MB 或者 100MB 网卡

续表

设 备	要 求
操作系统	Windows 2000 Server SP2 以上
光盘驱动器	使用真实设备或光盘映像文件

在 VMware 环境中，主机系统可以是 Windows 或 Linux 系统，本节以 Windows XP 操作系统为例，讲述 VMware Workstation 5.5 的安装，具体操作步骤如下。

（1）在计算机上安装 Windows XP，并且打上相关的补丁，根据实际需要设置真实网卡的 IP 地址。如果需要虚拟机系统与真实网络通信，则该网卡的 IP 地址应该能够保证网络通信正常。

（2）下载并安装 VMware Workstation 软件，具体安装步骤非常简单，本处不再赘述。安装完成后启动 VMware Workstation，以 VMware Workstation 5.5 为例，启动后界面如图 1-1 所示。

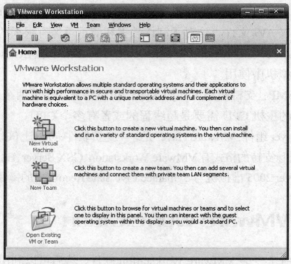

图 1-1　VMware Workstation 5.5

（3）安装汉化补丁，完成后，界面变成纯中文，如图 1-2 所示。

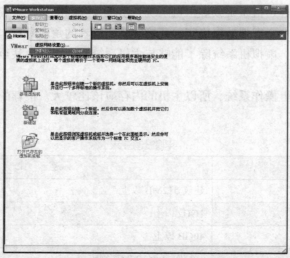

图 1-2　汉化后的 VMware Workstation

1.3　Windows XP 防火墙的配置

　　VMware Workstation 在安装的过程中，会在主机上安装两块虚拟网卡。如果主机系统是 Windows XP SP2 或者 Windows Server 2003 SP1，默认会在这两块新增加的虚拟网卡上启动防火墙，为了让虚拟机可以正常地使用这两块网卡，需要对 Windows XP 的防火墙进行配置，其步骤如下。

　　（1）用鼠标右键单击"网上邻居"→"属性"命令，在打开的"网上连接"窗口中继续用鼠标右键单击任一虚拟网卡，单击"属性"按钮，在出现的"VMware Network Adapter VMnet8 属性"窗口中，单击"高级"选项卡，如图 1-3 所示。

　　（2）单击"Windows 防火墙"选项下的"设置"按钮，打开"Windows 防火墙"对话框。单击"高级"选项卡，将两块虚拟网卡前面的"√"去掉，如图 1-4 所示，单击"确定"按钮完成操作。

图 1-3　"VMware Network Adapter VMnet8 属性"对话框

图 1-4　设置防火墙

1.4　VMware Workstation 5.5 的配置

　　当 VMware Workstation 5.5 安装完成，并且 Windows XP SP2（或 Windows Server 2003 SP1）配置完成后，需要对 VMware Workstation 5.5 进行基本配置。

1．设置 VMware Workstation 参数

　　如图 1-2 所示单击"编辑"→"参数"命令，出现"参数"设置对话框，如图 1-5 所示。
在"工作区"选项卡，设置工作目录，再分别单击"输入"、"热键"、"显示"、"内存"、"优

先级"、"锁定"选项卡，进行相关设置。

图 1-5　设置 VMware Workstation 参数

2. 设置虚拟网卡

工作目录等参数设置完成后，接下来设置 VMware Workstation 虚拟网卡（即 VMware Workstation 虚拟交换机）参数。默认情况下，VMware Workstation 的虚拟交换机"随机"使用 192.168.1.0 到 192.168.254.0 范围中的（子网掩码为 255.255.255.0）两个网段（对应于第一台虚拟交换机 Vmnet1 和第 8 台虚拟交换机 VMnet8），即使在同一台主机上安装 VMware，其使用的网段也不固定，这样是很不方便的。在用 VMware Workstation 做网络实验的时候，为了统一，把每个虚拟交换机的网段"固定"，如表 1-2 所示。

表 1-2　　　　　　　　　VMware 虚拟网卡使用网络地址规划表

虚拟交换机名称	使用网段	子网掩码
VMnet0（即 Bridging 网卡）	与主机网卡相同，修改无意义	与主机网卡相同
VMnet1（即 host 网卡）	192.168.10.0	255.255.255.0
VMnet2（默认未安装）	192.168.20.0	255.255.255.0
VMnet3（默认未安装）	192.168.30.0	255.255.255.0
VMnet4（默认未安装）	192.168.40.0	255.255.255.0
VMnet5（默认未安装）	192.168.50.0	255.255.255.0
VMnet6（默认未安装）	192.168.60.0	255.255.255.0
VMnet7（默认未安装）	192.168.70.0	255.255.255.0
VMnet8（即 NAT 网卡）	192.168.80.0	255.255.255.0
VMnet9（默认未安装）	192.168.90.0	255.255.255.0

（1）单击"编辑"→"虚拟网络设置"命令，出现如图 1-6 所示的"虚拟网络编辑器"对话框。

（2）单击"自动桥接"选项卡，此处选择 VMnet0 所使用的网卡，当主机上有一块网卡时，自动使用主机上的网卡。当主机上有多块网卡时，取消"自动桥接"，如图 1-7 所示。

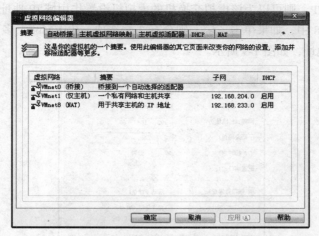

图 1-6　"虚拟网络编辑器"对话框

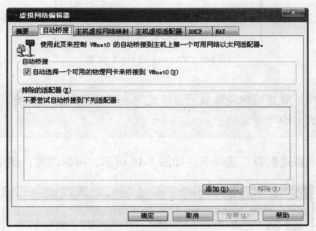

图 1-7　自动桥接

（3）单击"主机虚拟网络映射"→VMnet1 中的">"，出现如图 1-8 所示的对话框。

图 1-8　主机虚拟网络映射

如果选择"子网"，可以更改虚拟网卡所在的网段及子网掩码，一般按表 1-2 所示的规划进行更改；如果选择 DHCP，则可以为该虚拟交换机的虚拟机设置作用域 IP 地址范围。

另外，在 VMnet8 中，如果单击">"，则会有 3 个选项，比 VMnet1 多了"NAT"选项。可以设置 NAT 的网关地址，如图 1-9 所示。

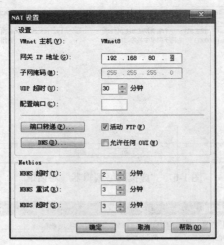

图 1-9　VMnet8 的 NAT 设置

注意　　　　如果更改了默认的网段地址，请一定单击"应用"按钮使更改有效，否则无法继续设置正确的 DHCP 等信息。

（4）单击"主机虚拟适配器"选项卡，如图 1-10 所示，可以添加、删除、停止虚拟网卡。

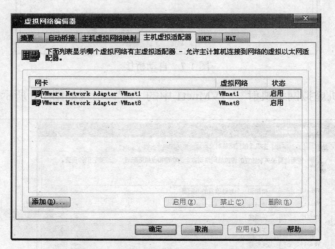

图 1-10　"主机虚拟适配器"选项卡

（5）另外，单击"DHCP"选项卡，可以修改网卡的作用域。

3.　设置 VMware Workstation 的联网方式

需要注意的是 VMware 的联网方式。安装完 VMware Workstation 之后，默认会给主机系统增加两个虚拟网卡 VMware Network Adapter VMnet1 和 VMware Network Adapter VMnet8，这两个虚拟网卡分别用于不同的联网方式。VMware 常用的联网方式如表 1-3 所示。

表 1–3　　　　　　　　　　　　　　虚拟机网络连接属性及其意义

选择网络连接属性	意　　义
Use bridged networking（桥接网络）	使用（连接）VMnet0 虚拟交换机，此时虚拟机相当于网络上的一台独立计算机，与主机一样，拥有一个独立的 IP 地址，效果如图 1-11 所示
Use network address translation（使用 NAT 网络）	使用（连接）VMnet8 虚拟交换机，此时虚拟机可以通过主机单向访问网络上的其他工作站（包括 Internet 网络），其他工作站不能访问虚拟机，效果如图 1-12 所示
Use Host-Only networking（使用主机网络）	使用（连接）Vmnet1 虚拟交换机，此时虚拟机只能与虚拟机、主机互联，网络上的其他工作站不能访问，如图 1-13 所示
Do not use a network connection	虚拟机中没有网卡，相当于"单机"使用

如图 1-11 所示，虚拟机 A1、虚拟机 A2 是主机 A 中的虚拟机，虚拟机 B1 是主机 B 中的虚拟机。如果 A1、A2 与 B 都采用"桥接"模式，则 A1、A2、B1 与 A、B、C 任意两台或多台之间都可以互相访问（需要设置为同一网段），这时 A1、A2、Bl 与主机 A、B、C 处于相同的身份，相当于插在交换机上的一台"联网"计算机。

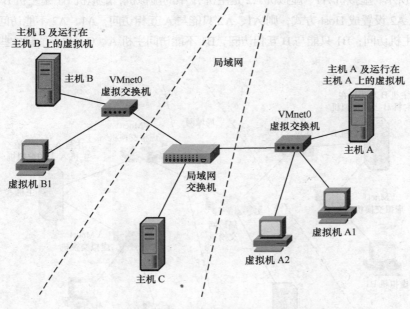

图 1-11　桥接方式网络关系

如图 1-12 所示，虚拟机 A1、虚拟机 A2 是主机 A 中的虚拟机，虚拟机 B1 是主机 B 中的虚拟机。其中的"NAT 路由器"是启用了 NAT 功能的路由器，用来把 VMnet8 交换机上连接的计算机通过 NAT 功能连接到 VMnet0 虚拟交换机。如果 B1、A1、A2 设置成 NAT 方式，则 A1、A2 可以单向访问主机 B、C，B、C 不能访问 A1、A2；B1 可以单向访问主机 A、C，C、A 不能访问 B1；A1、A2 与 A，B1 与 B 可以互访。

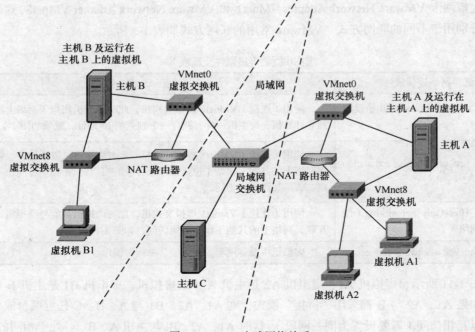

图 1-12　NAT 方式网络关系

如图 1-13 所示，虚拟机 A1、虚拟机 A2 是主机 A 中的虚拟机，虚拟机 B1 是主机 B 中的虚拟机。如果 B1、A1、A2 设置成 Host 方式，则 A1、A2 只能与 A 互相访问，A1、A2 不能访问主机 B、C，也不能被这些主机访问；B1 只能与 B 互相访问，B1 不能访问主机 A、C，也不能被这些主机访问。

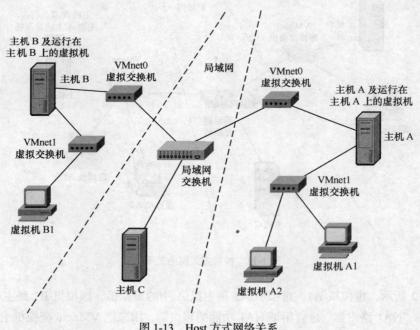

图 1-13　Host 方式网络关系

在使用虚拟机"联网"的过程中，可以随时更改虚拟机所连接的"虚拟交换机"，这相当于在真实的局域网环境中，把网线从一台交换机插到另一台交换机上。当然，在虚拟机中改变网络要比实际上插拔网线方便多了。和真实的环境一样，在更改了虚拟机的联网方式后，还需要修改虚拟机中的 IP 地址以适应联网方式的改变。例如，在图 1-11 中，假设主机的 VMnet1 使用网段地址 192.168.10.0，VMnet8 使用网段地址 192.168.80.0，网关地址为 192.168.80.254（相当于图 1-12 中 "NAT 路由器" 内网地址），主机网卡使用地址为 192.168.1.1。假设虚拟机 A1 开始被设置成桥接方式，虚拟机 A1 的 IP 地址被设置为 192.168.1.5。如果虚拟机 A1 想使用 Host 方式，则修改虚拟机的网卡属性为 "Host-Only"，然后在虚拟机中修改 IP 地址为 192.168.10.5 即可（也可以设置其他地址，只要网段与 Host 所用网段在同一子网即可，下同）；如果虚拟机 A1 想改用 NAT 方式，则修改虚拟机的网卡属性为 "NAT"，然后在虚拟机中修改 IP 地址为 192.168.80.5，设置网关地址为 192.168.80.254 即可。

一般来说，Bridged Networking（桥接网络）方式最方便，因为这种连接方式可以将虚拟机当做网络中的真实计算机使用，在完成各种网络实验时效果也最接近于真实环境。

1.5 组装虚拟机

下面就可以组装一台虚拟机了。

1. 新建虚拟机

（1）在 VMware Workstation 主窗口中单击 "新建虚拟机" 按钮，或者选择菜单 "文件" → "新建" → "虚拟机" 命令，打开新建虚拟机向导。

在图 1-2 中，若单击 "新建组" 按钮，则可以建立组，后面详细介绍。

（2）单击 "下一步" 按钮，在接下来的几步分别设置将要安装的操作系统、虚拟机存放位置、网络连接方式，以及分配给虚拟机的内存数量等，大部分选项均可采用系统的默认值。

（3）向导设置完成后，通常还需要设置光盘驱动器的使用方式。选择菜单 "虚拟机" → "设置"，在图 1-14 所示窗口中选择 "CD-ROM" 项，可以看到光盘驱动器有两种使用方式。

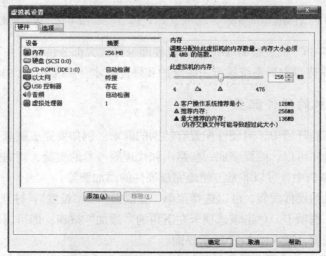

图 1-14 选择 "CD-ROM" 选项

● Use physical drive：该选项使用主机系统的真实光盘驱动器，如使用该种方式安装操作系统，需要准备光盘介质。

● Use ISO image：使用光盘映像 ISO 文件模拟光盘驱动器，只需要准备 ISO 文件，不需要实际的光盘介质。对虚拟机系统来说，这与真实的光盘介质并无区别。

设置虚拟计算机完成后，单击工具栏上的绿色启动按钮可以为虚拟机加电启动，如图 1-15 所示。此时使用鼠标单击虚拟机系统的屏幕可将操作焦点转移到虚拟机上，使用组合键"Ctrl+Alt"可以将焦点转移回主机系统。

 有时组合键"Ctrl+Alt"可能与系统的某些默认组合键冲突，这时可以将热键设置为其他组合键。方法是选择菜单"编辑"→"参数"，在打开的设置对话框中选择"热键"选项卡，将热键设置为其他组合。

2. 虚拟机 BIOS 设置

在虚拟机窗口中单击鼠标左键，接受对虚拟机的控制，按【F2】键可以进入 BIOS 设置，如图 1-16 所示，虚拟机中使用的是"Phoenix"（凤凰）的 BIOS 程序。

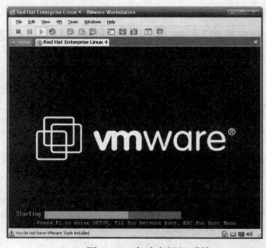

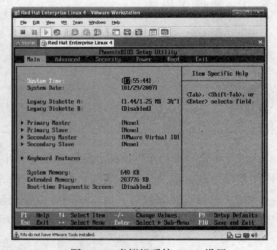

图 1-15　启动虚拟机系统　　　　　　　　图 1-16　虚拟机系统 BIOS 设置

这个界面与很多 PC 机主板的 BIOS 设置界面一样。大部分情况下并不需要设置虚拟机的 BIOS，通常只有使用光盘引导系统执行一些维护和修复时才会修改 BIOS 中与引导有关的选项。

3. 改变虚拟机的硬件配置

在某些应用和实验环境中，对硬件配置有特别的需求。例如要完成磁盘 RAID 实验，需要操作系统具备多块磁盘才可以；而要完成一些路由和代理服务器的实验，则需要操作系统有多块网卡。在 WMware 虚拟机中，可以非常方便地完成硬件的添加删除。

为了修改虚拟机的硬件配置，可以选择菜单"虚拟机"→"设置"，打开"虚拟机设置"对话框，并选择"硬件"选项卡。单击该选项卡左下角的"添加"按钮，即可启动添加硬件向导。继续单击"下一步"按钮，进入图 1-17 所示界面。

在图 1-17 所示界面中选择要添加的硬件类型，按照向导提示进行操作即可完成硬件的添加。

如果选择"硬盘"可以添加多块硬盘（最多支持 4 块 IDE 硬盘和 7 块 SCSI 硬盘）。另外，为了提高虚拟机系统的性能，建议将实验中不需要的硬件删除。例如软盘驱动器、声卡等设备，都可以暂时删除。方法是在"虚拟机设置"对话框中，选择要删除的硬件设备，单击"移除"按钮。

4. 管理虚拟机快照

使用虚拟机系统的好处之一就是可以为虚拟机建立快照，并在需要的时候将系统恢复到某个快照。所谓快照是对虚拟机系统状态的保存，有了快照，就可以放心地对系统进行任意操作，当系统出现问题不能正常使用时，就可以将系统恢复到建立快照时的状态。

在 VMware Workstation 的工具栏中可以看到如图 1-18 所示的按钮。

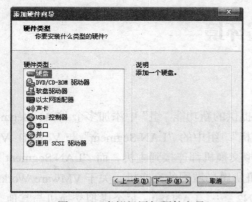

图 1-17 虚拟机添加硬件向导

图 1-18 虚拟机快照管理按钮

这 3 个按钮的功能分别是建立快照、恢复系统到上一个快照、管理虚拟机快照。单击第一个按钮可以立刻对系统建立快照；单击第二个按钮可以将系统恢复到上一次建立的快照；单击第三个按钮，打开如图 1-19 所示的对话框，在该对话框中对系统的快照进行管理。

图 1-19 虚拟机快照管理

在该对话框中，可以对快照进行各种管理操作。例如建立新的快照，或者恢复到某个指定的快照，也可以将原有的快照删除。

为了更好地管理和使用虚拟机系统，建议在安装完一个操作系统之后，立即对系统建立快照，并使用简单易记的名字进行命名。在对虚拟机系统进行了重要配置之后，也应该建立相应的快照。

另外，为了不影响后面的实验，在每次做实验之前，将已经安装好的的虚拟机创建一个"克隆"（链接），在创建的克隆链接的虚拟机中做实验，在实验之后，确认不再使用后，删除克隆后的虚拟机。创建"克隆"（链接）的操作如下。

如图 1-19 所示。单击选中创建的快照点，单击"克隆"（clone）按钮，出现向导对话框，单击"下一步"按钮，在接下来的对话框中选择"从快照作为原始点"（From Snapshot）按钮，接下来选择"创建一个链接克隆"（Create a link Clone）按钮，然后按提示输入克隆后的虚拟机名称，最后完成克隆虚拟机的创建。

1.6　使用组功能创建实验环境

1.6.1　组概述

从 VMware Workstation 5.0 开始，可以在其提供的新功能"组"中添加多个"LAN Segments"，每一个"LAN Segment"相当于一个"虚拟交换机"。组中的"LAN Segment"与 VMnet1~VMnet9 虚拟交换机不同之处在于，VMnetl~VMnet9 虚拟交换机都连接到主机，而"LAN Segment"虚拟交换机并不连接到主机，而是独立于主机及主机所属局域网的交换机。关于 VMware Workstation 5.0 组中提供的虚拟交换机，称之为 LAN1，LAN2，…，LAN380…每个虚拟交换机与其他交换机之间没有连接关系。如果有的虚拟机添加多块网卡，添加多块网卡的虚拟机可以连接多个虚拟交换机，其网络拓扑如图 1-20 所示。

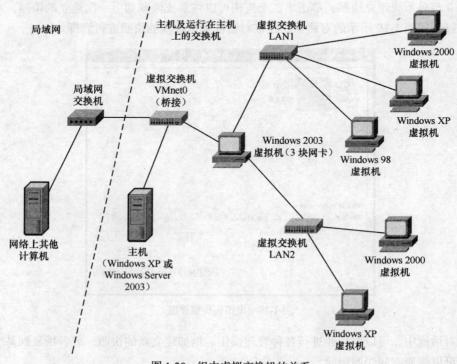

图 1-20　组中虚拟交换机的关系

如图 1-20 所示，LAN1 和 LAN2 虚拟交换机并没有直接的网络连接，而是通过一台添加了 3 块网卡的虚拟机相联在一起。如果 LAN1 和 LAN2 中的其他计算机（不包括添加 3 块网卡的虚拟机）想要通信，只能通过添加 3 块网卡的 Windows Server 2003 虚拟机（可以通过启用"路由和远程访问"中的"路由器"实现）进行转发。

1.6.2　创建实验环境示例

　　假如 Windows Server 2003、Windows 2000 Professional、Windows XP Professional 的 3 台虚拟机已安装好，在此虚拟机的基础上，创建如图 1-21 所示的实验环境。

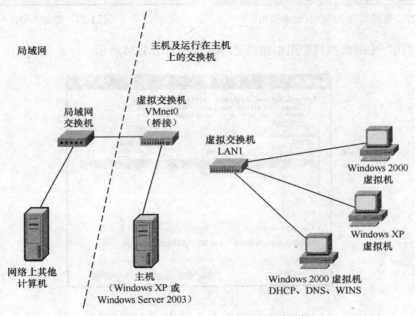

图 1-21　DHCP、DNS、WINS 实验拓扑

　　要创建该实验环境，首先在此虚拟机的基础上，为每个虚拟机创建一个"克隆"链接。然后在 VMware Workstation 中创建"组"，将创建好的"克隆"链接的虚拟机添加到新建的"组"中，组建实验环境，主要步骤如下。

　　（1）为了实验和管理方便，在硬盘上为每一个"组"创建一个文件夹，保存当前实验中所有"克隆"链接的虚拟机和"组"，这里将在 E 盘的 VMS 文件夹中创建一个文件夹，文件夹名称为"Teamtest"。

　　（2）分别在已经安装好的 Windows Server 2003、Windows 2000 Professional、Windows XP Professional 虚拟机的基础上创建"克隆"链接的虚拟机，并将每一个虚拟机保存在"Teamtest"文件夹中。创建方法见 1.5 节的"管理虚拟快照"。

　　（3）打开 VMware Workstation，单击"新建组"按钮，在创建过程中添加上一步创建的"克隆"链接的虚拟机，如图 1-22 所示。

　　（4）单击"下一步"按钮，添加"组"中专有的"LAN1"，如图 1-23 所示。

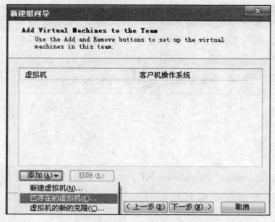

图 1-22　选择添加"已存在的虚拟机"

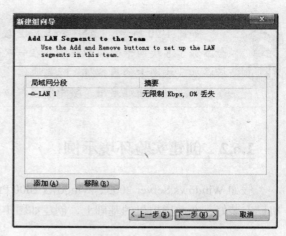

图 1-23　添加 LAN1

（5）让"组"中的虚拟机使用添加的"LAN1"，如图 1-24 所示。

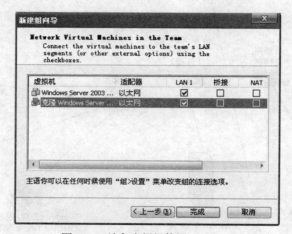

图 1-24　让各虚拟机使用 LAN1

1.6.3　组的使用

组的基本使用如下。

（1）可以一次启动组中的所有虚拟机，也可以根据需要，单独启动其中的一台虚拟机。如果想启动组中所有的虚拟机，可以单击"启动组"链接，如果想启动其中的一台虚拟机，用鼠标右键选中相应的虚拟机，从弹出的快捷菜单中选择"开机"命令即可。如果单击工具栏上的"开机"、"关机"等按钮，则对组中的所有虚拟机生效。

（2）启动组后，可以从"查看"菜单中选择"自动客户机"和"马上匹配客户机"等命令，使虚拟机的显示匹配当前的 VMware Workstation 窗口。

（3）启动组后，组中每个虚拟机的运行状态将显示在工具栏的"预览"窗口中，可以调整"预览"窗口和虚拟机运行窗口之间的分隔线，改变预览窗口的大小。

（4）可以根据需要，让组中的虚拟机显示充满全屏（或 VMware Workstation 的主窗口）。

（5）可以在实验过程中，启用"休眠"方式，保存当前虚拟机的状态。下次实验时，即可将虚拟机从"休眠"状态还原。

（6）也可以为组中的每个虚拟机创建快照，操作方法是选中想要创建快照的虚拟机，用鼠标右键单击，从弹出的快捷菜单中选择"快照管理"命令即可。

（7）在关闭组中的所有虚拟机时，可以编辑组，通过单击"编辑组设置"链接，进入组编辑页。可以修改组中虚拟机的网卡使用情况，可以用来添加或删除组中的虚拟机，可以添加或删除"LAN Segment"和设置专用网段的速度，也可以修改组的名称。

（8）单击预览窗口中的相关图像，即可进入相关的虚拟机。显示计算机图标的预览窗口为当前选中的虚拟机。

第2章

计算机网络基本实训

本章要求学生掌握最基本的计算机网络实验与实训，掌握非屏蔽双绞线的制作、Windows XP 对等网的构建、在虚拟机中实现不同操作系统的互联，以及子网的规划和划分。

2.1　非屏蔽双绞线的制作与连接

2.1.1　实训目的

- 掌握非屏蔽双绞线与 RJ-45 接头的连接方法。
- 了解 T568A 和 T568B 标准线序的排列顺序。
- 掌握非屏蔽双绞线的直通线与交叉线制作，了解它们的区别和适用环境。
- 掌握线缆测试的方法。

2.1.2　实训内容

- 在非屏蔽双绞线上压制 RJ-45 接头。
- 制作非屏蔽双绞线的直通线与交叉线，并测试连通性。
- 使用直通线连接 PC 机和集线器，使用交叉线连接 PC 机和 PC 机。

2.1.3　实训环境要求

水晶头、100Base TX 双绞线、网线钳、网线测试仪。

2.1.4　理论基础

1. 局域网中使用网线的分类

网线：Network Cable，是从一个网络设备（如计算机）连接到另外一个网络设备传递信息的介质，是网络的基本构件。

网络传输介质的类型有双绞线（Twisted Pair）、同轴电缆（Coaxial Cable）、光纤（Fiber Optic Cable），无线传输介质有红外线、无线电波、光波等。

双绞线分为屏蔽双绞线（Shielded Twisted Pair，STP）和非屏蔽双绞线（Unshielded Twisted Pair，UTP）两种。所谓屏蔽是指网线内部信号线的外面包裹着一层金属网，在屏蔽层外面才是绝缘外皮，屏蔽层可以有效地隔离外界电磁信号的干扰。UTP 是目前局域网中使用频率最高的一种网线。

同轴电缆是指有两个同心导体，而导体和屏蔽层又共用同一轴心的电缆。它是计算机网络中使用较广泛的另外一种线材。同轴电缆分为细缆（RG-58）和粗缆（RG-11）两种。

光纤以光脉冲的形式传输信号，光纤的结构和同轴电缆很类似，也是中心为一根由玻璃或透明塑料制成的光导纤维，周围包裹着保护材料。根据光信号发生方式的不同，光纤可分为单模光纤和多模光纤。

2. 非屏蔽双绞线 UTP 的分类

双绞线按电气性能划分，通常分为：一类、二类、三类、四类、五类、超五类、六类双绞线等类型，数字越大，技术就越先进，带宽也相应越宽。在线缆的外皮上，可以看到相应的级别标识。

- 一类线：用于模拟和数字语音（如电话），以及低速数据应用。
- 二类线：用于语音、ISDN 和不超过 4Mbit/s 的传输。
- 三类线：用于传输高速度和不超过 16Mbit/s 的局域网通信，主要用于 10Base-T。
- 四类线：用于不超过 26Mbit/s 的长距离局域网通信，主要用于基于令牌的局域网和 10Base-T/100Base-T。
- 五类线：用于 100Mbit/s 的局域网通信，传输距离为 0.5m ~ 100m。这是最常用的以太网电缆。
- 超五类线：用于千兆位以太网（1 000Mbit/s）。
- 六类线：用于传输速率高于 1Gbit/s 的应用。

3. 两种线序标准

由于一根双绞线内有 8 根线，每两根绞在一起，且有颜色区分，因此在压接水晶头（RJ-45 头），将每对绞线拆开，8 根线排成一排时，有线序要求。

按 EIA/TIA568B 标准，线序规则如表 2-1 所示。

表 2-1　　　　　　　　　　　　　　　　　　　　线序规则表

B 线序	1	2	3	4	5	6	7	8
	橙白	橙	绿白	蓝	蓝白	绿	棕白	棕
A 线序	1	2	3	4	5	6	7	8
	绿白	绿	橙白	蓝	蓝白	橙	棕白	棕

对不同用途的网线，每端的水晶头按不同的标准制作，规则如表 2-2 所示。

表 2-2　　　　　　　　　　　　　双绞线水晶头制作方法

网线的用途	水晶头的做法
交换机/HUB←→计算机	B←→B 或 A←→A
计算机←→计算机	B←→A
交换机/HUB←→下级交换机 HUB（普通口）	B←→A
交换机/HUB←→下级交换机 HUB（uplink 口）	B←→B 或 A←→A

4．传输媒体的选择

传输媒体的选择取决于以下诸因素：网络拓扑的结构、实际需要的通信容量、可靠性要求，以及能承受的价格范围。

双绞线的显著特点是价格便宜，但与同轴电缆相比，其带宽受到限制。对于单个建筑物内的低通信容量局域网来说，双绞线的性能价格比可能是最好的。

同轴电缆的价格要比双绞线贵一些，对于大多数局域网来说，需要连接较多设备而且通信容量相当大时可以选择同轴电缆。

光纤作为传输媒体，与同轴电缆和双绞线相比具有一系列优点：频带宽、速率高、体积小、重量轻、衰减小、能电磁隔离、误码率低等，因此，在国际和国内长话传输中的地位日益提高，并已广泛用于高速数据通信网。随着光纤通信技术的发展和成本的降低，光纤作为局域网的传输媒体也得到了普遍采用，光纤分布数据接口 FDDI 就是一例。

目前，便携式计算机已经有了很大的发展和普及，由于可随身携带，对可移动的无线网的需求将日益增加，无线数字网类似于蜂窝电话网，人们随时随地可将计算机接入网络，发送和接收数据。移动无线数字网的发展前景将是十分美好的。

2.1.5　实训步骤

1．制作直通双绞线并测试

（1）制作直通双绞线。

为了保持制作的双绞线有最佳兼容性，通常采用最普遍的 EIA/TIA 568B 标准来制作，制作步骤如下。

① 取双绞线一头，用卡线钳剪线刀口将双绞线端头剪齐，再将双绞线端头伸入剥线刀口，使线头触及前挡板，然后适度握紧卡线钳同时慢慢旋转双绞线，让刀口划开双绞线的保护胶皮，取出端头，剥下保护胶皮。

握卡线钳力度不能过大，否则会剪断芯线。剥线的长度为 13mm～15mm，不宜太长或太短。

② 理线。双绞线由 8 根有色导线两两绞合而成，将其整理平行，从左到右按橙白、橙、绿白、

蓝、蓝白、绿、棕白、棕色平行排列，整理完毕后用剪线刀口将前端修齐，顺时针方向排列。

③ 插线。将 8 条线并拢后用卡线钳剪齐，并留下约 12mm 的长度。一只手捏住水晶头，将水晶头有弹片一侧向下，另一只手捏平双绞线，稍稍用力将排好的线平行插入水晶头内的线槽中，8 条导线顶端应插入线槽顶端。将并拢的双绞线插入 RJ-45 接头时，注意"橙白"线要对着 RJ-45 的第一脚。

④ 压线。确认所有导线都到位后，将水晶头放入卡线钳夹槽中，用力捏卡线钳，压紧线头即可。

> 压过的 RJ-45 接头的 8 只金属脚一定比未压过的低，这样才能顺利地嵌入芯线中。优质的卡线钳甚至必须在接脚完全压入后才能松开握柄，取出 RJ-45 接头，否则接头会卡在压接槽中取不出来。

⑤ 按照上述方法制作双绞线的另一端，即可完成。

（2）测试。

现在已经做好了一根网线，在实际用它连接设备之前，先用一个简易测线仪来进行一下连通性测试。

将双绞线的两个接头插入测线仪的两个 RJ-45 接口中。打开测线仪的开关，此时应看到一个红灯在闪烁，表示测线仪已经开始工作。

观察其面板上表示线对连接的绿灯，通常为 4 个，每线对 1 个。如绿灯顺序亮起，则表示该线缆制作成功；如有某个绿灯始终不亮，则表示有某一线对没有导通，说明接线有问题，应剪掉水晶头重接。

> 简易测线仪只能简单地测试网线是否导通，不能验证网线的传输质量，传输质量的好坏取决于一系列的因素，如线缆本身的衰减值、串扰的影响等。这往往需要更复杂和高级的测试设备才能准确判断故障的原因。

（3）连接集线器和 PC 机，将通过测试的直通线一端插在集线器的某一个空接口上，另一端插在 PC 机的网卡接口上。如果电源都是打开的，可以看到网卡和集线器上有指示灯亮起。

（4）用两张标签纸粘在制作完成的线缆两端，并在其上做出其用途的标识，如所连接的 PC 机编号等。这并不是制作双绞线时所必需的步骤，但养成做标识的习惯在实际工作中会带来极大的方便。

2. 制作交叉双绞线并测试

（1）用上述方法制作双绞线的一头。

（2）取双绞线的另一头按照上述方法完成剥线、理线、插线、压线各步骤。

> 在理线步骤中，双绞线 8 根有色导线从左到右的顺序是按绿白、绿、橙白、蓝、蓝白、橙、棕白、棕色顺序平行排列，其他步骤相同。

将 T568B 线序的 1 线与 3 线、2 线与 6 线对调，其线序就与 T568A 完全相同。

（3）测试连通性。测试方法与直通线相同，但需要注意的是，测试交叉线时，测线仪的绿灯是交替亮起的。

3．对实训的简单总结

双绞线与设备之间的连接方法很简单，一般情况下，设备口相同，使用交叉线；反之使用直通线。在有些场合下，如何判断自己应该用直通线还是交叉线，特别是当集线器或交换机进行互联时，有的口是普通口，有的口是级联口，用户可以参考以下几种办法。

- 查看说明书。如果该设备在级联时需要交叉线连接，一般在设备说明书中有说明。
- 查看连接端口。如果有的端口与其他端口不在一块，且标有 Uplink 或 Out to Hub 等标识，表示该端口为级联口，应使用直通线连接。

有的设备的 UpLink 或 Out to Hub 与相邻的连接端口不能同时使用。

- 实测。这是最实用的一种方法。可以先制作两条用于测试的双绞线，其中一条是直通线，另一条是交叉线。用其中的一条连接两个设备，这时注意观察连接端口对应的指示灯，如果指示灯亮表示连接正常，否则换另一条双绞线进行测试。
- 从颜色区分线缆的类型，一般黄色表示交叉线，蓝色表示直通线。

2.1.6　实训思考题

- 思考直通双绞线和交叉双绞线的使用场合。
- 考察双绞线中每根线芯的用途。在 100Mbit/s 以太网中，双绞线中使用哪几条？
- 考察双绞线的布线标准。

2.1.7　实训报告要求

- 实训目的。
- 实训内容。
- 实训环境要求。
- 实训步骤。
- 实训中的问题和解决方法。
- 回答实训思考题。
- 实训心得与体会。
- 建议与意见。

2.2　Windows XP 对等网的构建

使用服务器（或其他计算机）提供的共享文件夹、共享打印机是网络最早，也是最基础的应用。因为以前的硬件（尤其是硬盘）价格昂贵，早期的许多工作站都没有硬盘或者硬盘很少，只能"共享"使用服务器上的资源。现在，使用服务器提供的共享资源，更多的是增加了一些"安全"方面的内容。另外，"对等网"这一名词也是从使用文件共享类的"文件服务器"开始的。

2.2.1　实训目的

- 了解 Windows XP 对等网建设的软硬件条件。
- 掌握 Windows XP 对等网建设过程中的相关配置。
- 了解判断 Windows XP 对等网是否导通的几种方法。
- 掌握 Windows XP 对等网中文件夹共享的设置方法和使用。
- 了解 Windows XP 对等网中打印机共享的设置方法。
- 掌握 Windows XP 对等网中映射网络驱动器的设置方法。

2.2.2　实训内容

- 办公室有两台计算机都已经安装好 Windows XP 系统，现在要求用交换机（或一根网线）把这两台计算机连接起来，使之成为对等网，能够实现两台计算机间的数据共享。
- 办公室里的两台计算机和一台打印机连成对等网后，要求实现两台计算机间的某些文件共享和打印机共享。

2.2.3　实训环境（网络拓扑）

本次实训的网络拓扑如图 2-1 所示。

Windows XP　　　　Windows XP

图 2-1　Windows XP 对等网实训网络拓扑

2.2.4　理论基础

1. Windows XP 对等网的构建

"对等网"也称为"工作组网"，在对等网中没有域，只有工作组，因此在后面的具体网络配置中没有域的配置，而需要配置工作组。在对等网络中，对等网上各台计算机的地位是相同的，无主从之分，任何一台计算机均可同时兼做服务器和工作站。

对等网主要有如下特点：

● 网络用户较少，一般在 20 台计算机以内。

● 网络中的计算机处于同一区域中。

● 对于网络来说，网络安全不是最重要的问题。

对等网的主要优点有：网络成本低、网络建设和维护简单。

对等网的主要缺点有：网络性能较低、安全保密性差、文件管理分散、计算机资源占用大。

对等网的组建方式比较多，在传输介质方面既可以采用双绞线，也可以使用同轴电缆，还可采用串、并行电缆。

如果采用串、并行电缆还可省去网卡，直接用串、并行电缆连接两台 PC 机即可，这是一种最廉价的对等网组建方式。但这种方式的网络传输速率非常低，并且串、并行电缆制作麻烦，这种对等网连接方式比较少用。可以使用交叉线将两台 PC 连接起来，所需网络设备只需相应的交叉线和网卡，如果有多台 PC 组成对等网，需要的网卡数量会增加，例如有 3 台 PC，则需要 4 块网卡；4 台 PC，则需要 6 块网卡等，因此两台 PC 一般采用这种方式。如果有多于两台 PC 组成对等网，可以使用直通线和交换机（或集线器）将 PC 连接起来。

Windows XP 对等网的建设一般可分为如下 4 步。

（1）网线的制作及网卡硬件安装。

（2）网卡驱动程序的安装。

（3）网卡的配置。

（4）检验对等网是否导通。

2．Ping

Ping 程序是最基本的查找并排除网络故障的工具。Ping 使用 ICMP 将数据报发送到另一个主机并等待应答。它能够以毫秒为单位显示发出回送请求到返回回送应答之间的时间量，还能显示 TTL 值。Ping 命令最常用的方式是：

```
ping hostname|ip_address
```

当检查网络是否有故障时，首先 Ping 主机自己的 IP 地址，这可以检测始发的网络接口的设置是否正确；然后，可以试着 Ping 默认网关，直到 Ping 远程主机。这样，可以容易判断出问题的所在。

如果 Ping 运行正确，大体上就可以排除网络访问层、网卡、Modem 的输入输出线路、电缆和路由器等存在故障，从而减小了问题的范围。

使用 Ping 命令的方法是单击"开始"菜单，选择其中的"运行"命令，在出现的对话框中输入"Ping 对方的 IP 地址"，然后单击"确定"按钮，或用 MS-DOS 方式，输入"Ping IP 地址"进行测试。如果出现 3 行"Replay from IP 地址：bytes=32 times<1 ms TTL=128"，则表明对等网已经工作正常，否则网络设置可能存在问题。

正常情况下，使用 Ping 命令来检验网络运行情况时，需要使用许多 Ping 命令，如果所有都运行正确，就可以相信基本的连通性和配置参数没有问题；如果某些 Ping 命令出现运行故障，它也可以指明到何处去查找问题。下面就给出一个典型的检测次序及对应的可能故障。

● Ping 127.0.0.1：该命令执行结果显示不正常表示 TCP/IP 的安装或运行存在某些最基本的问题。

● Ping 本机 IP 地址：该命令执行结果显示不正常，表示本地配置或安装存在问题。出现此问题时，局域网用户请断开网络电缆，然后重新发送该命令。如果网线断开后本命令正确，则表示另一台计算机可能配置了相同的 IP 地址。

● Ping 局域网内其他 IP 地址：该命令执行结果显示不正常，表示子网掩码不正确，或网卡配置错误，或网线有问题。

如果上面所列出的 Ping 命令都能正常运行，网络配置基本就没有问题了，但是并不表示所有的网络配置都没有问题。

3. 文件夹共享

建立对等网的主要目的就是实现资源共享，而设置共享文件夹是实现资源共享最常用的方式。设置共享文件夹时，必须给它一个"共享名"。可以设置该用户对共享文件夹的权限，若选中"允许网络用户更改我的文件"复选框，则任何访问该文件夹的用户都可以对该文件夹进行修改；若清除该复选框，则用户只可以访问该共享文件夹，无法对其进行修改。

如果想隐藏共享的逻辑盘或文件夹名称，可以在设置的共享名后加符号"$"。

共享文件夹的访问方法有：

● 通过"网上邻居"的方法。

● 通过"资源管理器"的"网上邻居"的方法。

● 通过"开始"菜单中的"运行"命令，在"打开"文本框中输入"\\计算机名\共享文件夹的共享名"。

● 对于隐藏共享的逻辑盘或文件夹的访问，需要在其相应的共享逻辑盘名或文件夹名后面加上"$"符号进行访问。

如果要进行更复杂的设置，可以在"资源管理器"中依次单击"工具"→"文件夹选项"菜单，在弹出的"文件夹选项"对话框中切换到"查看"选项卡，然后取消"高级设置"中的"使用简单文件共享（推荐）"复选框。再右击任意一个文件夹或磁盘分区，在弹出的菜单中选择"共享和安全"，就可以设置该共享文件夹的名称和允许的最大用户访问数量，还可以进一步设置"权限"和"缓存"。

4. 打印机共享

在网络中，用户不仅可以共享各种软件资源，还可以设置共享硬件资源，例如设置共享打印机。要设置网络共享打印机，用户需要先将该打印机设置为共享，并在网络中的其他计算机上安装该打印机的驱动程序。

5. 映射网络驱动器

在网络中用户可能经常需要访问某一个或几个特定的网络共享资源，若每次都通过"网上邻居"依次打开，比较麻烦，这时可使用"映射网络驱动器"功能，将该网络共享资源映射为网络驱动器，再次访问时，只需双击该网络驱动器图标即可。

2.2.5 实训步骤

任务一：构建对等网

1. 网线的制作及网卡硬件安装

（1）对等网的组建要先确定是用 RJ-45 还是用同轴电缆组网，建议用 RJ-45 方式，如果只有两台计算机，用一根交叉线将两台计算机连起来即可；如果有两台以上的计算机，可以使用集线器（或交换机）和直通线将它们连接。关于网线的制作参考前面的有关内容。

（2）把两块网卡分别插入到计算机空闲 PCI 插槽中，然后用螺钉固定在机箱上。在计算机中插入网卡的方法与其他 PCI 板卡的插入方法完全一样，PCI 插槽也没有特殊规定，只要有空闲的 PCI 插槽即可利用。

（3）把交叉线两端的水晶头分别插入两台计算机的网卡 RJ-45 接口中，这样就完成了两台计算机的网络硬件连接。

2. 网卡驱动程序的安装

安装上网卡后，还需安装相应的网卡驱动程序且进行配置，才能让网卡发挥作用。Windows XP 操作系统中内置了许多常见硬件的驱动程序，安装网卡变得非常简单。对于常见的网卡，用户只需将网卡正确安装在主板上，系统即会自动安装其驱动程序，无须用户手动配置。如果 Windows 系统没有内置此型号网卡的驱动程序，则一定要安装网卡厂家的驱动程序或者选择一个兼容该型号网卡的驱动程序。为了实现网卡的真正性能，建议还是安装网卡厂家提供的驱动程序。

网卡驱动程序安装的具体步骤如下（实际应用中有许多种安装网卡驱动程序的方法，这里只介绍一种方法）。

提示　对于即插即用的网卡来说（1）、（2）、（3）步可以在系统启动时完成，不必通过"添加硬件向导"选项完成。对于非即插即用设备就需要（1）、（2）、（3）步了。

（1）单击"开始"→"控制面板"命令，然后单击"打印机和其他硬件"。在"请参阅"之下，单击"添加硬件"按钮，如图 2-2 所示。

（2）出现"添加硬件向导"对话框。单击"下一步"按钮，出现的对话框中提示用户系统将对新添加的硬件进行搜索。

（3）稍等一段时间后，出现提示框，询问设备是否已经连接到计算机。单击"下一步"按钮，会显示出已找到连接到计算机上的所有设备，可以选择要安装驱动程序的设备，在这里是网卡。

（4）单击"下一步"按钮，弹出选择驱动程序方式对话框，随便选择一项即可。

（5）单击"下一步"按钮，出现一个对话框。在这个对话框中显示搜索驱动程序的多种定位方法，根据实际情况选择一项或多项复选框。

（6）选择好驱动程序的位置后，单击"下一步"按钮即可自动完成驱动程序的安装。

图 2-2 "打印机和其它硬件"窗口

3. 网卡的配置

通常安装网卡后,其基本的网络组件,如网络客户端、TCP/IP 协议都已安装,只需进行一些必要的配置即可,步骤如下。

(1)用鼠标右键单击"网上邻居",选择"属性"命令,出现"网络连接"窗口。

(2)在该窗口中,用鼠标右键单击"本地连接"图标,在弹出的菜单中选择"属性"命令,打开"本地连接属性"对话框中的"常规"选项卡。

(3)查看在"此连接使用下列项目"列表框中是否含有"Microsoft 网络客户端"和"Internet 协议(TCP/IP)"项,默认情况下 Windows XP 中都已经安装了这两项,不用单独安装。如果不小心删除了,可以通过单击"安装"按钮将它们加入。

(4)TCP/IP 的设置。在"本地连接属性"对话框的"常规"选项卡中,选择"Internet 协议(TCP/IP)"项,然后单击"属性"按钮,出现设置 IP 地址及子网掩码对话框,如图 2-3 所示。

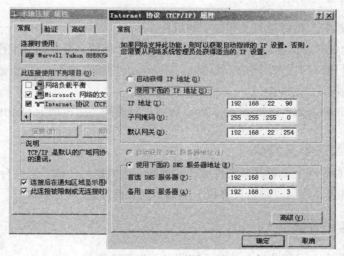

图 2-3 TCP/IP 属性设置

由于只涉及对等网，默认网关和DNS服务器可以不填写。注意对等网内计算机的IP地址要唯一，不能相同！子网掩码要一样。

（5）给计算机命名。用鼠标右键单击"我的电脑"，在弹出的菜单中选择"属性"命令，出现"系统属性"对话框，选择"计算机名"选项卡。单击"更改"按钮，填好各计算机的计算机名称及工作组名。本例计算机名设为"computer1"，工作组名设为"Group1"。

计算机描述可以不填，各计算机的名称不能相同，而工作组应该相同。

（6）至此，一台计算机的设置完毕。在另一台计算机上，按照上面的方法进行设置，把IP地址设置为192.168.22.100，计算机名设置为"computer2"，其他设置保持相同。

任务二：检验对等网是否导通

1．有3种测试方法

● 安装网卡和协议后，还要检测网络能否正常工作。方法是进入命令行模式后输入 ping 127.0.0.1，如果可以 Ping 通，说明 TCP/IP 协议正常。

连接网线后，即可在 IP 地址为 192.168.22.98 的计算机上 "Ping 192.168.22.100"，如果能够 Ping 通，说明网络设置正常，对等网络已经连接好了。

● 利用"搜索"是否成功来判断。方法是：单击"开始"按钮，选择"搜索"命令，再选择"计算机或人"，然后选择"网络上的一个计算机"，在出现的对话框中输入对方的计算机名，最后单击"搜索"按钮。如果能够找到对方的计算机名，说明对等网络已经连接成功。

● 打开"网上邻居"，如果能够发现对方的计算机名，说明对等网络已经连接成功。

2．对等网设置总结

（1）设定计算机名，最好是英文和数字的组合。

（2）设定 IP 地址时要保证所有的计算机都处于同一个网段，并在同一工作组内。

（3）计算机中只要有如下 3 个协议就可以：Microsoft 网络客户端、Microsoft 网络的文件和打印机共享、Internet 协议（TCP/IP）。

（4）如果是 Windows XP 和 Windows 98 系统组成对等网，应该加上 NetBEUI 协议。

任务三：设置共享文件夹

主要目的是在对等网上设置共享文件夹，实现网络中数据的传输。把一台计算机上的文件夹 fd1 设置为共享文件夹，在另外一台计算机上能够访问并修改它。

1．设置共享文件夹

在 Windows XP 中，设置共享文件夹可按照以下步骤进行。

（1）在 computer1 上，双击"我的电脑"图标，打开"我的电脑"对话框。

（2）选择要设置共享的文件夹 fd1，用鼠标右键单击该文件夹，在弹出的菜单中选择"共享和安全"命令。

（3）出现"fd1 属性"对话框，选择"共享"选项卡，选中"在网络上共享这个文件夹"复选项，在"共享名"文本框中输入该文件夹在网络上显示的名称，如 share1，也可以使用原来的名称。选中"允许网络用户更改我的文件"复选框。

（4）设置共享文件夹后，在该文件夹的图标中将出现一个托起的小手，表示该文件夹为共享文件夹。

2. 共享文件夹的访问

● 通过"网上邻居"，这是最常用的方法。设置共享文件夹后，在对等网的另一台计算机上双击桌面上的"网上邻居"，就可以看见刚才设置的共享文件夹，并且可以对其中的文件进行修改操作。

如果再进入"文件夹属性"对话框中的"共享"选项卡，将"允许网络用户更改我的文件"取消选中，在对等网的另一台计算机上双击"网上邻居"，可以看见刚才设置的文件夹，但是已经没有权限对其中的文件进行修改操作了。

● 通过"资源管理器"的"网上邻居"。打开"资源管理器"后，找到"网上邻居"，后面的操作与前面方法相同。

● 通过"开始"菜单中的"运行"命令。单击"开始"按钮后单击"运行"命令，在"打开"文本框中输入"\\计算机名\共享文件夹的共享名"或"\\IP 地址\共享文件夹的共享名"，在本例中，如果是在 computer2 上进行测试，则可以输入"\\computer1\share1"或"\\192.168.22.98\share1"。

任务四：设置共享打印机

主要目的是在连接好对等网的基础上，将一台打印机设置为共享打印机，能够实现打印机的共享。

1. 在连接打印机的计算机上进行打印机的共享设置

（1）单击"开始"按钮，选择"控制面板"命令，打开"控制面板"窗口。单击"打印机和其他硬件"选项，打开该对话框，在"选择一个任务"选项组中选择"查看安装的打印机或传真打印机"选项，打开"打印机和传真"窗口。

（2）在该窗口中选中要设置共享的打印机图标，用鼠标右键单击该打印机图标，在弹出的快捷菜单中选择"共享"命令。

（3）打开"打印机属性"对话框中的"共享"选项卡，在该选项卡中选中"共享这台打印机"单选按钮，在"共享名"文本框中输入该打印机在网络上的共享名称，如 print1，如图 2-4 所示。

　　如图 2-4 所示，若网络中的用户使用的是不同版本的 Windows 操作系统，可单击"其他驱动程序"按钮，打开"其他驱动程序"对话框，安装其他驱动程序。

（4）单击"确定"按钮，就可以将该打印机设置为共享打印机，用户可以在网络中的其他计算机上进行该打印机的共享设置。

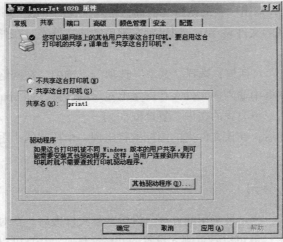

图 2-4 设置共享打印机

2. 在其他计算机上进行打印机的共享设置

（1）单击"开始"按钮，选择"控制面板"命令，打开"控制面板"窗口，双击"打印机和其他硬件"，出现"打印机和其他硬件"对话框，在"选择一个任务"选项组中单击"添加打印机"选项，打开"添加打印机向导"对话框。

（2）单击"下一步"按钮，进入设置打印机类型对话框。若用户要设置本地打印机，可选择"连接到这台计算机的本地打印机"单选按钮；若用户设置网络共享打印机，可选择"网络打印机，或连接到另一台计算机的打印机"单选按钮。在这里选择"网络打印机，或连接到另一台计算机的打印机"单选按钮。

（3）单击"下一步"按钮，打开选择打印机对话框，在该对话框中，若用户知道该打印机的确切位置及名称，可选择"连接到这台打印机"单选按钮，本例中可输入 \\computer1\print1 或\\ 192.168.22.98\print1；若用户知道该打印机的 URL 地址，可选择"连接到 Internet、家庭或办公网络上的打印机"单选按钮；若用户要浏览打印机，可选择"浏览打印机"单选按钮。在这里选择"浏览打印机"单选按钮，如图 2-5 所示。

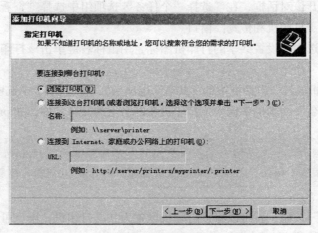

图 2-5 添加网络打印机

（4）单击"下一步"按钮，进入"浏览打印机"对话框，在"共享打印机"列表框中选择要设置共享的打印机，这时在"打印机"文本框中将显示该打印机的位置及名称信息。

（5）单击"下一步"按钮，进入"默认打印机"对话框。若用户将该打印机设置为默认打印机，则在进行打印时，用户若不指定其他打印机，则系统自动将文件发送到默认打印机进行打印。

（6）单击"下一步"按钮，打开"正在完成添加打印机向导"对话框。单击"完成"按钮，退出"添加打印机向导"对话框，设置完成。

任务五：映射网络驱动器

主要目的是在连接好对等网的基础上，将一台计算机上的共享文件夹 fd2 设置为映射网络驱动器 M。

（1）双击"我的电脑"图标，打开"我的电脑"窗口，选择"工具"→"映射网络驱动器"命令。

（2）打开"映射网络驱动器"对话框，在"驱动器"下拉列表中选择一个驱动器符号"M:"。在"文件夹"文本框中输入要映射为网络驱动器的文件夹的位置及名称，也可以单击"浏览"按钮，打开"浏览文件夹"对话框进行选择。

（3）在"文件夹"文本框中将显示该共享文件夹的位置及名称，单击"完成"按钮即可建立该共享文件夹的网络驱动器。

（4）建立网络驱动器后，用户若需要访问该共享文件夹，只需在"我的电脑"对话框中双击该网络驱动器图标即可。

若用户不再需要经常访问该网络驱动器，也可将其删除。要删除网络驱动器，只需选择"工具"→"断开网络驱动器"命令，在弹出的"中断网络驱动器连接"对话框中选择要断开的网络驱动器，单击"确定"按钮即可。

2.2.6 实训思考题

- 如何组建对等网络。
- 对等网有何特点。
- 如何测试对等网是否建设成功。
- 如果超过三台计算机组成对等网，该增加何种设备。
- 如何实现文件、打印机等的资源共享。

2.2.7 实训报告要求

- 实训目的。
- 实训内容。
- 实训环境要求。
- 实训步骤。
- 实训中的问题和解决方法。
- 回答实训思考题。

- 实训心得与体会。
- 建议与意见。

2.3 在虚拟机中实现 Windows 98/2000/XP 互连

两台计算机组成对等网简单实用，但很多时候，对等网不止两台计算机，也可能包含多种操作系统。这就会出现多种操作系统互连问题。

2.3.1 实训目的

- 掌握 Windows 98/2000/XP 互访的规划。
- 掌握利用 VMware 组建对等网的方法。
- 掌握使用 VMware 中的"组"组建实训环境的用法。

2.3.2 实训内容

- 创建 Windows 98、Windows 2000、Windows XP 虚拟机。
- 实现不同操作系统资源共享。

2.3.3 实训环境（网络拓扑）及要求

1. 对等网网络拓扑图（见图 2-6）

2. 虚拟机中对等网网络拓扑图（见图 2-7）

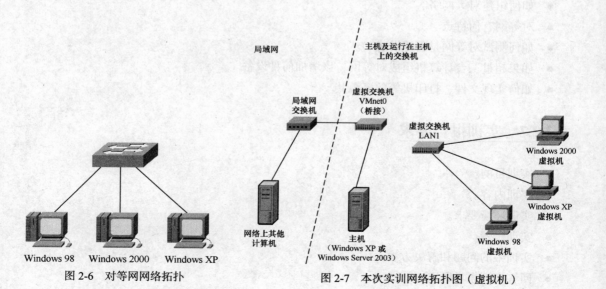

图 2-6 对等网网络拓扑

图 2-7 本次实训网络拓扑图（虚拟机）

3．组建实训环境

Windows 98、Windows XP Professional、Windows 2000 Professional 虚拟机各一台已提前安装好。

（1）在主机的 E 盘 VMS 文件夹中创建当前实验文件夹，如 "duidengwang"。

（2）分别创建 Windows 98、Windows 2000、Windows XP 的克隆链接的虚拟机。

（3）创建名为 "duidengwang" 的组，添加新创建的虚拟机，并且在组中添加 LAN1，这 3 台虚拟机使用 LAN1。

（4）如果你的主机内存比较小，则需要修改组中每个虚拟机的内存大小。在本次实验中，Windows 98 虚拟机最小内存为 64MB，Windows 2000 和 Windows XP 为 96MB。另外，为了减少资源占用，可以从虚拟机中删除声卡。编辑 Windows 98 虚拟机的操作。

（5）之后，启动 Team（组）中的所有虚拟机，开始实验。

2.3.4　实训步骤

1．Windows 98 的网络设置

Windows 98 的网络设置是比较简单的，只需要设置 IP 地址、文件和打印共享服务即可。如果 Windows 98 不对外提供服务，则只需要正确设置 IP 地址和网关地址即可；如果 Windows 98 对外提供文件和打印共享服务，还需要安装 "文件和打印共享服务"（右键单击 "本地连接" → "属性" 命令，单击 "安装" 按钮，在随后出现的 "连接网络组件类型" 窗口中双击 "服务"，再选择 "文件和打印服务" 即可）。Windows 98 只提供有限的认证，在设置共享资源时，如果没有设置访问密码，则网络上的其他计算机（DOS、Windows 98/2000/XP/2003）都可以使用 Windows 98 提供的共享。如果 Windows 2000/XP/2003 计算机在访问 Windows 98 的计算机时，弹出输入用户名、密码的对话框，其用户名可以随意输入，密码则需要正确输入。

在本次操作中，设置 Windows 98 虚拟机 IP 地址为 192.168.1.1，安装 "文件和打印共享" 服务，将 Windows 98 的 D 盘设置为共享，共享名为 D，权限为 "完全"，并且不设置访问密码，具体步骤不再赘述。

2．Windows 2000 的网络及用户设置

如果想使用 Windows 2000 提供的文件和打印机共享，假设网络上有一台 Windows 2000 计算机，计算机名称为 win2kser。如果想使用 win2kser 提供的资源，则必须知道 win2kser 中的一个用户名，如果此用户名设置了密码，还要同时知道密码才能使用。在 Windows 2000 中，如果启用了 "guest"（称做临时用户）账户，则可以不用用户名和密码也能访问 Windows 2000。

在本次操作中，设置 Windows 2000 虚拟机的 IP 地址为 192.168.1.2，在 D 盘上创建名为 "software" 的文件夹，并创建共享，共享名为 software。在 Windows 2000 中，创建的共享默认权限为 "完全控制"。然后打开 "计算机管理"，从 "本地用户和组" 中，用鼠标右键单击 "guest" 账户，选择 "属性" 命令，启用 "guest" 账户。

3. Windows XP 的网络及用户、组策略设置

Windows XP 在 Windows 2000 基础上做了一些改进。Windows XP 强调安全性。在 Windows 2000 中，只要知道 Windows 2000 的账户（密码可以为空）就可以访问 Windows 2000 提供的共享。而在 Windows XP 中，除了知道 Windows XP 的账户外，如果 Windows XP 的账户没有设置密码（即密码为空），则不能访问（使用）Windows XP 提供的共享。同时，Windows XP 集成了防火墙，在安装 SP2 后，防火墙默认打开，禁止外面的访问。

对 Windows XP 完成以下几个操作。

（1）为 Windows XP 设置 IP 地址为 192.168.1.3。

（2）设置 Windows XP 的防火墙，允许"文件共享服务"。步骤为："本地连接"→"属性"→"高级"→"设置"→"例外"，选中"文件和打印共享"，如图 2-8 所示。

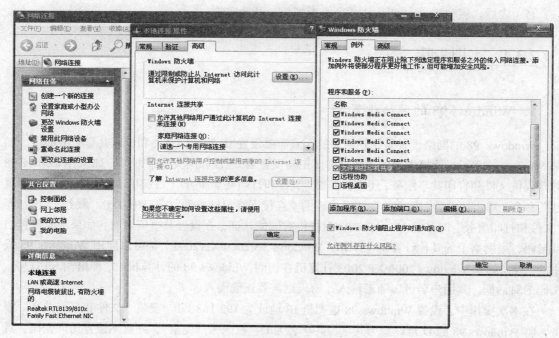

图 2-8 设置"Windows 防火墙"

（3）启用"guest 账户"。

（4）修改系统策略。

① 允许空密码访问 Windows XP。步骤："管理工具"→"本地安全策略"→"安全选项"，用鼠标右键单击"账户：使用空白密码的本地账号只允许进行控制台登录 已启用"，单击"属性"，选中"已禁用"。

② 启用"让'每个人'权限应用于匿名用户"。步骤："管理工具"→"本地安全策略"→"安全选项"，用鼠标右键单击"网络访问：让'每个人'权限应用于匿名用户 已停用"，单击"属性"，选中"已启用"。

③ 在"从网络访问此计算机"中添加"guest"账户。步骤："管理工具"→"本地安全策略"→"用户权力指派"，双击"从网络访问此计算机"，单击"添加用户和组（U）"，输入"guest"，

完成在"从网络访问此计算机"中添加 guest 账户的工作。

④ 在"拒绝从网络访问此计算机"中删除"guest"账户。步骤："管理工具"→"本地安全策略"→"用户权力指派"，双击"拒绝从网络访问此计算机"，删除 guest 账户。

（5）修改"文件夹选项"，禁用"使用简单文件共享（推荐）"。（资源管理器中"工具"→"文件夹选项"→"查看"。取消"使用简单文件共享"的选择。）

（6）创建共享文件夹，并修改 NTFS 文件系统权限，允许 guest 账户访问。步骤：用鼠标右键单击欲设置共享的文件夹，选择"共享和安全"，创建共享，单击"权限"，进入"安全"选项卡，单击"添加"，将 guest 账户添加进来，并赋于"读取"权限。

4. 本次实训注意要点

经过上面的设置，Windows 98、Windows 2000、Windows XP 就可以以匿名方式互相访问了。在本次实验后，应该了解以下几点。

● 如果 Windows 98 作为服务器，其他计算机访问 Windows 98 时，默认情况下可以直接访问。除非 Windows 98 在创建共享时设置了密码。

● 如果 Windows 2000 作为服务器，其他计算机访问时，需要具有 Windows 2000 计算机上的用户名才能访问；Windows 2000 允许密码为空，并且 Windows 2000 提供的共享默认权限最大（共享权限为"所有用户"完全控制、NTFS 权限为"所有用户"'完全控制）。如果 Windows 2000 启用了"guest"账户在访问 Windows 2000 提供的共享，默认对共享文件夹有"完全控制权限"。

● 如果 Windows XP 作为服务器，提供的共享是最"安全"的。默认情况下，Windows XP SP2 启用防火墙并禁止网络上其他计算机访问本机，另外，访问 Windows XP 的计算机，必须知道 Windows XP 中提供的用户名，并且对应账户在设置密码时才能访问；如果知道的 Windows XP 账户没有设置密码，则不能访问（使用）Windows XP 提供的共享资源。如果在 Windows XP 上启用 "guest"账户，其他计算机要想使用"guest"账户访问，需要进行一系列的设置。

5. Windows 98/2000/XP 网络互访的规则

● Windows 98 操作系统

Windows 98（称为 A）在访问 Windows 98 计算机（称为 B）时，如果 B 上创建的共享没有设置密码，则可以直接访问；如果 B 上创建的共享设置了密码，则会在 A 的计算机上弹出对话框，要求输入 B 上想访问资源设置的密码，如果不知道密码，则不能访问。

Windows 98 在访问 Windows 2000 时，同样会弹出对话框。如果当前 Windows 98 登录的用户名，在 Windows 2000 中不存在（假设 Windows 98 登录用户为 abc，但 Windows 2000 中没有 abc 这么一个用户），则 Windows 98 不能访问 Windows 2000 提供的资源，要想访问，就需要注销，以一个 Windows 2000 中存在的用户登录。如果 Windows 98 登录用户名在 Windows 2000 中有一个对应的账户，则输入 Windows 2000 中此对应账户的密码就可以访问 Windows 2000 的资源。如果 Windows 98 访问 Windows XP，与访问 Windows 2000 类似，但对应账户必须设置密码。

● Windows 2000 操作系统

Windows 2000 访问 Windows 98 时，如果 Windows 98 没有设置共享密码，则可以直接访问。Windows 2000（称做 A）访问 Windows 2000（称做 B）比较简单，如果 A 当前登录的凭据（用户名及密码）不能访问 B 中的资源，则会弹出对话框，要求输入 B 中的用户名、密码。Windows 2000

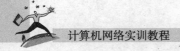

访问 Windows XP 时，如果 Windows 2000 登录的用户名在 Windows XP 中不存在，则会弹出验证对话框。

如果 Windows 2000 登录的用户名在 Windows XP 中有一同名账户，但在 Windows 2000 和 Windows XP 中设置的密码不同（或者 Windows XP 中设置为空时），则不能访问。

- Windows XP

Windows XP 访问 Windows 98、Windows 2000、Windows XP 时，与 Windows 2000 类似，不再赘述。

2.3.5　实训思考题

要实现 Windows Server 2003 与 Windows 98/2000/XP 的互访，该如何设置各计算机。

2.3.6　实训报告要求

- 实训目的。
- 实训内容。
- 实训环境要求。
- 实训步骤。
- 实训中的问题和解决方法。
- 回答实训思考题。
- 实训心得与体会。
- 建议与意见。

2.4　IP 子网规划与划分

2.4.1　实训目的

- 掌握 IP 地址的设置。
- 掌握子网规划的方法。

2.4.2　实训内容

学生分组进行实验，每组 10 台计算机。

- 为各计算机设置初始 IP 地址，在设置 IP 地址前，先对各计算机的 IP 地址进行规划。IP 地址设为：192.168.22.学号（由于学号唯一，不至于出现冲突），子网掩码采取默认，如果不上互联网，默认网关及 DNS 服务器可以不设。设置完成后进行测试。

- 假如这 10 台计算机组成一个局域网，该局域网的网络地址是 200.200.组号.0，将该局域网划分成两个子网，求出子网掩码和每个子网的 IP 地址，并重新设置该组计算机的 IP 地址。测试结果。

2.4.3 理论基础

1. 物理地址与 IP 地址

地址是每一种网络都要面对的问题。地址用来标识网络系统中的某个资源，也称为"标识符"。通常标识符被分为 3 类：名字（Name）、地址（Address）和路径（Route）。三者分别告诉人们，资源是什么、资源在哪里，以及怎样去寻找该资源。

Internet 是通过路由器（或网关）将物理网络互联在一起的虚拟网络。在任何一个物理网络中，各个节点的设备必须都有一个可以识别的地址，这样才能使信息在其中进行交换，这个地址称为"物理地址"（Physical Address）。由于物理地址体现在数据链路层上，因此，物理地址也被称为硬件地址或媒体访问控制 MAC 地址。

2. IP 地址的划分

IP 地址由 32bit 组成，为了便于用户阅读和理解 IP 地址，Internet 管理委员会采用了一种"点分十进制"表示方法来表示 IP 地址。也就是说，将 IP 地址分为 4 字节（每字节为 8bit），且每字节用十进制表示，并用点号"."隔开，如图 2-9 所示。

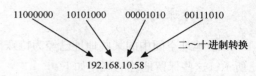

图 2-9 IP 点分十进制的 IP 地址表示方法

由于互联网上的每个接口必须有一个唯一的 IP 地址，因此必须要有一个管理机构为接入互联网的网络分配 IP 地址。这个管理机构就是互联网络信息中心（Internet Network Information Centre），称做 InterNIC。InterNIC 只分配网络号。主机号的分配由系统管理员来负责。

3. IP 地址分类

IP 地址结构由网络号（Net ID）和主机号（Host ID）两部分组成，分别标识一个网络和一个主机，网络号和主机号也可分别称做网络地址和主机地址。IP 地址是网络和主机的一种逻辑编号，由网络信息中心（NIC）来分配。若一个局域网不与 Internet 相联，则该网络也可以自己定义它的 IP 地址。

IP 地址与网上设备并不一定是一对一的关系，网上不同的设备一定有不同的 IP 地址，但同一设备也可以分配几个 IP 地址。例如路由器若同时接通几个网络，它就需要拥有所接各个网络的 IP 地址。

IP 协议规定：IP 地址的长度为 4 字节（32 位），其格式分为 5 种类型，见表 2-3。

表 2-3   IP 地址分类

地址类	第 1 个 8 位位组的格式	可能的网络数目	网络中节点的最大数目	地址范围
A 类	0xxxxxxx	2^7-2	$2^{24}-2$	1.0.0.1 ~ 126.255.255.254
B 类	10xxxxxx	2^{14}	$2^{16}-2$	128.0.0.1 ~ 191.255.255.254

地 址 类	第1个8位位组的格式	可能的网络数目	网络中节点的最大数目	地 址 范 围
C 类	110xxxxx	2^{21}	2^8-2	192.0.0.1 ~ 223.255.255.254
D 类	1110xxxx	1110 后跟 28 比特的多路广播地址		224.0.0.1 ~ 239.255.255.254
E 类	1111xxxx	11110 开始，为将来使用保留		240.0.0.1 ~ 247.255.255.254

A 类地址首位为"0"，网络号占 8 位，主机号占 24 位，适用于大型网络；B 类地址前 2 位为"10"，网络号占 16 位，主机号占 16 位，适用于中型网络；C 类地址前 3 位为"110"，网络号占 24 位，主机号占 8 位，适用于小型网络；D 类地址前 4 位为"1110"，用于多路广播；E 类地址前 5 位为"11110"，为将来使用保留，通常不用于实际工作环境。

有一些 IP 地址具有专门用途或特殊意义。对于 IP 地址的分配、使用应遵循以下规则：

● 网络号必须是唯一的；

● 网络号的首字节不能是 127，此数保留给内部回送函数，用于诊断；

● 主机号对所属的网络号必须是唯一的；

● 主机号的各位不能全为"1"，全为"1"用做广播地址；

● 主机号的各位不能全为"0"，全为"0"表示本地网络。

4. 特殊地址

IP 地址空间中的某些地址已经为特殊目的而保留，而且通常并不允许作为主机地址。如表 2-4 所示，这些保留地址的规则如下：

● IP 地址的网络地址部分不能设置为"全部为 1"或"全部为 0"。

● IP 地址的子网部分不能设置为"全部为 1"或"全部为 0"。

● IP 地址的主机地址部分不能设置为"全部为 1"或"全部为 0"。

● 网络 127.x.x.x 不能作为网络地址。

表 2-4 特殊 IP 地址

网络部分	主 机	地 址 类 型	用 途
Any	全 0	网络地址	代表一个网段
Any	全 1	广播地址	特定网段的所有节点
127	Any	回环地址	回环测试
全 0		所有网络	QuidWay 路由器，用于指定默认路由
全 1		广播地址	本网段所有节点

当 IP 地址中主机地址的所有位都设置为 0 时，它指示为一个网络，而不是哪个网络上的特定主机。这些类型的条目通常可以在路由选择表中找到，因为路由器控制网络之间的通信量，而不是单个主机之间的通信量。

在一个子网网络中，将主机位设置为 0 将代表特定的子网。同样地，为这个子网分配的所有位不能全为 0，因为这将会代表上一级网络的网络地址。

最后，网络位不能全部都是 0，因为 0.0.0.0 是一个不合法的网络地址，而且用于代表"未知网络或地址"。

网络地址 127.x.x.x 已经分配给当地回路地址。这个地址的目的是提供对本地主机的网络配置的测试。使用这个地址提供了对协议堆栈的内部回路测试，这和使用主机的实际 IP 地址不同，它需要网络连接。

当 IP 地址中的所有位都设置为 1 时，产生的地址 255.255.255.255，用于向本地网络中的所有主机发送广播消息。在网络层的这个配置由相应的硬件地址进行镜像，这个硬件地址也全部为 1。一般地，这个硬件地址会是 FFFFFFFFFFFF。通常路由器并不传递这些类型的广播，除非特殊的配置命令它们这样。

如果将 IP 地址中的所有主机位设置为 1，则这将解释为面向那个网络中的所有主机的广播，这也称为直接广播，可以通过路由器进行。如 132.100.255.255 或 200.200.150.255 就是面向所有主机广播地址的例子。

直接广播的另一种类型是将所有的子网地址位设置为 1。在这种情况下，广播将传播到网络内的所有子网。面向所有子网的广播很少在路由器中实现。

单播：是指设备与设备之间点对点的通信。单播通信时所用的 IP 地址是确定的某台的 IP 地址。

广播：是某一台设备对全网段的所有节点的一种通信模式。

组播：是一台设备对多台特定设备的通信模式。

5．私用地址

私用地址不需要注册，仅用于局域网内部，该地址在局域网内部是唯一的。当网络上的公用地址不足时，可以通过网络地址翻译（NAT），利用少量的公用地址把大量的配有私用地址的机器连接到公用网上。

下列地址作为私用地址：

10.0.0.0 ~ 10.255.255.254
172.16.0.0 ~ 172.31.255.254
192.168.0.0 ~ 192.168.255.254

2.4.4　实训步骤

1．初始 IP 地址的配置

（1）用鼠标右键单击桌面上的"网上邻居"→"属性"，打开"网络连接"窗口。

（2）用鼠标右键单击"网络连接"窗口中的"本地连接"→"属性"，打开"本地连接属性"对话框。

（3）选中"此连接使用下列项目"列表框中的"Internet 协议（TCP/IP）"，选择"属性"命令，进行 TCP/IP 配置，如图 2-10 所示。

（4）按照分配的 IP 地址配置 IP 地址和子网掩码。

（5）单击"确定"按钮完成 IP 地址的修改和配置。

2．划分子网

以 2 组为例，对 IP 地址进行规划和设置。也就是对于网络 200.200.2.0，拥有 10 台计算机，若将该局域网划分成两个子网，则子网掩码和每个子网的 IP 地址该如何规划。

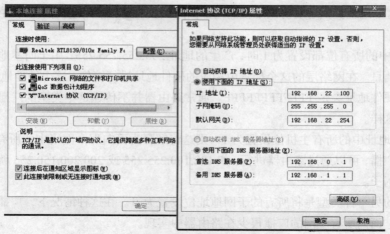

图 2-10　TCP/IP 协议配置

（1）求子网掩码。

① 根据 IP 地址 200.200.2.0 确定该网是 C 类网络，主机地址是低 8 位，子网数是 2 个，设子网的位数是 m，则 $2^m-2 \geq 2$，即 $m \geq 2$，根据满足子网条件下，主机数最多原则，取 m 等于 2。

② 根据上述分析计算出子网掩码是 11111111.11111111.11111111.11000000。即 255.255.255.192。

（2）求子网号。

将 200.200.2.0 划成点分二进制形式：11001000. 11001000.00000010.00000000。

如果 $m=2$，共划分（2^m-2）个子网，即 2 个子网。子网号由低 8 位的前 2 位决定，主机数由 IP 地址的低 8 位的后 6 位决定，所以子网号分别是：

子网 1：11001000. 11001000.00000010.**01**000000　即 200.200.2.64

子网 2：11001000. 11001000.00000010.**10**000000　即 200.200.2.128

（3）分配 IP 地址。

① 子网 1 的 IP 地址范围应是：

11001000. 11001000.00000010.01**000001**

11001000. 11001000.00000010.01**000010**

11001000. 11001000.00000010.01**000011**

…

11001000. 11001000.00000010.01**111111110**

即 200.200.2.65~200.200.2.126

② 子网 2 的 IP 地址范围应是：

11001000. 11001000.00000010.10**000001**

11001000. 11001000.00000010.10**000010**

11001000. 11001000.00000010.10**000011**

…

11001000. 11001000.00000010.10**111111110**

即 200.200.2.129~200.200.2.190

所以子网 1 的 5 台计算机的 IP 地址为 200.200.2.65~200.200.2.69，子网 2 的 5 台计算机的 IP 地址为 200.200.2.129~200.200.2.133。

（4）设置各子网中计算机的 IP 地址和子网掩码。

① 按前述步骤打开 TCP/IP 属性对话框。

② 输入 IP 地址和子网掩码。

③ 单击"确定"按钮完成子网配置。

3. 使用 ping 命令测试子网的连通性

（1）使用 ping 命令可以测试 TCP/IP 的连通性。选择"开始"→"程序"→"附件"→"命令提示符"命令，打开"命令提示符"窗口，输入"ping / ?"，查看 ping 命令的用法。

（2）输入"ping 200.200.2.*"，该地址为同一子网中的 IP 地址，观察测试结果。（如利用 IP 地址为 200.200.2.65 的计算机去 ping IP 地址为 200.200.2.67 的计算机。）

（3）输入"ping 200.200.2.*"，该地址为不同子网中的 IP 地址，观察测试结果。（如利用 IP 地址为 200.200.2.65 的计算机去 ping IP 地址为 200.200.2.129 的计算机。）

2.4.5　实训思考题

● 用"ping"命令测试网络，测试结果可能出现几种情况？请分别分析每种情况出现的可能原因。

● 图 2-11 所示是一个划分子网的网络拓扑图，看图回答问题。

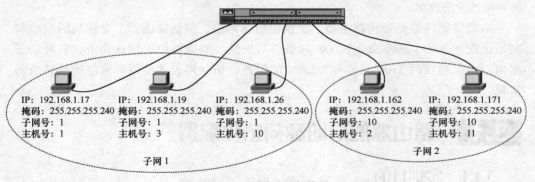

图 2-11　划分子网拓扑图

✓ 如何求图中各台主机的子网号。

✓ 如何判断图中各台主机是否属于同一个子网。

✓ 求出 192.168.1.0 在子网掩码为 255.255.255.240 情况下的所有子网划分的地址表。

2.4.6　实训报告要求

● 实训目的。

● 实训内容。

● 实训步骤。

● 实训中的问题和解决方法。

● 回答实训思考题。

● 实训心得与体会。

● 建议与意见。

第3章

路由与交换技术

路由器是网络中网间连接的关键设备，工作在网络层，可以实现数据包的路由和转发，进行子网隔离、抑制广播风暴；交换机工作在数据链路层，可以进行数据转发，提高网络的通信效率。

本章实训内容是使用路由器、交换机组建网络，包括路由器、交换机的启动和初始化配置、IOS 基本命令、IOS 的备份与恢复、静态路由、默认路由、各种动态路由、虚拟局域网 Trunking 和 VLAN 的配置、访问列表的使用和网络地址转换的实现。

3.1 路由器的启动和初始化配置

3.1.1 实训目的

- 熟悉 Cisco 2600 系列路由器的基本组成和功能，了解 Console 口和其他基本端口。
- 了解路由器的启动过程。
- 掌握通过 Console 口或用 Telnet 的方式登录到路由器。
- 掌握 Cisco 2600 系列路由器的初始化配置。
- 熟悉 CLI 的各种编辑命令和帮助命令的使用。

3.1.2 实训内容

- 了解 Cisco 2600 系列路由器的基本组成和功能。
- 使用超级终端通过 Console 口登录到路由器。
- 观察路由器的启动过程。
- 对路由器进行初始化配置。

3.1.3　实训环境要求

可考虑分组进行，每组需要 Cisco 2600 系列路由器一台；HUB 一台；PC 一台（Windows 98 或 Windows 2000/XP 操作系统，需安装超级终端）；RJ-45 双绞线两条；Console 控制线一条，并配有适合于 PC 串口的接口转换器。

3.1.4　实训拓扑

实训拓扑如图 3-1 所示。

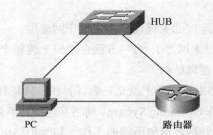

图 3-1　"路由器初始化配置"网络拓扑图

实训中分配的 IP 地址，PC 为 192.168.1.1，路由器 E0 口为 192.168.1.2，子网掩码为 255.255.255.0。

3.1.5　理论基础

1．网络互连设备

不同的互连设备在网络中处于不同的功能层次，有不同的作用。按照功能层次，网络连接设备可分为 4 类，如表 3-1 所示。

表 3-1　　　　　　　　　　　　不同层次的网络连接设备

OSI 七层模块	对应的互连设备
第七层：应用层	网关
第六层：表示层	
第五层：会话层	
第四层：传输层	
第三层：网络层	路由器
第二层：数据链路层	网桥、交换机
第一层：物理层	中继器、集线器

● 物理层：物理层是 OSI 的第一层，它虽然处于最底层，却是整个开放系统的基础。物理层为设备之间的数据通信提供传输介质及互连设备，为数据传输提供可靠的环境。中继器

（Repeater）和集线器（Hub）位于该层，用于连接物理特性相同的网段。它们的端口没有物理地址和逻辑地址。

- 数据链路层：网桥（Bridge）和交换机（Switch）位于该层，用于连接同一逻辑网络中物理层规范不同的网段，这些网段的拓扑结构和数据帧格式都可以不同。网桥和交换机的端口具有物理地址，但没有逻辑地址。
- 网络层：路由器（Router）位于该层，用于连接不同的逻辑网络。Router 的每一个端口都有唯一的物理地址和逻辑地址。
- 应用层：网关（Gateway）位于该层，用于互连网络上，使用不同协议的应用程序之间的数据通信，如 SMTP/X.400 电子邮件网关。

2. 路由器基础

路由器是网络中进行网间连接的关键设备，它处于网络层，一方面能够跨越不同的物理网络类型（如 DDN、FDDI 网络、以太网等），另一方面在逻辑上将整个互连网络分割成逻辑上独立的网络单位，使网络具有一定的逻辑结构。

- 路由器的基本组成。路由器实际上就是一台计算机，只是具有专门的用途。和其他计算机一样，运行着 IOS（Internetwork Operating System，网络互连操作系统）的路由器也包含了一个"中央处理器"（CPU），负责执行处理数据包所需的工作，如维护路由和桥接所需的各种表格，以及做出路由决定等。

路由器的内存主要有 4 种类型：ROM、RAM、Flash 和 NVRAM。Cisco 路由器支持多种类型的 LAN（局域网）或 WAN（广域网）接口。

- 路由器的基本功能。路由器的基本功能是把数据（IP 报文）传送到正确的网络，包括如下几项。
  - ✓ IP 数据报的转发，包括数据报的路径寻找和传送。
  - ✓ 子网隔离，抑制广播风暴。
  - ✓ 维护路由表，并与其他路由器交换路由信息，这是 IP 报文转发的基础。
  - ✓ IP 数据报的差错处理及简单的拥塞控制。
  - ✓ 实现对 IP 数据报的过滤和记账。
- 路由器的分类。
  - ✓ 按路由器的结构分为固定式路由器和模块化路由器。固定式路由器采用不同的端口组合，这些端口不能升级，也不能进行局部变动。模块化路由器上有若干插槽，可插入不同的接口卡，可根据实际需要灵活进行升级或变动。
  - ✓ 按路由器在互连网络中的地位分为核心路由器、分布路由器、接入路由器、边界路由器。
- 路由器的物理端口类型。
  - ✓ 局域网端口。包括以太网端口、快速以太网端口、令牌环网端口和光纤分布式数据计算机的分类接口 FDDI。
  - ✓ 广域网端口。通常是指串行/异步端口或串行/同步端口，有时 ISDN 端口也归入广域网端口。通过广域网端口可以将局域网连接到因特网。
  - ✓ AUX 口（辅助端口）。它是一个慢速的异步口，也可连接广域网或做辅助用途。辅助端口通常用来连接 Modem，以实现对路由器的远程管理。

✓ Console 口。这是一个异步串行口，主要用于连接终端做控制台，以便和路由器通信。

● 路由器的端口表示。固定式路由器的内置式端口的表示由连接类型和编号标识组成。如 Cisco 2500 系列路由器上第 1 个 Ethernet 端口编号标识为 Ethernet 0，第 2 个 Ethernet 端口的编号标识为 Ethernet 1，依次类推（有时以太网端口的编号设置为 Hub 的形式，如 2505 路由器）。串行端口也以相同的方式编号。

● 插槽和单元编号规划。在 Cisco 2600 系列路由器上，每一独立的网络端口由一个插槽号和单元号进行标识。

单元编号用来标识安装在路由器上的模块和接口卡上的端口。每种端口类型单元编号通常从 0 开始，从右到左，如果需要的话从底部到顶部进行编号。网络模块和 WAN 接口卡的标识由端口类型、插槽号加上右斜杠（/）及单元编号组成，如 Ethernet 0/0。

● 路由器的逻辑端口。路由器的逻辑端口并不是实际的硬件端口，它是一种虚拟端口，是用路由器的操作系统 IOS 的一系列软件命令创建的。这些虚拟端口可被网络设备当成物理的端口（如串行端口）来使用，以提供路由器与特定类型的网络介质之间的连接。在路由器上可配置不同的逻辑端口，主要有 Loopback 端口、Null 端口、子端口等。在高端路由器上，有时作为一种很灵活的方式，使用逻辑端口来访问或限制某一部分的数据。

● 路由器的软件及内存体系结构。Cisco 路由器的软件就是网络互连操作系统（IOS），它提供全面的网络服务，并启动网络化应用程序。通过 IOS，Cisco 路由器可以连接 IP、IPX、IBM、DEC、AppleTalk 的网络，实现许多丰富的网络功能。

✓ Cisco IOS 特性集。目前，Cisco IOS 软件的定制已经简化为对特性集的要求，特性集可分为以下 3 类。

■ 基本特性集：平台使用的基本特性集。

■ 加强特性集：基本特性集再加上与平台相关的一些特性。

■ 加密特性集：除基本或加强特性集外，还有 40 位（增加 40 位）或 56 位（增加 56 位）的数据加密特性集。

✓ Cisco 2600 系列路由器的内存体系结构。Cisco 2600 系列路由器的内存体系结构包括如下几个部分。

■ ROM：其中存放硬件检测程序、引导程序及 IOS 的最小子集。

■ Flash：其中存放 IOS 及微代码。

■ DRAM：其中存放运行的 IOS、配置文件，此外还包含路由表、ARP 缓存、Fast Switch 缓存及数据包缓存区域。

■ NVRAM：存放路由器配置文件。

● IOS 的进程。所谓 IOS 的进程，是指在路由器上运行的、用于实现某种功能软件的一次运行。

3. 路由器的基本配置方式

一般来说，Cisco 路由器可以通过以下 3 种常用的方式来配置。

● 通过 Console 口进行配置：Console 口连接终端或运行终端仿真软件的微机，这种方式是用户对路由器配置的常用方式。

● 通过 AUX 端口连接 Modem 进行远程配置：AUX 口接 Modem，通过电话线与远程的终端或运行终端仿真软件的微机相连。

● 通过 Ethernet 上的 Telnet（远程登录）程序以 Telnet 方式进行配置。将路由器已配置好的局域网端口接入支持 TCP/IP 的局域网中，只要有足够的权力，可以在网络中任一位置对路由器进行配置。

4．路由器的初始配置（Setup）

（1）配置准备。路由器的第一次配置必须通过 Setup 命令方式进行。在给路由器加电，使用 Setup 命令方式对路由器进行配置之前，应完成下面的步骤。

① 确定要支持的网络协议（如 AppleTalk、IP、NovellIPX 等）。

② 确定每一种协议的有关参数。

● 地址规划（Addressing Plan）。

● 在每个端口上运行的 WAN 协议（如 Frame Relay、HDLC、X.25 等）。

③ 按路由器的说明书进行硬件配置。

④ 以 9 600 b/s、8 位数据位、1 位停止位配置 PC 终端仿真程序。

开启路由器的电源开关，Windows 的超级终端窗口就会进入路由器的命令行状态，用户就可以操纵路由器了。

在使用 Setup 命令方式进行配置时，若出现了错误，可按【Ctrl+C】快捷键退出 Setup，并在 enable 模式提示符（2600#）下输入 Setup，重新运行 Setup。

（2）配置全局参数（包括路由器名称、特权及用户密码、IP 地址等）。

（3）完成配置后保存。

3.1.6　实训步骤

（1）观察 Cisco 2600 系列路由器的组成，了解各个端口的基本功能。

（2）根据实验要求连接好线缆后，进入实验配置阶段。

① 启动 PC，设备 IP 地址为 192.168.1.1。

② 选择"开始→程序→附件→通讯→超级终端（HyperTerminal）"，然后双击超级终端可执行文件图标，设置新连接名称为 LAB，在"连接时使用"列表框中，选择"COM1"，如图 3-2 所示。

③ 对端口进行设置：数据传输速率设置为 9 600 b/s，其他为默认。

（3）打开路由器电源，启动路由器进行初始化配置。

① 在 "Would you like to enter the initial configuration dialog?"提示符下，输入 **yes**；在"Would you like to enter basic mangement setup?"提示符下，输入 **no**。

② 设置路由器名称为 Cisco2600，特权密码为 Cisco2600，控制台登录密码为 Cisco，虚拟终端连接密码为 Vpassword。

③ 在 "Configure SNMP Network Management"、"Configure LAT"、"ConfigureAppleTalk"、"Configure DECnet"提示符下输入 **no**，在 "Configure IP?"提示符

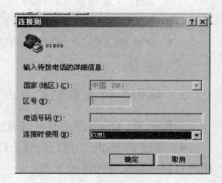

图 3-2　连接超级终端

下输入 **yes**。

④ 在 Ethemet 0/0 端口设置路由器的 IP 地址为 192.168.1.2。

⑤ 保存配置并退出。

⑥ 用 Reload 命令重新启动路由器，并观察路由器的启动过程。

⑦ 使用 Telnet 命令通过虚拟终端登录到路由器。

⑧ 最初，处于终端服务器的用户 EXEC 模式下，若没有看到提示符，按几次【Enter】键，然后输入 enable，并按【Enter】键，进入特权 EXEC 模式。

3.1.7　实训思考题

- 观察路由器的基本结构，描述路由器的各种接口及其表示方法。
- 简述路由器的软件及内存体系结构。
- 简述路由器的主要功能和几种基本配置方式。

3.1.8　实训报告要求

- 实训目的。
- 实训内容。
- 实训环境要求。
- 实训拓扑。
- 实训步骤。
- 实训中的问题和解决方法。
- 回答实训思考题。
- 实训心得与体会。
- 建议与意见。

3.2　IOS 基本命令、备份与恢复

3.2.1　实训目的

- 掌握在命令行界面中正确输入、执行各项操作命令。
- 熟悉路由器的几种命令工作模式及进入、退出方式。
- 熟练掌握一些常见的操作命令。
- 掌握路由器 IOS 的帮助功能。
- 掌握用 show 命令查看路由器的各项配置信息。
- 掌握将配置文件备份到 TFTP（小文件传输协议）服务器和从 TFTP 服务器恢复备份文件的方法。
- 掌握路由器接口的配置方式。
- 掌握路由器的口令恢复。

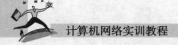
● 掌握 IOS 的恢复。

3.2.2 实训内容

● 在命令行界面输入并执行各种 IOS 命令。
● 使用 IOS 的帮助功能进行操作命令的快速输入。
● 将路由器的配置文件备份到 TFTP 服务器和从 TFTP 服务器恢复备份文件到路由器。
● 对路由器的几种接口分别进行配置。
● 恢复路由器的口令。
● 恢复 IOS。

3.2.3 实训环境要求

每组 Cisco 2600 系列路由器一台，PC 一台（Windows XP 或 Windows 2000 操作系统，需安装超级终端），RJ-45 交叉线一条，Console 控制线一条，TFTP 服务器一台。

3.2.4 实训拓扑图

实训拓扑如图 3-3 所示。

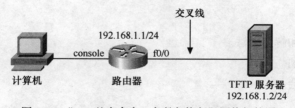

图 3-3 "IOS 基本命令、备份与恢复"网络拓扑图

3.2.5 理论基础

CLI 命令行界面就是路由器 IOS 与用户的接口，它允许用户在路由器的提示符下直接输入 Cisco IOS 操作命令。虽然路由器大部分的配置工作可使用 Setup 模式完成，但某些端口无法用 Setup 命令进行配置。此时，可使用命令行界面进行手工配置。一般来说，手工配置方式更为灵活，也更有效。

1. Cisco 路由器的基本操作

操作路由器的命令称为 EXEC 命令，EXEC 接收终端输入的命令后，执行相应的功能，在使用 EXEC 命令之前必须先登录路由器。

为保证路由器的安全，EXEC 指令具有二级保护，即用户模式和特权模式。在用户模式下只能执行部分指令，在特权模式下可以执行所有指令，包括重新配置、端口指令、子端口指令、路由指令及其他各种指令。

2. 命令的快速输入

在输入时，不必为路由器输入完整的命令。在任何模式下，只要输入命令行的关键字，从左至右包含的字母只要能将该命令与其同一模式下的命令完全区别开来，路由器就能够接收该命令。例如：

```
Hostname#wri t
```

这个命令是 write terminal 的缩写，字符串 writ 就足以使路由器正确地解释这条命令，在屏幕上显示路由器的配置。

3. Cisco 路由器命令的求助

- 在任何模式下，输入一个 "?" 即可以显示在该模式下的所有命令。例如在特权模式下输入问号（?），即可显示在特权模式下可执行的命令列表。
- 命令输入中的帮助功能。在输入命令后面加上问号（?），即可显示该命令的帮助说明。例如：

```
Router#clock ?
```

- 如果不会正确拼写某个命令，可以输入开始的几个字母，在其后紧跟一个问号，路由器即提示有什么样的命令与其匹配。
- 如果不知道命令行后面的参数，可以在该命令的关键字后空一格，再输入 "?"，路由器即会提示用户与 "?" 对应的位置参数是什么。例如：

```
Copy ?或copy run?
```

　　　　"clock?" 列出以 "clock" 开头的所有命令，只有一个 "clock"，而 "clock ?" 列出的是 "clock" 命令的子参数，即该命令的帮助信息。

4. 配置命令的删除

要删除某条配置命令，在原配置命令前加一个 no 并空一格。例如，要去掉已经输入的 "boot system flash" 命令，在相同模式下，输入 "no boot system flash"。

5. 常用的命令行快捷编辑

在输入命令时，可使用快捷编辑键，也可以使用各种上、下、左、右箭头键。

6. 路由器的工作模式

在命令行状态下，路由器主要有以下几种工作模式。

- 用户模式（User EXEC）：在此模式下，用户只能查看路由器的部分系统和配置信息，不能对路由器的信息进行修改。
- 特权模式（Priviledge EXEC）：特权模式用于查看路由器的各种状态，绝大多数命令用于测试网络、检查系统等，不能对端口及网络协议进行配置。

- 全局配置模式（Global Configuration）：在此模式下可以配置一些全局性的参数。
- 全局配置模式下的配置子模式。
  - ✓ 端口配置子模式（Interface Configuration）。进入方式：在全局配置模式下，用 interface 命令进入具体的端口。

```
Router（config）#interface interface-type interface-number
```

提示符：Router（config-if）#

  - ✓ 子端口配置子模式（Subinterface Configuration）。进入方式：在端口配置子模式下用 interface 命令进入指定子端口。

```
Router（confg-if）#interface interface-type interface-number.number
```

提示符：Router（config-subif）#

  - ✓ 线路配置子模式（Line Configuration）。进入方式：在全局配置模式下，用 line 命令指定具体的 line 端口。

```
Router（config）#line number 或{vty|aux|con}number
```

提示符：Router（config-line）#

  - ✓ 路由配置子模式（Router Configuration）。进入方式：在全局配置模式下，用 router protocol 命令指定具体的路由协议。

```
Router（confg）#router protocol[option]
```

提示符：Router（config-router）#

在任何配置模式或配置子模式下输入 exit 命令，则返回上一级模式。若在任何配置模式或配置子模式下输入全局配置命令（如 hostname），可自动回到全局配置模式。若按【Ctrl+Z】快捷键或输入 end 命令，就可以立即返回到特权模式提示符（router#）。

- Setup 模式。Setup 模式是用对话的方式实现对路由器的配置，但这种方式只能对路由器进行简单的配置，无法实现进一步的配置。新路由器第一次进入配置时，系统会自动进入 Setup 模式，并询问是否用 Setup 模式进行配置。在任何时候，在特权模式下，输入 Setup，即进入 Setup 模式。

- ROM 监视器（RXBOOT）模式。ROM 监视器模式或称为 RXBOOT 模式并非一种真正的 IOS 模式。它更像一种假如 IOS 没有运行时路由器所拥有的一种模式。如果路由器试图引导，却找不到一个合适的 IOS 映像可以运行，就会自动进入 RXBOOT 模式。在 RXBOOT 模式中，路由器不能完成正常的功能，只能进行软件升级和手工引导。

7. 路由器的命令分类

按功能分，路由器有 3 类命令。

- show 命令。显示路由器系统或配置信息的命令。如：
show version 显示路由器 IOS 版本、硬件配置等相关信息；
show running-config 显示路由器正在运行的路由器配置信息。
- 配置命令。配置或修改路由器信息的命令。如：

```
hostname r2600
router rip
```

- 连通性及测试命令。如：

```
Ping 10.16.10.12
Debug rip
```

8. 路由器配置文件的备份和恢复

路由器的配置文件可以存放在 TFTP 服务器上，也可以将保存在 TFTP 服务器上的备份文件恢复到路由器上。

常用的备份命令有：copy startup-config tftp、copy running-config tftp。

常用的恢复命令有：copy tftp startup-config、copy tftp running-config。

3.2.6 实训步骤

1. IOS 基本命令、IOS 配置文件、IOS 备份

（1）用反转线连接好计算机和路由器，启动路由器。

【问题 1】：rollover 线（反转线）的线序是怎样的。

（2）用户模式和特权模式的切换。

```
Router>enable
Router#disable
Router>enable
```

（3）配置路由器名和 enable 密码。

```
Router#config terminal
Router（config）#hostname RouterA
RouterA（config）#enable password 123456
RouterA（config）#
```

（4）"?"的使用，如下：

```
Router#clock
% Incomplete command.

Router#clock ?
set  Set the time and date

Router#clock set
% Incomplete command.

Router#clock set ?
  hh:mm:ss  Current Time

Router#clock set 11:36:00 ?
  <1-31>  Day of the month
  MONTH   Month of the year

Router#clock set 11:36:00 12 ?
  MONTH   Month of the year

Router#clock set 11:36:00 12 08
                           ^
% Invalid input detected at '^' marker.
```

```
Router#clock set 11:36:00 12 august 2003
Router#show clock
11:36:03.149 UTC Tue Aug 12 2003
```

【问题 2】："clock？" 和 "clock ？" 有何差别。

（5）输入 "sh"，按【Tab】键，观察发生的情况。

（6）分别按【Ctrl+P】或【UpArrow】、【Ctrl+A】、【Ctrl+F】、【Ctrl+E】、【Ctrl+B】、【Ctrl+D】快捷键，观察结果。

（7）输入 show history，分别连续按几次【Ctrl+P】、【Ctrl+N】快捷键，观察结果。

（8）分别输入执行 show version、show interfaces、show running-config、show terminal，观察输出结果。

（9）改变历史命令缓冲区的大小。

```
Router#show history
Router#terminal history 15
Router#show history
Router#terminal no editing
```

还能使用各种编辑命令吗?

```
Router#terminal editing
```

又能使用各种编辑命令吗?

（10）配置 f0/0 接口的 IP 地址。

```
RouterA（config）#interface f0/0
RouterA（config-if）#ip address 192.168.1.1  255.255.255.0
RouterA（config-if）#no shutdown
RouterA（config-if）#end
RouterA#
```

（11）输入 line console 0，设置永不自行中断，用 login 和 password Cisco 设置登录密码为 Cisco。

（12）输入 show startup-config, show running-config 观察输出结果。

```
RouterA#show startup-config
RouterA#show running-config
```

检查配置是否是正确的。

（13）输入执行 "copy running-config startup-config"，再用 "show startup-config" 显示配置信息。

```
RouterA#copy running-config startup-config
```

把配置文件保存在 NVRAM 中。

```
RouterA#show startup-config
RouterA#reload
```

重启路由器。

（14）在计算机上安装 TFTP 服务器软件，并启动 TFTP 服务器，记下 TFTP 服务器的文件存放目录和服务器的 IP 地址。

【问题 3】：TFTP 服务器使用 TCP 还是 UDP？如果 TFTP 服务器不和路由器在同一网络，要注意什么。

（15）检查连通性，备份配置文件。

```
RouterA#ping 192.168.1.2
RouterA#copy running-config tftp
```

（16）备份 IOS。

```
RouterA#show version
RouterA#show flash
```

记下 IOS 的文件名。

```
RouterA#copy flash tftp
```

【问题 4】：在 TFTP 服务器上查看备份出的 IOS 的大小是多少。

2. 路由器的口令恢复和 IOS 恢复

以下两种情况要用到路由器的口令恢复和 IOS 恢复。

● 新任网络管理员无法和上任网络管理员取得联系获得路由器的密码，但现在需要更改路由器的配置。

● 管理员在对路由器的 IOS 进行升级后发现新的 IOS 有问题，需恢复原来的 IOS。

（1）关闭并重新开启路由器电源，等待路由器开始启动时按【Ctrl+Break】快捷键中断正常的启动过程，进入到 ROM 状态。

（2）修改配置寄存器的值，并重新启动。

```
rommon 1>confreg 0x2142
rommon 2>i
```

【问题 5】：为什么寄存器的值要改为 0x2142？

（3）等待路由器启动完毕并进入 setup 模式后，按【Ctrl+C】快捷键退出 setup 模式，修改密码。

```
Router>en
Router#copy startup-config running-config
RouterA#conf t
RouterA（config）#enable password Cisco
```

【问题 6】："copy startup-config running-config" 命令不执行会导致什么。

（4）恢复寄存器值，保存配置并重启路由器。

```
RouterA（config）#config-register 0x2102
RouterA（config）#exit
RouterA#copy running-config startup-config
RouterA#reload
```

（5）准备好 TFTP 服务器，检查 IOS 文件 c2600-i-mz.122-8.T1.bin 是否已经在正确目录，并记下服务器的 IP 地址。

（6）重启路由器，按【Ctrl+Break】快捷键中断启动过程，进入到 Rom 模式。

（7）设置环境变量。

```
rommon 1>IP_ADDRESS=192.168.1.1
rommon 2>IP_SUBNET_MASK=255.255.255.0
rommon 3>IP_DEFAULT_GATEWAY=192.168.1.254
```

这里设置网关是没有意义的，只不过需要一个值而已。

```
rommon 4>TFTP_SERVER=192.168.1.2
rommon 5>TFTP_FILE= c2600-i-mz.122-8.T1.bin
```

（8）下载 IOS，并重启。

```
rommon 6>tftpdnld
rommon 7>i
```

3.2.7   实训思考题

- 简述路由器的工作模式及命令分类。
- 简述在路由器上配置主机名及口令的步骤。

3.2.8   实训问题参考答案

【问题1】：线的两端完全顺序是相反的，即一端的1～8对应另一端的8～1。

【问题2】："clock?"列出以"clock"开头的所有命令，只有一个"clock"，而"clock ?"列出的是"clock"命令的子参数。

【问题3】：UDP。要把 IP_DEFAULT_GATEWAY 变量指向网关。

【问题4】：问题答案不确定，IOS 的大小一般是 5MB～15MB 之间）。

【问题5】：寄存器的值为 0x2142 会使得路由器跳过 NVRAM 配置文件的执行，从而不检查密码。

【问题6】：不执行此命令，会导致丢失原来的配置，也就是必须按原来的设置重新设置一遍。

3.2.9   实训报告要求

- 实训目的。
- 实训内容。
- 实训环境要求。
- 实训拓扑。
- 实训步骤。
- 实训中的问题和解决方法。
- 回答实训思考题。
- 实训心得与体会。
- 建议与意见。

3.3   静态路由与默认路由配置

3.3.1   实训目的

- 理解 IP 路由寻址过程。
- 掌握创建和验证静态路由、默认路由的方法。

3.3.2   实训内容

- 创建静态路由。

- 创建默认路由。
- 验证路由。

3.3.3　实训环境要求

某公司在济南、青岛、北京各有一分公司，为了使得各分公司的网络能够通信，公司在三地分别购买了路由器，为 R1、R2、R3，同时申请了 DDN 线路。现要用静态路由配置各路由器使得三地的网络能够通信。

为此需要 Cisco 2600 系列路由器 3 台，D-Link 交换机（或 Hub）3 台，PC 若干台（Windows 操作系统，其中一台需安装超级终端），RJ-45 直通型、交叉型双绞线若干条，Console 控制线一条。

3.3.4　实训拓扑图

实训拓扑如图 3-4 所示。

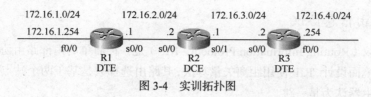

图 3-4　实训拓扑图

3.3.5　理论基础

1. 路由协议与被路由协议

路由器必须知道网络上的路由信息，才能做出正确的选择。因此必须经常性地相互交换网络上的路由信息。路由器相互交换动态路由信息的协议称为路由协议。常用的路由协议包括 IGRP、OSPF、RIP、BGP、EGP 等。

路由器可处理的网络协议称为被路由协议。Cisco 路由器可处理的路由协议包括当今在 Internet 和局域网上使用最广泛的协议 TCP/IP 及 EDCnet、IPX、AppleTalk 等。由 TCP/IP 支持的路由协议称为 IP 路由协议。

路由协议可以分为两大类，即内部网关路由协议 IGP 和外部网关路由协议 EGP。外部网关路由协议用于多个自治域网络，它可以在不同自治域之间交换路由信息。

内部网关路由协议分成两大阵营：一个是著名的距离矢量（Distance Vector）类协议，如 RIP、IGRP 路由协议；一个是链路状态（Link State）类协议，如 OSPF 协议。

2. 路由

路由可以概述为一个节点找到通往每个可能目的地的路径的过程。路由通常出现在第三层（网络层），路由器之间靠交换路由信息的协议相联系。尽管这些路由器种类不同，通过路由表还是可以提供它们共同的网络视图。路由表为路由器存储了到达网络上任一目的地所需要的一切必要的信息。路由的一个重要目标就是为主机提供能够准确反映当前网络状态的一张路由表，从而找到通往所有可能目的地的路径。

3. 动态路由与静态路由

广域网数据包的路由是通过路由进程实现的。路由进程确定路径的方法有两种。

● 通过配置写好的路由表来传送，这种需要由系统管理员手工配置路由表并指定每条路由线路的方法，称为静态路由。由于系统管理员指定了静态路由器的每条路径，因而具有较高的安全系数，比较适合较小型的网络使用。一般来说，静态路由不向外广播。

● 由路由器按指定的路由协议格式在网上广播和接收路由信息，通过路由器不断交换路由信息，动态地更新和确定路由表，并随时向附近的路由器广播，这种自动调整方法称为动态路由。动态路由由于较具灵活性，使用配置简单，成为目前主要的路由类型。

在 Cisco 路由器上可以配置 3 种路由，即静态路由、动态路由和默认路由。一般地，路由进程查找路由的顺序为静态路由、动态路由。如果静态路由表和动态路由表中没有合适的路由，则通过默认路由将数据包传输出去。可以综合使用这 3 种路由。

4. RIP 路由信息协议

路由信息协议（Routing Information Protocol，RIP）是一种简单的内部路由协议，为具有相对少量的计算机环境而设计，RIP 使用距离矢量算法，其路由选择只是基于两个站点间的"跳"（Hop）数。穿过一个路由器认为是一跳。

RIP 并没有任何链路质量的概念，所有的链路都被认为是相同的，对低速的串行链路和高速的光纤链路同样看待。RIP 以最小的跳数来选择路由，RIP 提供跳跃计数（Hop Count）作为尺度来衡量路由距离，跳跃计数是一个包到达目标所必须经过的路由器的数目。

RIP 中的最大 Hop 数是 15，大于 15 则认为不可到达。在很大的自治系统中，Hop 数很可能超过 15，使用 RIP 是很不现实的。RIP v1 不支持子网，它交换的路由信息中不包含子网掩码，对给定路由确定子网掩码的方法各不相同，RIP v2 则弥补了此缺点。但是在大型网络中的路由信息可能要花些时间才能传播开来，路由信息的稳定时间可能更长，并且在这段时间内可能产生路由环路，RIP 每隔 30s 进行一次路由信息更新。

5. IGRP 内部网关路由协议

内部网关路由协议（Interior Gateway Routing Protocol，IGRP）是一种动态距离矢量路由协议，也是一个 Cisco 专有的路由协议，此协议的基础是路由信息协议（RIP）。它使用由带宽、延迟、可靠性、加载和最大传输单元（MTU）这 5 个参数构成的五维成本度量方式，适用于大型网络。IGRP 的目标如下。

● 大型互连网络的稳定、最佳的路由不产生路由循环。

● 在网络拓扑中快速地响应变化。

● 处理多种"服务类型"的能力（未实现）。

● 带宽和路由器 CPU 的开销低。

● 在几个并行路由的路由要求大致相同时，能在这些路由之间划分通信量。

IGRP 和 RIP 都使用水平分割、触发更新和抑制等相似的实现技术。它们之间的关键区别在于度量值、确定算法及默认网关的使用。

6. OSPF 开放最佳路径选择

OSPF（Open Shortest Path First）路由协议是由 IETF（Internet Engineering Task Force）的 IGP 工作小组提出的，是一种基于 SPF 算法的路由协议，目前使用的 OSPF 协议是第 2 版，定义于 RFCl247 和 RFCl583。随着 Internet 技术在全球范围的飞速发展，OSPF 已成为目前广域网和企业网采用最多、应用最广泛的路由协议之一。

OSPF 路由协议是一种典型的链路状态（Link State）的路由协议，一般用于同一个路由域内。在这里，路由域是指一个自治系统（Autonomous System，AS），即 AS 中，所有的 OSPF 路由器维护一个相同的描述这个 AS 结构的数据库，该数据库中存放的是路由域中相应链路的状态信息，OSPF 路由进程正是通过这个数据库计算出 OSPF 路由表。

作为一种链路状态的路由协议，OSPF 将链路状态广播数据包 LSA（Link State Advertisement）传送给在某一区域内的所有路由器，这一点与距离矢量路由协议不同。运行距离矢量路由协议的路由器是将部分或全部的路由表传递给与其相邻的路由器。

OSPF 路由协议提供了不同的网络通过同一种 TCP/IP 交换网络信息的一种途径。作为一种链路状态的路由协议，OSPF 具备许多优点：快速收敛，支持变长网络屏蔽码，支持 CIDR 及地址 Summary，具有层次化的网络结构，支持路由信息验证等。所有这些特点保证了 OSPF 路由协议能够被应用到大型、复杂的网络环境中。

3.3.6　实训步骤

（1）在 R1 路由器上配置 IP 地址和 IP 路由。

```
R1#conf t
R1（config）#interface f0/0
R1（config-if）#ip address 172.16.1.254 255.255.255.0
R1（config-if）#no shutdown
R1（config-if）#interface s0/0
R1（config-if）#ip address 172.16.2.1 255.255.255.0
R1（config-if）#no shutdown
R1（config-if）#exit
R1（config）#ip route 172.16.3.0 255.255.255.0 172.16.2.2
R1（config）#ip route 172.16.4.0 255.255.255.0 172.16.2.2
```

（2）在 R2 路由器上配置 IP 地址和 IP 路由。

```
R2#conf t
R2（config）#interface s0/0
R2（config-if）#ip address 172.16.2.2 255.255.255.0
R2（config-if）#clock rate 64000
R2（config-if）#no shutdown
R2（config-if）#interface s0/1
R2（config-if）#ip address 172.16.3.1 255.255.255.0
R2（config-if）#clock rate 64000
```

```
R2（config-if）#no shutdown
R2（config-if）#exit
R2（config）#ip route 172.16.1.0 255.255.255.0 172.16.2.1
R2（config）#ip route 172.16.4.0 255.255.255.0 172.16.3.2
```

（3）在 R3 路由器上配置 IP 地址和 IP 路由。

```
R3#conf t
R3（config）#interface f0/0
R3（config-if）#ip address 172.16.4.254 255.255.255.0
R3（config-if）#no shutdown
R3（config-if）#interface s0/0
R3（config-if）#ip address 172.16.3.2 255.255.255.0
R3（config-if）#no shutdown
R3（config-if）#exit
R3（config）#ip route 172.16.1.0 255.255.255.0 172.16.3.1
R3（config）#ip route 172.16.2.0 255.255.255.0 172.16.3.1
```

（4）在 R1、R2、R3 路由器上检查接口、路由情况。

```
R1#show ip route
R1#show ip interfaces
R1#show interface
R2#show ip route
R2#show ip interfaces
R2#show interface
R3#show ip route
R3#show ip interfaces
R3#show interface
```

（5）在各路由器上用"ping"命令测试到各网络的连通性。

（6）在 R1、R3 上取消已配置的静态路由，R2 保持不变。

```
R1:
R1（config）#no ip route 172.16.3.0 255.255.255.0 172.16.2.2
R1（config）#no ip route 172.16.4.0 255.255.255.0 172.16.2.2
R1（config）#exit
R1#show ip route
R3:
R3（config）#no ip route 172.16.1.0 255.255.255.0 172.16.3.1
R3（config）#no ip route 172.16.2.0 255.255.255.0 172.16.3.1
R3（config）#exit
R3#show ip route
```

（7）在 R1、R3 上配置默认路由。

```
R1:
R1（config）#ip route 0.0.0.0 0.0.0.0 172.16.2.2
R1（config）#ip classless
R3:
R3（config）#ip route 0.0.0.0 0.0.0.0 172.16.3.1
R3（config）#ip classless
```

【问题】：在配置默认路由时，为什么要在 R3 上配置 "ip classless"。

（8）在各路由器上用 "ping" 命令测试到各网络的连通性。

3.3.7 实训思考题

- 默认路由用在什么场合较好。
- 什么是路由?什么是路由协议?
- 什么是静态路由、默认路由、动态路由?路由选择的基本原则是什么。
- 试述 RIP 的缺点。

3.3.8 实训问题参考答案

默认时是可以不配置的，显式配置是防止有人执行了 "no ip classless"，"ip classless" 使得路由器对于查找不到路由的数据包会用默认路由来转发。

3.3.9 实训报告要求

- 实训目的。
- 实训内容。
- 实训环境要求。
- 实训拓扑。
- 实训步骤。
- 实训中的问题和解决方法。
- 回答实训思考题。
- 实训心得与体会。
- 建议与意见。

3.4 RIP 与 IGRP 的配置与调试

3.4.1 实训目的

- 掌握配置与调试 RIP 的方法。
- 掌握配置与调试 IGRP 的方法。

3.4.2 实训内容

- 配置与调试 RIP。
- 配置与调试 IGRP。

3.4.3　实训环境要求

如图 3-5 所示，根据网络拓扑图完成路由配置。

● 192.168.1.0/24 和 172.16.1.0/24 通过两条路径互连，在各路由器上配置 RIP，使得路由器自动建立路由表。

● 192.168.1.0/24 和 172.16.1.0/24 通过两条路径互连，在各路由器上配置 IGRP，为了充分利用线路要求使用负载均衡。

3.4.4　实训拓扑图

实训拓扑如图 3-5 所示。

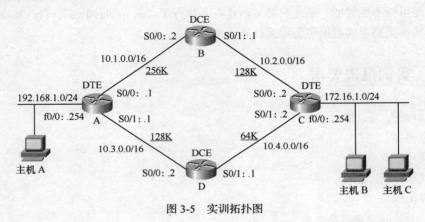

图 3-5　实训拓扑图

3.4.5　实训步骤

1.　配置与调试 RIP

（1）在各路由器上进行各基本配置，如路由器名称、接口的 IP 地址、时钟等。

（2）在各路由器上进行 RIP 的基本配置。

```
RouterA:
RouterA(config)#router rip
RouterA(config-router)#network 192.168.1.0
RouterA(config-router)#network 10.0.0.0
RouterB:
RouterB(config)#router rip
RouterB(config-router)#network 10.0.0.0
RouterC:
RouterC(config)#router rip
RouterC(config-router)#network 10.0.0.0
```

```
RouterC（config-router）#network 172.16.0.0
RouterD：
RouterD（config）#router rip
RouterD（config-router）#network 10.0.0.0
```

【问题 1】：为什么在路由器 A 上使用 "network 10.0.0.0"，而不是 "network 10.1.0.0" 和 "network 10.3.0.0" 命令。

（3）等待一段时间后，在各路由器上查看路由表。

```
RouterA#show ip route
RouterB#show ip route
RouterC#show ip route
RouterD#show ip route
```

【问题 2】：路由器 A 上为什么看不到 172.16.1.0/24 的路由，而是 172.16.0.0/16 的路由。

【问题 3】：路由器 A 上到达网络 172.16.0.0/16 有几条路由。路由器 C 上到达网络 192.168.1.0/24 有几条路由。为什么？

（4）测试连通性。

正确设置主机 A、主机 B 的网关，从主机 A ping 主机 B，测试连通性。

（5）观察路由的动态过程：在路由器 B 上关闭 s0/1 接口，等待一段时间后，在各路由器上查看路由表；重新在路由器 B 上开启 s0/1 接口，等待一段时间后，在各路由器上查看路由表。

```
RouterB（config）#int s0/1
RouterB（config-if）#shutdown
RouterB（config-if）#end
RouterB#show ip route
RouterA#show ip route
RouterC#show ip route
RouterD#show ip route
RouterB（config）#int s0/1
RouterB（config-if）# no shutdown
RouterB（config-if）#end
RouterB#show ip route
RouterA#show ip route
RouterC#show ip route
RouterD#show ip route
```

【问题 4】：为什么要等待一段时间才能观察到路由表的变化。路由器 A 和 D 的路由表有何变化。

（6）在路由器 A 上改变高级选项，查看各相关信息。

```
RouterA（config）#router rip
RouterA（config-router）#distance 50
RouterA（config-router）#timers basic 30 60 90 120
RouterA（config-router）#end
RouterA#show ip protocols
RouterA#show ip interfaces
RouterA#debug ip rip
```

2. 配置与调试 IGRP

（1）在各路由器上进行各基本配置，如路由器名称、接口的 IP 地址、时钟等。

（2）在各路由器进行 IGRP 的基本配置。

```
RouterA:
RouterA(config)#int s0/0
RouterA(config-if)#bandwidth 256
RouterA(config-if)#int s0/1
RouterA(config-if)#bandwidth 128
RouterA(config-if)#exit
RouterA(config)#router igrp 100
RouterA(config-router)#network 192.168.1.0
RouterA(config-router)#network 10.0.0.0
RouterB:
RouterB(config)#int s0/0
RouterB(config-if)#bandwidth 256
RouterB(config-if)#int s0/1
RouterB(config-if)#bandwidth 128
RouterB(config-if)#exit
RouterB(config)#router igrp 100
RouterB(config-router)#network 10.0.0.0
RouterC:
RouterC(config)#int s0/0
RouterC(config-if)#bandwidth 128
RouterC(config-if)#int s0/1
RouterC(config-if)#bandwidth 64
RouterC(config-if)#exit
RouterC(config)#router igrp 100
RouterC(config-router)#network 10.0.0.0
RouterC(config-router)#network 172.16.0.0
RouterD:
RouterD(config)#int s0/0
RouterD(config-if)#bandwidth 128
RouterD(config-if)#int s0/1
RouterD(config-if)#bandwidth 64
RouterD(config-if)#exit
RouterD(config)#router igrp 100
RouterD(config-router)#network 10.0.0.0
```

【问题 5】：启动 IGRP 比启动 RIP 要多指明什么。

（3）等待一段时间后，在各路由器上查看路由表，观察度量值等。

```
RouterA#show ip route
```

【问题 6】：A 路由器到达网络 172.16.0.0/16 有几条路由。

```
RouterB#show ip route
RouterC#show ip route
```

【问题 7】：C 路由器到达网络 192.168.1.0/24 是通过哪个路由器。

```
RouterD#show ip route
```

【问题 8】：D 路由器到达网络 172.16.0.0/16 是通过哪个路由器。为什么？

（4）测试连通性。

正确设置主机 A、B、C 的网关，从主机 A ping 主机 B，测试连通性。

（5）观察路由的动态过程：在路由器 B 上关闭 s0/1 接口，等待一段时间后，在各路由器上查看路由表；重新在路由器 B 上开启 s0/1 接口，等待一段时间后，在各路由器上查看路由表。

```
RouterB（config）#int s0/1
RouterB（config-if）#shutdown
RouterB（config-if）#end
RouterB#show ip route
RouterA#show ip route
RouterC#show ip route
RouterD#show ip route
```

【问题 9】：路由器 D 的路由表发生了什么变化。

```
RouterB（config）#int s0/1
RouterB（config-if）# no shutdown
RouterB（config-if）#end
RouterB#show ip route
RouterA#show ip route
RouterC#show ip route
RouterD#show ip route
```

（6）负载均衡。

```
RouterA（config）#router igrp 100
RouterA（config-router）#maximum-paths 6
RouterA（config-router）#variance 10
RouterA（config-router）#traffic-share balance
RouterA（config-router）#end
RouterA#show ip route 172.16.0.0
```

【问题 10】：路由器 A 到达 172.16.0.0/16 有几条路由。为什么？

```
RouterC（config）#router igrp 100
RouterC（config-router）#maximum-paths 6
RouterC（config-router）#variance 10
RouterC（config-router）#traffic-share balance
RouterC（config-router）#end
RouterC#show ip route 192.168.1.0
```

【问题 11】：路由器 C 到达 192.168.1.0/24 有几条路由。不同路由的共享值是多少。为什么？

3.4.6 实训问题参考答案

【问题 1】：配置 RIP 时，"network" 命令应指明接口所在的主网络号，而不是子网络号，s0/0 和 s0/1 都在 10.0.0.0 主网络上。

【问题 2】：RIP 是无类协议，它自动在网络的边界进行路由汇总。

【问题 3】：从路由器 A 到 172.16.0.0/16 有两条路由，分别为：

```
R    172.16.0.0/16 [120/2] via 10.1.0.2, 00:00:22, Serial0/0
                          [120/2] via 10.3.0.2, 00:00:08, Serial0/1
```

从路由器 C 到 192.168.1.0/24 有两条路由，分别为：

```
R    192.168.1.0/24 [120/2] via 10.2.0.1, 00:00:09, Serial0/0
```

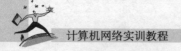
                                    [120/2] via 10.4.0.1, 00:00:23, Serial0/1

这是因为 RIP 默认时支持等跳数的负载均衡。

【问题 4】：路由协议需要一段时间来收敛。路由器 A 删除了 10.2.0.0/16 的路由，同时到达 172.16.0.0/16 只有一条路由了；同样路由器 D 也删除了 10.2.0.0/16 的路由，同时到达 192.168.1.0/24 也只有一条路由了。

【问题 5】：还要指明自治系统号，同一自治系统中的不同路由器上的自治系统号要相同。

【问题 6】：只有一条路由，这是因为 IGRP 选择了最佳路由。

【问题 7】：是通过路由器 B。

【问题 8】：是通过 A 路由器到达 172.16.0.0/16 的，IGRP 不是通过跳数来决定最佳路径，通过 A 路由器虽然经过的路由器数量较多，但带宽较大。

【问题 9】：减少了 10.2.0.0/16 的路由，同时到达 172.16.0.0/16 的路由是通过路由器 C 了。

【问题 10】：还是只有一条，因为 A 路由器比 D 路由器更接近 172.16.0.0/16 网络，它不会把经过 D 路由器到达 172.16.0.0/16 也当成可选路径。

【问题 11】：有两条路由了，通过 B 路由器的路由共享值为 2，而通过 D 路由器的路由共享值为 1。

3.4.7   实训报告要求

- 实训目的。
- 实训内容。
- 实训环境要求。
- 实训拓扑。
- 实训步骤。
- 实训中的问题和解决方法。
- 实训心得与体会。
- 建议与意见。

3.5   EIGRP 的配置与调试

3.5.1   实训目的

掌握配置与调试 EIGRP 的基本操作。

3.5.2   实训内容

配置与调试 EIGRP。

3.5.3   实训拓扑图

实训拓扑如图 3-6 所示。

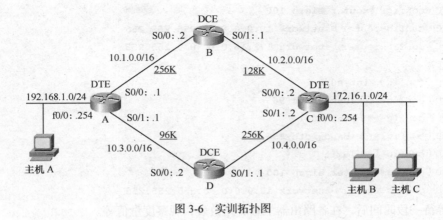

图 3-6　实训拓扑图

实训要求：在各路由器上配置 EIGRP，为了充分利用线路要求使用负载均衡，注意各线路上的带宽。

3.5.4　实训步骤

（1）在各路由器上进行各基本配置，如路由器名称、接口的 IP 地址、时钟等。

（2）在各路由器进行 EIGRP 的基本配置。

```
RouterA:
RouterA (config) #int s0/0
RouterA (config-if) #bandwidth 256
RouterA (config-if) #int s0/1
RouterA (config-if) #bandwidth 96
RouterA (config-if) #exit
RouterA (config) #router eigrp 100
RouterA (config-router) #network 192.168.1.0  0.0.0.255
RouterA (config-router) #network 10.1.0.0  0.0.255.255
RouterA (config-router) #network 10.3.0.0  0.0.255.255
RouterB:
RouterB (config) #int s0/0
RouterB (config-if) #bandwidth 256
RouterB (config-if) #int s0/1
RouterB (config-if) #bandwidth 128
RouterB (config-if) #exit
RouterB (config) #router eigrp 100
RouterB (config-router) #network 10.0.0.0  0.255.255.255
RouterC:
RouterC (config) #int s0/0
RouterC (config-if) #bandwidth 128
RouterC (config-if) #int s0/1
RouterC (config-if) #bandwidth 256
RouterC (config-if) #exit
```

```
RouterC（config）#router eigrp 100
RouterC（config-router）#network 10.0.0.0  0.255.255.255
RouterC（config-router）#network 172.16.0.0  0.0.255.255
RouterD:
RouterD（config）#int s0/0
RouterD（config-if）#bandwidth 96
RouterD（config-if）#int s0/1
RouterD（config-if）#bandwidth 256
RouterD（config-if）#exit
RouterD（config）#router eigrp 100
RouterD（config-router）#network 10.0.0.0  0.255.255.255
```

（3）等待一段时间后，在各路由器上查看路由表，观察度量值等。

```
RouterA#show ip route
```

【问题1】：路由器A到达网络172.16.0.0/16有几条路由。

```
RouterB#show ip route
RouterC#show ip route
```

【问题2】：路由器C到达网络192.168.1.0/24有几条路由。

```
RouterD#show ip route
```

（4）测试连通性：正确配置主机A、B、C的网关，从主机A ping主机B，测试连通性。

（5）观察路由的动态过程：在路由器B上关闭s0/1接口，等待一段时间后，在各路由器上查看路由表；重新在路由器B上开启s0/1接口，等待一段时间后，在各路由器上查看路由表。

```
RouterB（config）#int s0/1
RouterB（config-if）#shutdown
RouterB（config-if）#end
RouterB#show ip route
RouterA#show ip route
RouterC#show ip route
RouterD#show ip route
RouterB（config）#int s0/1
RouterB（config-if）# no shutdown
RouterB（config-if）#end
RouterB#show ip route
RouterA#show ip route
RouterC#show ip route
RouterD#show ip route
```

（6）负载均衡。

```
RouterA（config）#router eigrp 100
RouterA（config-router）#variance 10
RouterA（config-router）#traffic-share balance
RouterA（config-router）#end
RouterA#show ip route
```

【问题3】：路由器A到达172.16.0.0/16有几条路由。观察路由开销。

```
RouterA#access-list 101 permit icmp 192.168.1.0 0.0.0.255 172.16.1.0 0.0.0.255
RouterA#debug ip packet 101
```

从主机A ping 172.16.1.254、主机B、主机C，观察数据包经过的网关。

【问题4】：到达172.16.1.254、主机B、主机C的数据包经过相同的网关了吗？

```
RouterC(config)#router eigrp 100
RouterC(config-router)#variance 10
RouterC(config-router)#traffic-share balance
RouterC(config-router)#end
RouterC#show ip route
```

【问题5】：路由器 C 到达 192.168.1.0/24 有几条路由。观察路由开销。

3.5.5　实训问题参考答案

【问题1】：一条路由，是通过路由器 B 到达 172.16.0.0/16。

【问题2】：一条路由，是通过路由器 B 到达 192.168.1.0/24。

【问题3】：有两条路由了，路由如下：

```
R    172.16.0.0/16 [90/21026560] via 10.1.0.2, 00:00:05, Serial0/0
                   [90/27693056] via 10.3.0.2, 00:00:05, Serial0/1
```

路由开销的值很大，这是因为 EIGRP 的度量值比 IGRP 大 256 倍。

【问题4】：该问题答案可能不统一，但可以看到到达 172.16.1.254、主机 B、C 的数据包不完全通过同一网关了，即到达同一网络的数据进行了负载均衡。

【问题5】：有两条路由了，分别是通过 B 路由器和 D 路由器，通过 B 路由器的开销较小，通过 D 路由器的开销较大。

3.5.6　实训报告要求

- 实训目的。
- 实训内容。
- 实训环境要求。
- 实训拓扑。
- 实训步骤。
- 实训中的问题和解决方法。
- 实训心得与体会。
- 建议与意见。

3.6　单区域 OSPF 的配置与调试

3.6.1　实训目的

掌握配置与调试单区域 OSPF 的基本操作。

3.6.2　实训内容

配置与调试单区域 OSPF。

3.6.3 实训拓扑图

实训拓扑如图 3-7 所示。

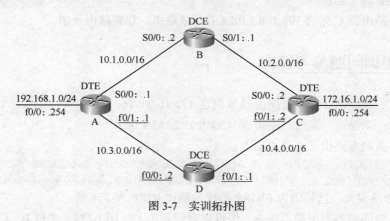

图 3-7　实训拓扑图

实训要求：在各路由器上配置 OSPF，在这里网络较为简单，我们只采用单一区域。

3.6.4 实训步骤

（1）在各路由器上进行各基本配置，如路由器名称、接口的 IP 地址、时钟等。

（2）在各路由器进行 OSPF 的基本配置。

```
RouterA:
RouterA（config）#router ospf 1
RouterA（config-router）#network 192.168.1.0 0.0.0.255 area 0
RouterA（config-router）#network 10.1.0.0 0.0.255.255 area 0
RouterA（config-router）#network 10.3.0.0 0.0.255.255 area 0
RouterB:
RouterB（config）#router ospf 2
RouterB（config-router）#network 10.0.0.0 0.255.255.255 area 0
RouterC:
RouterC（config）#router ospf 3
RouterC（config-router）#network 10.0.0.0 0.255.255.255 area 0
RouterC（config-router）#network 172.16.0.0 0.0.255.255 area 0
RouterD:
RouterD（config）#router ospf 4
RouterD（config-router）#network 10.0.0.0 0.255.255.255 area 0
```

（3）等待一段时间后，在各路由器上查看路由表，观察度量值等。

```
RouterA#show ip route
RouterB#show ip route
RouterC#show ip route
RouterD#show ip route
```

【问题 1】：路由器 A 中 172.16.1.0/24 的路由为何不被归纳成 172.16.0.0/16 的路由了。

（4）测试连通性。

从主机 A ping 主机 B、主机 C，测试连通性。

（5）观察路由的动态过程：在路由器 D 上关闭 f0/1 接口，等待一段时间后，在各路由器上查看路由表；重新在路由器 D 上开启 f0/1 接口，等待一段时间后，在各路由器上查看路由表。

```
RouterD (config) #int f0/1
RouterD (config-if) #shutdown
RouterD (config-if) #end
RouterD#show ip route
RouterA#show ip route
RouterB#show ip route
RouterC#show ip route
RouterD (config) #int f0/1
RouterD (config-if) #no shutdown
RouterD (config-if) #end
RouterD#show ip route
RouterA#show ip route
RouterB#show ip route
RouterC#show ip route
```

（6）在路由器 A 上配置。

```
RouterA#show ip ospf database
RouterA#show ip ospf neighbors
```

【问题 2】：路由器 A 和路由器 D 中，谁是 DR。为什么？

```
RouterA#show ip ospf interface
```

注意观看输出的各种信息。

（7）在路由器 A、D 上配置。

```
RouterD (config) #int f0/0
RouterD (config-if) #ip ospf priority 10
RouterD#clear ip ospf processes
RouterA (config) #int f0/1
RouterA (config-if) #ip ospf cost 2000
RouterA (config-if) #end
RouterA#clear ip ospf processes
```

重新执行步骤（6），查看 DR、BDR 的 IP 地址是否发生变化。

【问题 3】：路由器 A 和路由器 D 中，谁是 DR。

```
RouterA#show ip route
```

【问题 4】：观察路由表是否发生变化。到达 172.16.1.0/24 的路由是经过什么路由器。

3.6.5　实训问题参考答案

【问题 1】：因为 OSPF 是无类协议，它在发送路由更新时发送子网掩码。

【问题 2】：路由器 A 是 DR，路由器 A 的 ID 值为 192.168.1.254，而路由器 D 的 ID 值为 10.1.4.1。

【问题 3】：路由器 D 是 DR，路由器 A 的优先级值为默认值 1，而路由器 D 的 ID 值为 10，路由器 D 的优先级高。

【问题 4】：发生了变化，到达 172.16.1.0/24 的路由不再经过路由器 D，而是经过路由器 B。

3.6.6 实训报告要求

- 实训目的。
- 实训内容。
- 实训拓扑。
- 实训步骤。
- 实训中的问题和解决方法。
- 实训心得与体会。
- 建议与意见。

3.7 交换机的了解与基本配置

3.7.1 实训目的

- 熟悉 Cisco Catalyst 2950 交换机的开机界面和软硬件情况。
- 掌握对 2950 交换机进行基本的设置。
- 了解 2950 交换机的端口及其编号。

3.7.2 实训内容

- 通过 Console 口连接到交换机上，观察交换机的启动过程和默认配置。
- 了解交换机启动过程所提供的软硬件信息。
- 对交换机进行一些简单的基本配置。

3.7.3 实训拓扑图

实训拓扑如图 3-8 所示。

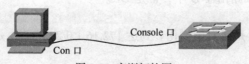

Console 口

Con 口

图 3-8 实训拓扑图

3.7.4 理论基础

1. 交换模式/转发方式

LAN 交换模式决定了当交换机端口接收到一个帧时将如何处理这个帧。因此包（分组）过交换机所需的时间取决于所选的交换模式。交换模式有如下 3 种。

● 存储转发。存储转发交换是两种基本的 LAN 交换类型之一。在这种方式下，LAN 交换机将接收整个帧并复制到它的缓冲器中，同时计算循环冗余校验（CRC）。如果这个帧有 CRC 差错，或者太短（包含 CRC 在内，帧长小于 64 字节），或者太长（包含 CRC 在内，帧长多于 1 518 字节），那么这个帧将被丢弃，否则确定输出接口，并将帧发往其目的端。由于这种类型的交换要复制整个帧，并且运行 CRC，因此转发速度较慢，且其延迟将随帧长度不同而变化。

● 直通模式。直通型交换是另一种主要 LAN 交换类型。在这种方式下，LAN 交换机仅仅将帧的目的地址（前缀之后的 6 字节）复制到它的缓冲器中。然后，在交换表中查找该目的地址，从而确定输出接口，然后将帧发往其目的端。这种直通交换方式减少了延迟，因为交换机一读到帧的目的地址，确定了输出接口，就立即转发帧。有些交换机可以自适应地址选择交换方式，可以工作在直通方式，直到某个端口上的差错达到用户定义的差错极限，交换机会由直通模式自动切换成存储转发模式，而当差错率降低到这个极限以下时，交换机又会由存储转发模式切换成直通模式。

● 不分段方式（改进的直通模式）。不分段方式是直通方式的一种改进形式。在这种方式下，交换机在转发之前等待 64 字节的冲突窗口。如果一个包有错，那么差错一般都会发生在前 64 字节中。不分段方式较之直通方式提供了较好的差错检验，而几乎没有增加延迟。

2．VLAN 概述

随着网络的扩大，网络中的广播通信量也随之增加，当网段上的站点数据剧增时，广播会消耗网络带宽，并且降低终端的处理能力。网络中过多的广播会用尽所有可用带宽，致使网络完全停止运行，这种状态称为广播风暴（Broadcast Storm）。交换机采用 VLAN 将网络分成更小的广播域和冲突域，一个 VLAN（虚拟局域网）就是一个广播域，广播风暴被抑制在这个小区域中，从而缓解这一问题。

如果想让一台交换机的不同端口成为不同子网的一部分，就必须创建虚拟局域网。VLAN 是与被定义的交换机端口相连的网络用户和资源的逻辑组合。使用 VLAN，就不会再受物理位置的约束。VLAN 可以根据位置、功能、部门，甚至是应用或是所用的协议进行创建，而不用考虑资源或用户究竟在什么位置。

创建 VLAN 是通过第二层交换机划分广播域来实现的，管理员需将交换机端口分配给 VLAN。分配方式有如下两种。

● 静态 VLAN。静态 VLAN 是创建 VLAN 的典型方法。管理员将一个 VLAN 的组合分配给交换机端口，交换机端口将维持这种组合直到管理员改变端口分配。这种 VLAN 配置方法易于建立各种监控，可以很好地在网络中控制用户的变动，可以通过命令行接口（CLI）配置交换机，这种方法也有其缺陷，因为管理员必须手工输入每条将端口映射到对应 VLAN 的命令，比较费时。

● 动态 VLAN。动态 VLAN 可以自动确定一个节点的 VLAN 配置。通过使用智能管理软件，就能根据硬件（MAC）地址协议，甚至是应用来创建动态 VLAN。比如，假定 MAC 地址已经输入到集中式的 VLAN 管理应用程序中，当一节点连到一个未分配的交换端口时，VLAN 管理数据库就会查找这个硬件地址，并将交换机端口分配给正确的 VLAN。这种方法使管理员管理和配置更为方便。如果用户有所变动，交换机自动更改配置。当然有关 VLAN 的初始数据必须事先输入数据库中。

管理策略服务器的目的在于维护一个与已标识的 VLAN 相对应的 MAC 地址的数据库，供动态 VLAN 配置使用，这个数据库用于 VLAN 的动态寻址。VMPS 是一个记录 MAC 地址到 VLAN 映射的数据库。

在交换式互连网络上配置 VLAN，必须依照以下步骤。

（1）创建 VLAN。

（2）将交换机端口分配给 VLAN。

（3）识别 VLAN。

（4）检验配置。

3．配置 VLAN

（1）建立 VLAN。在开始的用户界面菜单中选择 K，进入命令行配置方式。

输入"enable"命令设置全局配置模式，然后输入"config terminal"命令配置终端。采用命令"vlan[vlan#]name[vlan_name]"建立 VLAN。所需的 VLAN 创建完毕，可以使用"show vlan"命令来查看配置好的 VLAN，一个已建好的 VLAN 还没有被使用，直到它被映射到一个或多个交换机端口。所有端口在被设置为所属 VLAN 之前，都属于 VLANl。

一个 VLAN 创建后，就可以将交换机端口分配给它了。一般来说，每个端口只能是一个 VLAN 的一部分，而使用中继（Trunk）可以使一个端口在同一时刻为一个或多个 VLAN 使用。

（2）将交换机端口分配给 VLAN。对于 1990 交换机，命令"vlan-membership"可以将一个端口分配给 VLAN，该命令一次只能将一个端口分配给 VLAN。对于 1990 交换机，没有同时将多个接口分配给一个 VLAN 的命令，它可以将端口配置成静态或是动态的。"sh vlan"命令可以查看分配给每个 VLAN 的端口，"show vlan<#>"命令一次只显示一个 VLAN，用"show vlan-membership"可以查看分配给一个 VLAN 的所有端口。

（3）标识 VLAN。VLAN 可以跨越多个相连的交换机。在这种交换结构上的交换机必须知道收到的帧是属于哪个 VLAN 的。帧标记可以用来完成这一任务。交换机识别帧标记将帧发送到对应的端口上去。在一个交换环境下，有两种不同类型的链路。

● 接入链路（Access Link）：这种链路仅仅是一个 VLAN 的一部分，这个 VLAN 是端口本身的 VLAN。接入链路设备不能与其所属 VLAN 之外的设备通信，本 VLAN 之外的数据包必须经路由器进行路由。

● 中继链路（Trunk Link）：这种链路能承载多种 VLAN。中继链路用于将交换机连接到其他交换机、路由器，甚至是服务器，只有快速以太网和千兆以太网支持中继功能。为标识帧所属的 VLAN，Cisco 交换机支持两种不同的标识技术：交换机间通信（ISL）和 802.1q。中继链路连接的设备用于传输 VLAN，并可以配置为传输所有 VLAN 或仅仅其中的几个。

VLAN 帧标记（Frame Identification 或 Frame Tagging）是一种专门用于交换 VLAN 信息的方法。当帧在交换结构单元间传送时，帧头部设置了一个用户定义的唯一的 VLAN 标识符。这些标识符在广播或传送到其他交换机、路由器和终端设备之前，由每台交换机进行检查。当帧退出交换结构单元，交换机在将帧送往目的终端之前，将标识符去除。

4．生成树协议

生成树协议（Spanning Tree Protocol，STP）是网桥或交换机使用的协议，在后台运行，用于阻止网络在第二层上产生回路（loop）。STP 一直监视着网络，找出所有的链路并关闭多余的链路，保证不产生回路。

STP 首先选择一个根网桥，这个根网桥将决定网络拓扑。对任何一个已知网络，只能有一个根网桥。根网桥端口是指定端口，指定端口运行在转发状态。转发状态的端口收发信息。

如果在网络中还有其他交换机，都是非根网桥。到根网桥代价最小的端口称为指定端口，它们收发信息。代价由链路带宽决定。

被确定到根网桥有最小代价路径的端口称为指定端口，也称转发端口，和根网桥端口一样，也运行在转发状态。网桥上的其他端口称为非指定端口，不收发信息，处于阻塞（block）状态。

- 生成树端口状态。生成树端口有如下 4 种状态。
  - ✓ 阻塞：不转发帧，监听 BPDU。当交换机启动后，所有端口在默认状态下处于阻塞状态。
  - ✓ 监听：监听 BPDU，确保在传送数据帧之前网络上没有回路。
  - ✓ 学习：学习 MAC 地址，建立过滤表，但不转发帧。
  - ✓ 转发：能在端口上收发数据。

交换机端口一般处于阻塞或转发状态。

- 收敛。收敛发生在网桥和交换机状态在转发和阻塞之间切换的时候。在这段时间内不转发数据帧。所以，收敛的速度对于确保所有设备具有相同的数据库来说是很重要的。

3.7.5　实训步骤

在开始实验之前，建议在删除各交换机的初始配置后再重新启动交换机，这样可以防止由残留的配置所带来的问题。

连接好相关电缆，将 PC 设置好超级终端，经检查硬件连接没有问题之后，接通 2950 交换机的电源，实验开始。

1. 2950 交换机的启动

（1）2950 交换机的启动。

```
C2950 Boot Loader （CALHOUN-HBOOT-M）Version 12.1（0.0.34）EA2, CISCO DEVELOPMENT TEST
VERSION                                         ——Boot 程序版本
Compiled Wed 07-Nov-01 20:59 by antonino
WS-C2950G-24 starting...                        ——硬件平台
Base ethernet MAC Address: 00:09:b7:92:29:80    ——交换机 MAC 地址
Xmodem file system is available.
Initializing Flash...                           ——以下初始化 flash
flashfs[0]: 16 files, 2 directories
flashfs[0]: 0 orphaned files, 0 orphaned directories
flashfs[0]: Total bytes: 7741440
flashfs[0]: Bytes used: 3971584
flashfs[0]: Bytes available: 3769856
flashfs[0]: flashfs fsck took 6 seconds.
...done initializing flash.
Boot Sector Filesystem （bs:）installed, fsid: 3
Parameter Block Filesystem （pb:）installed, fsid: 4
```

```
Loading                                              ——解压缩 IOS 文件
"flash:c2950-i6q4l2-mz.121-6.EA2a.bin"...
#######################################################
#######################################################
#######################################################
################
File "flash:c2950-i6q4l2-mz.121-6.EA2a.bin" uncompressed and installed, entry point:
0x80010000
executing...


            Restricted Rights Legend                 ——宣告版权信息


Use, duplication, or discIOSure by the Government is
subject to restrictions as set forth in subparagraph
(c) of the Commercial Computer Software - Restricted
Rights clause at FAR sec. 52.227-19 and subparagraph
(c)(1)(ii) of the Rights in Technical Data and Computer
Software clause at DFARS sec. 252.227-7013.


        cisco Systems, Inc.
        170 West Tasman Drive
        San Jose, California 95134-1706


Cisco Internetwork Operating System Software
IOS (tm) C2950 Software (C2950-I6Q4L2-M), Version 12.1(6)EA2a, RELEASE SOFTWARE
(fc1)                                                ——IOS 版本
Copyright (c)1986-2001 by cisco Systems, Inc.
Compiled Thu 27-Dec-01 15:01 by antonino
Image text-base: 0x80010000, data-base: 0x8042A000


Initializing flashfs...                              ——再次初始化 flash
flashfs[1]: 16 files, 2 directories                  ——flash 中文件及目录数
flashfs[1]: 0 orphaned files, 0 orphaned directories
flashfs[1]: Total bytes: 7741440                     ——flash 总量
flashfs[1]: Bytes used: 3971584                      ——已用 flash
flashfs[1]: Bytes available: 3769856                 ——可用 flash
flashfs[1]: flashfs fsck took 6 seconds.
flashfs[1]: Initialization complete.                 ——初始化 flash 完成
Done initializing flashfs.
POST: System Board Test : Passed                     ——系统板自检通过
POST: Ethernet Controller Test : Passed              ——以太网控制器自检通过
ASIC Initialization Passed                           ——专用芯片自检通过

POST: FRONT-END LOOPBACK TEST : Passed               ——环路测试通过
cisco WS-C2950G-24-EI (RC32300) processor (revision A0) with 21299K bytes of
memory.                                              ——CPU 型号和 RAM 大小
Processor board ID FOC0620X0J4
Last reset from system-reset
24 FastEthernet/IEEE 802.3 interface(s)              ——24 个快速以太口
2 Gigabit Ethernet/IEEE 802.3 interface(s)           ——2 个千兆以太口
```

```
32K bytes of flash-simulated non-volatile configuration memory. ——NVRAM大小
Base ethernet MAC Address: 00:09:B7:92:29:80
Motherboard assembly number: 73-7280-04
Power supply part number: 34-0965-01
Motherboard serial number: FOC06170J3N
Power supply serial number: DAB06203PFQ
Model revision number: A0
Motherboard revision number: A0
Model number: WS-C2950G-24-EI
System serial number: FOC0620X0J4

Press RETURN to get started!
```

其中较为重要的内容已经在前面进行了注释。启动过程提供了非常丰富的信息，我们可以利用这些信息对 2950 交换机的硬件结构和软件加载过程有直观的认识。在产品验货时，有关部件号、序列号、版本号等信息也非常有用。

（2）2950 交换机的默认配置。

```
switch>enable
switch#
switch#show running-config
Building configuration...

Current configuration : 1087 bytes
!
version 12.1
no service pad
service timestamps debug uptime
service timestamps log uptime
no service password-encryption
!
hostname switch
!
ip subnet-zero
no ip finger
!
interface FastEthernet0/1
!
……内容相似，省略 0/2～0/23
!
interface FastEthernet0/24
!
interface GigabitEthernet0/1
!
interface GigabitEthernet0/2
!
interface Vlan1
 no ip address
 no ip route-cache
 shutdown
!
ip http server
!
line con 0
```

```
line vty 0 4
line vty 5 15
!
end
```

2. 2950 交换机的基本配置

在默认配置下，2950 交换机就可以进行工作了，但为了方便管理和使用，首先应该对它进行基本的配置。

（1）首先进行的配置是 enable 口令和主机名。应该指出的是，通常在配置中，enable password 和 enable secret 两者只配置一个即可。

```
switch#conf t
Enter configuration commands, one per line. End with CNTL/Z.
switch（config）#hostname C2950
C2950（config）#enable password cisco1
C2950（config）#enable secret cisco
```

（2）默认配置下，所有接口处于可用状态，并且都属于 VLAN1。对 Vlan1 接口的配置是基本配置的重点。VLAN1 管理 VLAN（有的书又称它为 native VLAN），Vlan1 接口属于 VLAN1，是交换机上的管理接口，此接口上的 IP 地址将用于对此交换机的管理，如 Telnet、HTTP、SNMP 等。

```
C2950（config）#interface vlan1
C2950（config-if）#ip address 192.168.1.1 255.255.255.0
C2950（config-if）#no shutdown
```

有时为便于通信和管理，还需要配置默认网关、域名、域名服务器等。

（3）show version 命令可以显示本交换机的硬件、软件、接口、部件号、序列号等信息，这些信息与开机启动时所显示的基本相同。但注意最后的"设置寄存器"的值。

```
Configuration register is 0xF
```

【问题】：设置寄存器有何作用。此处值 0xF 表示什么意思。

（4）show interface vlan1 可以列出此接口的配置和统计信息。

```
C2950#sh int vlan1
Vlan1 is up, line protocol is up
  Hardware is CPU Interface, address is 0009.b792.2980 （bia 0009.b792.2980）
  ............
    0 output errors, 4 interface resets
    0 output buffer failures, 0 output buffers swapped out
```

3. 配置 2950 交换机的端口属性

2950 交换机的端口属性默认地支持一般网络环境下的正常工作，在某些情况下需要对其端口属性进行配置，主要配置对象有速率、双工和端口描述等。

（1）设置端口速率为 100Mbit/s，全双工，端口描述为"to_PC"。

```
C2950#conf t
Enter configuration command, one per line. End with Ctrl/Z.
C2950（config）#interface fa0/1
```

```
C2950 (config-if)#speed ?
10     Force 10Mbps operation
100    Force 100Mbps operation
auto   Enable AUTO speed operation
C2950 (config-if)#speed 100

C2950 (config-if)#duplex ?
auto   Enable AUTO duplex operation
full    Enable full-duplex operation
half    Enable half-duplex operation
C2950 (config-if)#duplex full

C2950 (config-if)#description to_PC

C2950 (config-if)#^Z
```

（2）"show interface"命令可以查看到配置的结果。"show inteface fa0/1 status"命令以简捷的方式显示了我们通常较为关心的项目，如端口名称、端口状态、所属 VLAN、全双工属性和速率等。其中端口名称处显示的即为端口描述语句所设定的字段。"show inteface fa0/1 description"专门显示了端口描述，同时也显示了相应的端口和协议状态信息。

```
C2950#sh int fa0/1 status
Port    Name    Status    Vlan    Duplex    Speed    Type
Fa0/1   to_PC   connect    1       full      100     10/100BaseTX
```

3.7.6　实训问题参考答案

设置寄存器的目的是指定交换机从何处获得启动配置文件。0xF 表明是从 NVRAM 获得。

3.7.7　实训报告要求

- 实训目的。
- 实训内容。
- 实训拓扑。
- 实训步骤。
- 实训中的问题和解决方法。
- 实训心得与体会。
- 建议与意见。

3.8　VLAN Trunking 和 VLAN 配置

3.8.1　实训目的

- 进一步了解和掌握 VALN 的基本概念，掌握按端口划分 VLAN 的配置。
- 掌握通过 VLAN Trunking 配置跨交换机的 VLAN。
- 掌握配置 VTP 的方法。

3.8.2　实训内容

● 将交换机 A 的 VTP 配置成 Server 模式，交换机 B 为 Client 模式，两者同一 VTP，域名为 Test。
● 在交换机 A 上配置 VLAN。
● 通过实验验证当在两者之间配置 Trunk 后，交换机 B 自动获得了与交换机 A 同样的 VLAN 配置。

3.8.3　实训拓扑图

用交叉网线把 C2950A 交换机的 FastEthernet0/12 端口和 C2950B 交换机的 FastEthernet0/12 端口连接起来，如图 3-9 所示。

图 3-9　实训拓扑图

3.8.4　理论基础

参阅 3.7 节的理论基础。

3.8.5　实训步骤

1．配置 C2950A 交换机的 VTP 和 VLAN

（1）电缆连接完成后，在超级终端正常开启的情况下，接通 2950 交换机的电源，实验开始。
在 2950 系列交换机上配置 VTP 和 VLAN 的方法有两种，我们使用 vlan database 命令配置 VTP 和 VLAN。
（2）使用 vlan database 命令进入 VLAN 配置模式，在 VLAN 配置模式下，设置 VTP 的一系列属性，把 C2950A 交换机设置成 VTP Server 模式（默认配置），VTP 域名为 Test。

```
C2950A#vlan database
C2950A（vlan）#vtp server
Setting device to VTP SERVER mode.
C2950A（vlan）#vtp domain test
Changing VTP domain name from exp to test .
```

（3）定义 V10、V20、V30 和 V40 4 个 VLAN。

```
C2950A（vlan）#vlan 10 name V10
VLAN 10 added:
    Name: V10
C2950A（vlan）#vlan 20 name V20
```

```
VLAN 20 added:
    Name: V20
C2950A (vlan) #vlan 30 name V30
VLAN 30 added:
    Name: V30
C2950A (vlan) #vlan 40 name V40
VLAN 40 added:
    Name: V40
```

每增加一个 VLAN，交换机便显示增加 VLAN 信息。

（4）"show vtp status" 命令显示 VTP 相关的配置和状态信息：主要应当关注 VTP 模式、域名、VLAN 数量等信息。

```
C2950A#sh vtp status
VTP Version                     : 2
Configuration Revision          : 2
Maximum VLANs supported locally : 250
Number of existing VLANs        : 9
VTP Operating Mode              : Server
VTP Domain Name                 : test
VTP Pruning Mode                : Disabled
VTP V2 Mode                     : Disabled
VTP Traps Generation            : Disabled
MD5 digest                      : 0x32 0x8C 0xD9 0x00 0xC1 0x05 0x3B 0x5F
Configuration last modified by 192.168.1.1 at 3-1-93 00:03:47
```

（5）"show vtp counters" 命令列出 VTP 的统计信息：各种 VTP 相关包的收发情况表明，因为 C2950A 交换机与 C2950B 交换机暂时还没有进行 VTP 信息的传输，所以各项数值均为 0。

```
C2950A#sh vtp counters
VTP statistics:
Summary advertisements received   : 0
Subset advertisements received    : 0
Request advertisements received   : 0
Summary advertisements transmitted : 0
Subset advertisements transmitted : 0
Request advertisements transmitted : 0
Number of config revision errors  : 0
Number of config digest errors    : 0
Number of V1 summary errors       : 0
VTP pruning statistics:
Trunk  Join Transmitted Join Received  Summary advts received from
                            non-pruning-capable device
---------------- ---------------- ---------------- ----------------------------
```

（6）把端口分配给相应的 VLAN，并将端口设置为静态 VLAN 访问模式。

在接口配置模式下用 "switchport access vlan" 和 "switchport mode access" 命令（只用后一条命令也可以）。

```
C2950A (config) #int fa0/1
C2950A (config-if) #switchport mode access
C2950A (config-if) #switchport access vlan 10
C2950A (config-if) #int fa0/2
C2950A (config-if) #switchport mode access
C2950A (config-if) #switchport access vlan 20
```

```
C2950A(config-if)#int fa0/3
C2950A(config-if)#switchport mode access
C2950A(config-if)#switchport access vlan 30
C2950A(config-if)#int fa0/4
C2950A(config-if)#switchport mode access
C2950A(config-if)#switchport access vlan 40
```

2. 配置 C2950B 交换机的 VTP

配置 C2950B 交换机的 VTP 属性，域名设为 Test，模式为 Client。

```
C2950B#vlan database
C2950B(vlan)#vtp domain test
Changing VTP domain name from exp to test .
C2950B(vlan)#vtp client
Setting device to VTP CLIENT mode.
```

3. 配置和监测两个交换机之间的 VLAN Trunking

（1）将交换机 A 的 24 口配置成 Trunk 模式。

```
C2950A(config)#interface fa0/24
C2950A(config-if)#switchport mode trunk
```

（2）将交换机 B 的 24 口也配置成 Trunk 模式。

```
C2950B(config)#interface fa0/24
C2950B(config-if)#switchport mode trunk
```

（3）用 show interface fa0/24 switchport 查看 Fa0/24 端口上的交换端口属性，我们关心的是几个与 Trunk 相关的信息。它们是：运行方式为 Trunk，封装格式为 802.1Q，Trunk 中允许所有 VLAN 传输等。

```
C2950B#sh int fa0/24 switchport
Name: Fa0/24
Switchport: Enabled
Administrative Mode: trunk
Operational Mode: trunk
Administrative Trunking Encapsulation: dot1q
Operational Trunking Encapsulation: dot1q
Negotiation of Trunking: On
Access Mode VLAN: 1 (default)
Trunking Native Mode VLAN: 1 (default)
Trunking VLANs Enabled: ALL
Pruning VLANs Enabled: 2-1001
    Protected: false
    Voice VLAN: none (Inactive)
Appliance trust: none
```

4. 查看 C2950B 交换机的 VTP 和 VLAN 信息

完成两台交换机之间的 Trunk 配置后，在 C2950B 上发出命令查看 VTP 和 VLAN 信息。

```
C2950B#sh vtp status
VTP Version                    : 2
```

```
Configuration Revision        : 2
Maximum VLANs supported locally : 250
Number of existing VLANs      : 9
VTP Operating Mode            : Client
VTP Domain Name               : Test
VTP Pruning Mode              : Disabled
VTP V2 Mode                   : Disabled
VTP Traps Generation          : Disabled
MD5 digest                    : 0x74 0x33 0x77 0x65 0xB1 0x89 0xD3 0xE9
Configuration last modified by 0.0.0.0 at 3-1-93 00:20:23
Local updater ID is 0.0.0.0 (no valid interface found)
C2950B#sh vlan brief
VLAN Name                         Status    Ports
---- ------------------------------ --------- ------------------------------
1    default                       active    Fa0/1, Fa0/2, Fa0/3, Fa0/4
                                             Fa0/5, Fa0/6, Fa0/7, Fa0/8
                                             Fa0/9, Fa0/10, Fa0/11, Fa0/12
                                             Fa0/13, Fa0/14, Fa0/15, Fa0/16
                                             Fa0/17, Fa0/18, Fa0/19, Fa0/20
                                             Fa0/21, Fa0/22, Fa0/23, Fa0/24
                                             Gi0/1, Gi0/2
10   V10                           active
20   V20                           active
30   V30                           active
40   V40                           active
1002 fddi-default                  active
1003 token-ring-default            active
1004 fddinet-default               active
1005 trnet-default                 active
```

可以看到 C2950B 交换机已经自动获得 C2950A 交换机上的 VLAN 配置。

　　　　虽然交换机可以通过 VTP 学到 VLAN 配置信息，但交换机端口的划分是学不到的，而且每台交换机上端口的划分方式各不一样，需要分别配置。

　　若为交换机 A 的 vlan1 配置好地址，在交换机 B 上对交换机 A 的 vlan1 接口用 ping 命令验证两台交换机的连通情况，输出结果也将表明 C2950A 和 C2950B 之间在 IP 层是连通的，同时再次验证了 Trunking 的工作是正常的。

3.8.6　实训思考题

　　在配置 VLAN Trunking 前，交换机 B 能否从交换机 A 学到 VLAN 配置。

　　　　不可以。VLAN 信息的传播必须通过 Trunk 链路，所以只有配置好 Trunk 链路后，VLAN 信息才能从交换机 A 传播到交换机 B。

3.8.7　实训报告要求

- 实训目的。
- 实训内容。
- 实训拓扑。

- 实训步骤。
- 实训中的问题和解决方法。
- 回答实训思考题。
- 实训心得与体会。
- 建议与意见。

3.9　ACL 配置与调试

3.9.1　实训目的

- 进一步了解 ACL 的定义与应用。
- 掌握标准 ACL 的配置和调试。
- 掌握扩展 ACL 的配置与调试。

3.9.2　实训内容

要求在 Cisco 2611XM 路由器上配置标准 ACL 和扩展 ACL。

- 标准 ACL 的配置。根据实训拓扑图，设计标准 ACL，首先使得 PC1 所在的网络不能通过路由器 R1 访问 PC2 所在的网络，然后使得 PC2 所在的网络不能通过路由器 R2 访问 PC1 所在的网络。
- 扩展 ACL 的配置。设计扩展 ACL，在 R1 路由器上禁止 PC2 所在网络的 Http 请求和所有的 Telnet 请求，但仍能互相 ping 通。

本实验各设备的 IP 地址分配如表 3-2 所示。

表 3-2　　　　　　　　　　　　　各设备的 IP 地址分配表

设 备 名 称	IP 地址分配	
路由器 R1	s0/0:192.168.100.1/24	fa0/0:10.1.1.1/8
路由器 R2	s0/0:192.168.100.2/24	fa0/0:172.16.1.1/16
计算机 PC1	IP：10.1.1.2/8	网关：10.1.1.1
计算机 PC2	IP：172.16.1.2/16	网关：172.16.1.1

3.9.3　实训拓扑图

实训拓扑如图 3-10 所示。

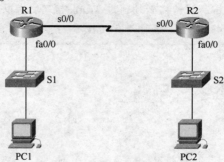

图 3-10　　ACL 实验拓扑结构

3.9.4　理论基础

随着网络时代的到来，信息安全越来越重要，应用访问列表可以对网络流通量进行过滤和控制，提高网络的安全性。

1. 访问列表功能

访问列表功能，即包过滤功能，可以帮助路由器控制数据包在网络中的传输，通过包过滤可以限制网络流量，以及增加网络安全性，当外部数据包进入某个端口时，路由器首先检查该数据包是否可以通过路由或桥接方式送出去。如果不能，则路由器将丢掉该数据包，如果该数据包可以传送出去，则路由将检查该数据包是否满足该端口中定义的包过滤规则，如果包过滤规则不允许该数据包通过，则路由器将丢掉数据包。包过滤对路由器本身产生的数据包不起作用。

有两种方式的包过滤规则。

- 标准包过滤：该种包过滤只对数据包中的源地址进行检查。
- 扩展包过滤：该种包过滤对数据包中的源地址、目的地址、协议（如 UDP 或 IP）及端口号进行检查，还可以过滤高层协议，如 Telnet、FTP 等。

2. 标准访问列表

标准访问列表查看分组 IP 报头的源 IP 地址字段来匹配分组。可以将 32 位的源 IP 地址中的任何位单元同访问列表语句进行比较，为实现这种功能，访问列表使用反向掩码（有时也称通配符掩码），是一个 32 位二进制代码，也采用点分十进制表示。这种掩码的规则是：0 意味着必须匹配，而 1 意味着可以不同。

用于配置标准访问列表的命令如下：

```
Router（config)#access - list {1-99}  {permit | deny} source-addr [source-wildcard]
```

第 1 个选项用于指定访问列表号。标准访问列表的编号范围为 1~99；第 2 个必须指定的值是允许还是拒绝被配置的源 IP 地址；第 3 个值是要匹配的源 IP 地址；第 4 个值是应用于前面配置的 IP 地址的通配符掩码。

所有访问列表都有一个隐式的 deny，如果分组同访问列表中的任何准则都不匹配，则将被拒绝。如果访问列表中包含 deny 语句，那么一定要创建 permit 语句，让合法的通信通过。

创建访问列表后，需要将其应用于一个合适的接口。应用访问列表的命令如下：

```
Router(config-if)#ip access-group {number | name [in | out]}
```

应用访问列表是在接口配置模式下进行的，必须指定访问列表号或访问列表名，并指定它是入站访问列表还是出站访问列表。

3. 扩展访问列表

扩展访问列表的用途几乎和标准访问列表相同。这两种访问列表的关键区别在于扩展访问列表在匹配分组时可以比较分组的各种字段。和标准访问列表一样，扩展访问列表也可针对进入或离开接口的分组。访问列表将按顺序被搜索，找到第一条匹配的语句后，搜索将停止，并确定应采取的措施。不过，扩展访问列表的匹配逻辑不同于标准访问列表，它可以匹配源地址、目标地

址，以及各种 TCP 和 IP 端口，从而提供了更大的灵活性和对网络访问的控制权。

配置扩展访问列表的命令如下：

```
Router(config)#access-list{100-199}    {permit  |  deny}  protocol  source-addr
[source-wildcard] [operator operand] destination-addr [destination-wildcard] [operator
operand] [established]
```

必须指定的第 1 个值是访问列表号，取值范围为 100 ~ 199。然后需要允许或拒绝符合条件的分组。接下来的一个值是协议类型，可以指定 IP、TCP、UDP 或其他具体的 IP 子协议。紧接着是源 IP 地址及其通配符掩码，随后是目标 IP 地址及其通配符掩码。指定目标 IP 地址及其掩码后，可以使用端口号和端口名来指定要匹配的端口号。

创建扩展访问列表后，也需要使用"ip access-group"命令将建立的扩展访问列表应用于某个接口。

3.9.5 实训步骤

1. 标准 ACL 的配置与调试

（1）按图进行网络组建，经检查硬件连接没有问题之后，各设备上电。

在开始本实验之前，建议在删除各路由器的初始配置后再重新启动路由器。这样可以防止由残留的配置所带来的问题。在准备好硬件及线缆之后，我们按照下面的步骤开始进行实验。

（2）按照拓扑结构的要求，给路由器各端口配置 IP 地址、子网掩码、时钟（DCE 端），并且用"no shutdown"命令启动各端口，可以用"show interface"命令查看各端口的状态，保证端口正常工作。

（3）设置主机 A 和主机 B 的 IP 地址、子网掩码、网关，完成之后，分别 ping 自己的网关，应该是通的。

（4）为保证整个网络畅通，分别在路由器 R1 和 R2 上配置 rip 路由协议：在 R1 和 R2 上查看路由表。

查看路由器 R1 的路由表。

```
R1#show ip route
Gateway of last resort is not set

R    172.16.0.0/16 [120/1] via 192.168.100.2, 00:00:08, Serial0/0
C    192.168.100.0/24 is directly connected, Serial0/0
C    10.0.0.0/8 is directly connected, FastEthernet0/0
```

查看路由器 R2 的路由表。

```
R2#show ip route
Gateway of last resort is not set

C    192.168.100.0/24 is directly connected, Serial0/0
R    10.0.0.0/8 [120/1] via 192.168.100.1, 00:00:08, Serial0/0
C     172.16.0.0/16 is directly connected, FastEthernet0/0
```

（5）R1 路由器上禁止 PC2 所在网段的访问。

在 R1 路由器上进行配置。

```
R1（config）#access-list 1 deny 172.16.0.0 0.0.255.255
R1（config）#access-list 1 permit any
R1（config）#interface s0/0
R1（config-if）#ip access-group 1 in
```

【问题 1】：为什么要配置 "access-list 1 permit any"。

测试上述配置是否正确。

此时，在 PC2 上 ping 路由器 R1 应该是不通的，因为访问控制列表 "1" 已经起了作用，结果如图 3-11 所示。

```
C:\>ping 192.168.100.1

Pinging 192.168.100.1 with 32 bytes of data:

Reply from 192.168.100.1: Destination net unreachable.
Reply from 192.168.100.1: Destination net unreachable.
Reply from 192.168.100.1: Destination net unreachable.
Reply from 192.168.100.1: Destination net unreachable.

Ping statistics for 192.168.100.1:
    Packets: Sent = 4, Received = 4, Lost = 0 (0% loss),
Approximate round trip times in milli-seconds:
    Minimum = 0ms, Maximum =  0ms, Average =  0ms
```

图 3-11　ping 192.168.100.1

【问题 2】：如果在 PC2 上 ping PC1，结果应该是怎样的。

查看定义的 ACL 列表。

```
R1#show access-lists
Standard IP access list 1
    deny   172.16.0.0, wildcard bits 0.0.255.255 （26 matches）check=276
permit any （276 matches）
```

查看 ACL 在 s0/0 作用的方向。

```
R1#show ip interface s0/0
Serial0/0 is up, line protocol is up
  Internet address is 192.168.100.1/24
  Broadcast address is 255.255.255.255
  Address determined by setup command
  MTU is 1500 bytes
  Helper address is not set
  Directed broadcast forwarding is disabled
  Multicast reserved groups joined: 224.0.0.9
Outgoing access list is not set
  Inbound access list is 1

  Proxy ARP is enabled
```

【问题 3】：如果把 ACL 作用在 R1 的 fa0/0 端口，相应的配置应该怎样改动。

【问题 4】：如果把上述配置的 ACL 在端口 s0/0 上的作用方向改为 "out"，结果会怎样。

（6）成功后在路由器 R1 上取消 ACL，转为在 R2 路由器上禁止 PC1 所在网段访问。

① 在 R2 上配置如下。

```
R2（config）#access-list 2 deny 10.0.0.0 0.255.255.255
R2（config）#access-list 2 permit any
R2（config）#interface fa0/0
R2（config-if）#ip access-group 2 out
```

② 测试和查看结果的操作和步骤（5）基本相同，这里不再赘述。

【问题5】：当我们把 ACL 作用到路由器的某个接口上时，"in" 和 "out" 的参照对象是谁。

2. 扩展 ACL 的配置与调试

（1）~（4）同上面 "1. 标准 ACL 的配置与调试" 的（1）~（4）。

（5）分别在 R1 和 R2 上启动 HTTP 服务。

```
R1（config）#ip http server
R2（config）#ip http server
```

（6）在 R1 路由器上禁止 PC2 所在网络的 Http 请求和所有的 Telnet 请求，但允许能够互相 ping 通。

① 在 R1 路由器上配置 ACL。

```
R1（config）# access-list 101 deny tcp 172.16.0.0 0.0.255.255 10.0.0.0 0.255.255.255 eq www
R1（config）# access-list 101 deny tcp any any eq 23
R1（config）# access-list 101 permit ip any any
R1（config）#interface s0/0
R1（config-if）#ip access-group 101 in
```

② 测试上述配置。

A. 在 PC2 上访问 10.1.1.1 的 WWW 服务，结果是无法访问。

B. 在 PC2 上访问 192.168.100.1 的 WWW 服务，结果是能够访问。

【问题6】：为什么在 PC2 上访问同一个路由器的不同端口，会出现不同的结果。

C. 在 PC2 上远程登录 10.1.1.1 和 192.168.100.1，结果是连接失败。

D. 从 PC2 上 ping 10.1.1.1 和 192.168.100.1，结果是网络连通。

【问题7】：为什么 C 和 D 的测试结果是相同的。

③ 查看定义 ACL 列表。

```
R1#show access-lists
Extended IP access list 101
    deny tcp 172.16.0.0 0.0.255.255 10.0.0.0 0.255.255.255 eq www（12 matches）
    deny tcp any any eq telnet（224 matches）
permit ip any any（122 matches）
```

【问题8】：为什么我们定义 ACL 标号没有延续前面实验的标号选为3，而是101。

【问题9】："any" 代表什么含义。

【问题10】：如果想拒绝 PC2 到主机 10.1.1.2 的 FTP 服务，应该怎样定义 ACL。

3.9.6　实训问题参考答案

【问题1】：因为定义 ACL 时，路由器隐含拒绝所有数据包，如果没有该语句，则会拒绝所有的数据包通过 R1 的 s0/0，而我们的目的只是拒绝来自特定网络的数据包。

【问题 2】：如果在 PC2 上 ping PC1，结果应该是不通的，应为 ping 命令执行的时候，发送 "request" 数据包，同时需要 "reply" 数据包，所以只要一个方向不通，则整个 ping 命令的结果就不通。

【问题 3】：如果把 ACL 作用在 R1 的 fa0/0 端口，相应的配置应该是：

```
R1(config)#interface fa0/0
R2(config-if)#ip access-group 1 out
```

注意 ACL 作用在接口上的方向发生了变化。

【问题 4】：如果把上述配置的 ACL 在端口 s0/0 上的作用方向改为 "out"，结果就是 ACL 不起作用。

【问题 5】：参照对象是路由器。

【问题 6】：这是由所定义的 ACL 决定的，"access-list 101 deny tcp 172.16.0.0 0.0.255.255 10.0.0.0 0.255.255.255 eq www" 的含义是拒绝网络 172.16.0.0 到网络 10.0.0.0 的 Http 请求，并没有拒绝到网络 192.168.100.0 的 Http 请求，所以访问 192.168.100.1 可以成功，而访问 10.1.1.1 却被拒绝。

【问题 7】：同样是由定义的 ACL 引起的，"access-list 101 deny tcp any any eq 23" 和 "access-list 101 permit ip any any" 两条语句的源和目的都是 "any"，也就是全部的，当然访问的结果是一样的。

【问题 8】：因为扩展 ACL 标号的范围是 100-199。

【问题 9】："any" 代表 "0.0.0.0 255.255.255.255"。

【问题 10】：access-list 101 deny tcp host 172.16.1.1 host 10.1.1.1 eq 21。

3.9.7 实训报告要求

- 实训目的。
- 实训内容。
- 实训拓扑。
- 实训步骤。
- 实训中的问题和解决方法。
- 实训心得与体会。
- 建议与意见。

3.10 NAT 网络地址转换的配置

3.10.1 实训目的

- 熟悉路由器网络地址转换的概念及原理。
- 掌握静态网络地址转换、动态网络地址转换、复用网络地址转换的方法及配置过程。

3.10.2　实训内容

● 配置网络地址转换。

● 验证网络地址转换配置的正确性。

3.10.3　实训要求及网络拓扑

● 设备：Cisco 2600 系列路由器一台，Cisco Catalyst 1900 交换机一台，PC 若干台（其中一台配置为 Web 服务器），RJ-45 直通型、交叉型双绞线若干根。

● 完成任务：在这个实验中，要求在 Cisco 2611XM 路由器上配置 NAT。首先配置静态 NAT 转换，然后配置动态 NAT，最后用 NAT 来配置 TCP 负载均衡。具体要求如下：

某公司的网络由两台路由器 RTA 和 RTC 组成。路由器 RTA 是连接 ISP 的边界路由器，而 ISP 只分配了一个子网 192.168.1.32/27 给该公司的网络。因为这个子网只允许有 30 台主机，所以该公司决定在它的网络内部运行 NAT，以使公司内部的几百台主机共享这 30 个全局地址。除了配置 NAT 复用以外，该公司还让我们实施 TCP 负载均衡以使外部来的 Web 请求被均衡在两台不同的内部 Web 服务器上。公司内部的网络 IP 地址分配为 10.0.0.0/8 网段。

● 网络拓扑如图 3-12 所示。

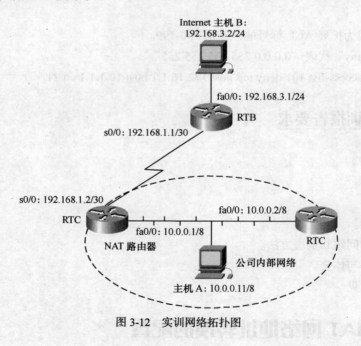

图 3-12　实训网络拓扑图

3.10.4　理论基础

网络地址转换（Network Address Translation，NAT）能将内部保留地址翻译成外部合法的全局地址。NAT 通过某种方式将 IP 地址进行转换，使得不具有合法 IP 地址的用户可以通过 NAT 访问到外部 Internet。此外，也有一些公司为了安全的需要，要求建立自己的工作组，并将工作组隐藏在配置了网络地址转换的路由器后面。

如果想连接 Internet，但不想让网络内的所有计算机都拥有真正合法的 Internet IP 地址，则可以通过 NAT 功能，将申请的合法 Internet IP 地址统一管理，当内部的计算机需要连接 Internet 时，动态或静态地将内部本地的 IP 地址转换为合法的 IP 地址。

如果不想让外部网络用户知道网络的内部结构，可以通过路由器的 NAT 将内部网络与外部 Internet 隔离开，使外部用户根本不知道内部 IP 地址。

如果申请的 Internet IP 地址很少，而内部网络用户很多，可以通过 NAT 功能，实现多个用户同时共用一个合法 IP 与外部 Internet 进行通信。

Cisco 路由器的 NAT 不仅对外将网络用户的 IP 地址隐藏起来，在内部，用户也看不到外部网络资源的 IP 地址，这可防止有恶意的人员去盗取网络资源。

设置 NAT 功能的路由器至少有一个 Inside　（内部）端口及一个 Outside（外部）端口。内部端口连接内部网络用户使用内部本地 IP 地址。外部端口连接的是外部的网络，如 Internet。内外部端口可以是路由器上的任意端口。

在典型的应用中，NAT 设置在内部网与外部公用网连接处的路由器上。

按转换方式来分类，NAT 可以分为静态地址转换、动态地址转换、复用动态地址转换 3 种方式，NAT 的配置方式也分为以上 3 种。

1. 静态地址转换配置

静态地址转换将内部本地地址与内部合法地址进行一对一的转换，且需要指定和哪个合法地址进行转换。如果内部网络有 E-mail 服务器或 FTP 服务器等可以为外部用户共用的服务，这些服务器的 IP 地址必须采用静态地址转换，以便外部用户可以使用这些服务。

静态地址转换的基本配置步骤如下。

（1）在内部本地地址与内部合法地址之间建立静态地址转换关系。

（2）在端口设置状态下，指定连接网络的内部端口。

（3）在端口设置状态下，指定连接外部网络的外部端口。

可以指定多个内部端口及多个外部端口。

2. 动态地址转换配置

动态地址转换是将内部本地地址与内部合法地址进行一对一的转换。转换时，从内部合法地址范围中动态地选择一个未使用的地址与内部本地地址进行转换。

动态地址转换的基本配置步骤如下。

（1）在全局设置模式下，定义内部合法地址范围，又称地址池。

（2）在全局设置模式下，定义一个标准的访问表过滤规则，以确定允许哪些内部地址可以进行动态地址转换。

（3）在全局设置模式下，将由 access-1ist 指定的内部本地地址与指定的内部合法地址池进行地址转换。

（4）指定与内部网络相连的内部端口。

（5）指定与外部网络相连的外部端口。

3. 复用动态地址转换配置

复用动态地址转换首先是一种动态地址转换，但是它可以允许多个内部本地地址共用一个内部合法地址。当只申请到少量 IP 地址，但却经常同时有多个用户上外部网络（如 Internet）时，这种转换是很有用的。

复用动态地址转换配置步骤如下。

（1）在全局设置模式下，定义内部合法地址池。

（2）在全局设置模式下，定义一个标准的 access-list 规则，以及允许哪些内部本地地址可以进行动态地址转换。

（3）在全局设置模式下，设置在内部的本地地址与内部合法 IP 地址为建立复用动态地址转换关系。

（4）在端口设置状态下，指定与内部网络相连的内部端口。

（5）在端口设置状态下，指定与外部网络相连的外部端口。

3.10.5　实训步骤

（1）按照实训拓扑进行网络组建，经检查硬件连接没有问题之后，各设备上电。

> 在开始本实验之前，建议在删除各路由器的初始配置后再重新启动路由器。这样可以防止由残留的配置所带来的问题。在准备好硬件及线缆之后，我们按照下面的步骤开始进行实验。

（2）按照拓扑结构的要求，给路由器各端口配置 IP 地址、子网掩码、时钟（DCE 端），并将各端口启动，还要配置主机 A 和主机 B 的 IP 地址、子网掩码、网关等信息，上面的信息配好之后，用 ping 命令测试直接相连的设备之间是否能够通信。

（3）分别在 3 台路由器上配置静态路由。

> 因为路由器 RTA 和 RTB 不属于同一个自治系统，所以我们不能在它们之间启用路由选择协议。

① 在路由器 RTA 上配置静态路由，使它将所有的非本地的数据流转发到 ISP 的路由器（RTB），配置命令如下。

```
RTA(config)# ip route 0.0.0.0 0.0.0.0 192.168.1.1
```

② 为路由器 RTB 配置一条到子网 192.168.1.32/27（分配给该公司的全局地址块）的静态路由，配置命令如下：

```
RTB(config)# ip route 192.168.1.32 255.255.255.224 192.168.1.2
```

③ 在 RTC 上配置一条到 RTA 的默认路由，因为路由选择协议不运行在 10.0.0.0/8 网络上，配置命令如下。

```
RTC(config)# ip route 0.0.0.0 0.0.0.0 10.0.0.1
```

通过上面的配置，此时我们检验：在路由器 RTA 上应该可以 ping 通所有的设备，但是路由器 RTC 应该 ping 不通路由器 RTB，同样地，路由器 RTB 应该也 ping 不通路由器 RTC。

【问题 1】：为什么会出现上面的结果呢？

（4）配置路由器 RTA 作为一台 NAT 服务器，RTA 将把该公司的内部地址（10.0.0.0/8）转换为 ISP 所分配的地址（192.168.1.32/27）。

在配置动态 NAT 之前，我们决定先为主机 A 和路由器 RTC 设置静态 NAT 作为一个测试。

① 在路由器 RTA 上配置如下。

```
RTA（config）#ip nat inside source static 10.0.0.2 192.168.1.34
RTA（config）#ip nat inside source static 10.0.0.11 192.168.1.35
```

② 为各接口分配它们在 NAT 过程中适当的角色。

```
RTA（config）#interface s0/0
RTA（config-if）#ip nat outside
RTA（config）#interface fa0/0
RTA（config-if）#ip nat inside
```

③ 测试该网络的静态 NAT 配置。

【问题 2】：从主机 A 执行 ping 192.168.1.34，可以 ping 通吗？

【问题 3】：从 RTC 执行 ping 192.168.1.35，可以 ping 通吗？

【问题 4】：从主机 A 和路由器 RTC 分别向外 ping ISP 的主机 B，能 ping 通吗？为什么？

④ 在路由器 RTA 上监视 NAT 转换，输入如下的命令。

```
RTA#show ip nat translations
Pro Inside global      Inside local      Outside local      Outside global
--- 192.168.1.34       10.0.0.2          ---                ---
--- 192.168.1.35       10.0.0.11         ---                ---
RTA#show ip nat statistics
Total active translations: 2（2 static, 0 dynamic; 0 extended）
Outside interfaces:
  Serial0/0
Inside interfaces:
  FastEthernet0/0
Hits: 219  Misses: 0
Expired translations: 0
Dynamic mappings:
```

【问题 5】：根据 "show ip nat statistics" 命令输出的结果，有多少个转换是活跃的。

（5）配置复用动态 NAT。

因为该公司想最大限度地利用它所分到的地址空间，所以，一对一的静态地址映射是不够的，我们必须配置复用动态 NAT。

① 在路由器 RTA 上取消静态映射。

```
RTA（config）#no ip nat inside source static 10.0.0.2 192.168.1.34
RTA（config）#no ip nat inside source static 10.0.0.11 192.168.1.35
```

② 配置一个将从该公司分到的地址块（192.168.1.32/27）中分配多达 25 个地址的 NAT 地址池。

```
RTA（config）#ip nat pool globaladdress 192.168.1.33 192.168.1.57 netmask 255.255.255.224
```

③ 创建访问控制列表，以便决定接收的数据包是否进行地址转换，假设我们想让所有来自该公司内部的数据流进行转换，则定义访问控制列表的命令如下：

```
RTA（config）#access-list 1 permit 10.0.0.0 0.255.255.255
```

④ 将访问控制列表 1 指派给 NAT 地址池 globaladdress，并且配置复用选项。

```
RTA（config）#ip nat inside source list 1 pool globaladdress overload
```

用 "show running-config" 命令检查配置是否正确，特别是地址池的定义是否正确。

⑤ 测试该网络的复用动态 NAT 配置。

从主机 A 和路由器 RTC 分别 ping ISP 的主机 B，这两个 ping 都应该成功，否则的话可能需要排错。

接着我们同时从主机 A 和路由器 RTC telnet 到路由器 RTB 上，让两个会话保持打开，并且返回到路由器 RTA 的控制台界面。在路由器 RTA 上，输入 "show ip nat translations" 命令，我们应该看到与下面的输出很相似。

```
Pro Inside global      Inside local      Outside local      Outside global
tcp 192.168.1.33:11000 10.0.0.2:11000    192.168.1.1:23     192.168.1.1:23
tcp 192.168.1.33:1029  10.0.0.11:1029    192.168.1.1:23     192.168.1.1:23
```

【问题 6】：路由器 RTC 用哪个全球 IP 地址来到达 RTB。

【问题 7】：主机 A 用哪个地址来到达 RTB。

【问题 8】：从 RTB 的角度看，它与多少台不同的 IP 主机进行通信。

在 RTA 上，执行 "show ip nat statistics" 命令，结果如下。

```
RTA#show ip nat statistics
Total active translations: 2 (0 static, 2 dynamic; 2 extended)
Outside interfaces:
  Serial0/0
Inside interfaces:
  FastEthernet0/0
Hits: 331 Misses: 8
Expired translations: 6
Dynamic mappings:
-- Inside Source
[Id: 1] access-list 1 pool globaladdress refcount 2
 pool globaladdress: netmask 255.255.255.224
      start 192.168.1.33 end 192.168.1.57
      type generic, total addresses 25, allocated 1 (4%), misses 0
```

【问题 9】：从上面的结果看，正在被使用的地址占所有可用地址的百分之几。

（6）最后的任务是设置 NAT 使用 TCP 负载均衡，因为该公司想让外部 Web 用户以循环的方式被引向两个互为镜像的内部 Web 服务器。为了达到本实验的目的，路由器 RTA 和 RTC 将担当这两台冗余的 Web 服务器。

① 在每台路由器上配置 HTTP 服务的命令如下：

```
RTA（config）#ip http server
RTC（config）#ip http server
```

② 在路由器 RTA 上，为 TCP 负载均衡配置一个 NAT 地址池和访问控制列表。用关键字 "rotary" 来配置循环均衡。该访问控制列表将识别外部浏览器所请求网页的虚拟地址 192.168.1.60。注意，我们在步骤（5）中没有在该公司的全球地址池中分配这个地址，具体配置如下。

```
RTA（config）#ip nat pool Webservers 10.0.0.1 10.0.0.2 netmask 255.0.0.0 type rotary
RTA（config）#access-list 2 permit host 192.168.1.60
RTA（config）#ip nat inside destination list 2 pool Webservers
```

③ 通过在该公司外部主机 B 运行一个网络浏览器来测试我们的配置。将浏览器的地址指向 192.168.1.60。

【问题 10】：是哪一台路由器的网页出现在浏览器的窗口中。

当然最简单的方法是查看它的主机名，输入 http://192.168.1.60。浏览器将显示该路由器的网页。

【问题 11】：现在刷新的浏览器。在刷新之后，将出现哪台路由器的网页。

重复该刷新操作，并注意观察结果。

3.10.6　实训思考题

（1）地址转换有什么作用。它分为哪几种类型。

（2）简述配置地址转换的步骤。

（3）回答实训过程中的各种思考题。

3.10.7　实训问题参考答案

【问题 1】：因为路由器 RTC 和 RTB 相互之间没有到达对方的路由。

【问题 2】：这个 ping 也应该成功，否则就需要进行排错。

【问题 3】：这个 ping 也应该成功，否则就需要进行排错。

【问题 4】：尽管主机 B 的网关（路由器 RTB）没有到网络 10.0.0.0/8 的路由，这两个 ping 都应该成功。

【问题 5】：有两个转换是活跃的。

【问题 6】：RTC 用 192.168.1.33 去往 RTB。

【问题 7】：主机 A 用 192.168.1.33 去往 RTB。

【问题 8】：RTB 在与一个主机进行通信。

【问题 9】：4%。

【问题 10】：不一定，或许是 RTA，或许是 RTC。

【问题 11】：如果第一次出现 RTA 的 Web 页面，则刷新后是 RTC 的 Web 页面；如果第一次出现 RTC 的 Web 页面，则刷新后是 RTA 的 Web 页面。

3.10.8　实训报告要求

- 实训目的。
- 实训内容。
- 实训要求及拓扑。
- 实训步骤。
- 实训中的问题和解决方法。
- 实训心得与体会。
- 建议与意见。

第4章

Windows Server 2003

Windows Server 2003 不仅继承了 Windows 2000/XP 的简易性和稳定性,而且提供了更高的硬件支持和更强大的功能,无疑是中小型企业应用服务器的当然之选。

本章详细介绍 Windows Server 2003 的安装和日常管理方法,主要介绍在 Windows Server 2003 下网络命令的应用、DNS 服务器的配置与管理、活动目录与用户管理的配置、网络信息服务器的配置与管理、DHCP 服务器的配置与管理、共享上网和磁盘阵列等内容。

4.1 Windows Server 2003 安装

4.1.1 实训目的

- 理解 Windows Server 2003 网络操作系统的特点和网络系统的主要功能。
- 理解 Windows Server 2003 网络操作系统的安装方法。
- 掌握安装 Windows Server 2003 网络操作系统的具体方法。

4.1.2 实训内容

- 练习使用 VMware 虚拟机。
- 安装 Windows Server 2003 网络操作系统,并掌握相关知识。
- 构造安全的 Windows Server 2003 网络操作系统。
- 练习 MMC 控制台的使用。

4.1.3 理论基础

1．Windows Server 2003 的版本

Windows Server 2003 操作系统是微软在 Windows 2000 Server 基础上于 2003 年 4 月正式推出的新一代网络服务器操作系统，其目的是用于在网络上构建各种网络服务。Windows Server 2003 有 4 个版本：

- Windows Server 2003 标准服务器
- Windows Server 2003 Web 服务器
- Windows Server 2003 企业服务器（32 位和 64 位版本）
- Windows Server 2003 数据中心服务器（32 位和 64 位版本）

每个版本是应不同的需求而推出的。可以根据需要选用不同的版本，当然所需要的费用也将是不一样的。

2．硬件需求和硬件兼容性

在安装之前，首先需要确认计算机是否能够满足安装的最低要求，否则安装程序将无法安装成功。另外，对于很多服务器产品来说，它们都使用自己的磁盘阵列产品，所以要准备针对该服务器磁盘阵列的专用驱动程序，否则安装过程也将无法继续。一般情况下，服务器产品通常会自备一个辅助安装的可引导光盘（如 HP 公司的 SmartStart），用它来执行 Windows 的安装将会变得更方便快捷。表 4-1 所示是微软官方提供的最低安装配置数据。

表 4-1　　　　　　　　　Windows Server 2003 最低硬件需求

	Web 版	标 准 版	企 业 版	数据中心版
最小处理器速度（X86）	133MHz 推荐 550MHz	133MHz 推荐 550MHz	133MHz 推荐 550MHz	133MHz 推荐 550MHz
最小处理器速度（Itanium）			1G MHz	1G MHz
支持的处理器数目	2	4	8	32（32 位）64（64 位）
最小 RAM	128MB 推荐 256MB	128MB 推荐 256MB	128MB 推荐 256MB	128MB 推荐 256MB
磁盘空间	1.25GB ~ 2GB			

在实际安装 Windows Server 2003 之前，还需要确认硬件是否与 Windows Server 2003 家族产品兼容。Microsoft 的硬件兼容性列表（Hardware Compatibility List，HCL）提供了许多厂商产品的列表，包括系统、集群、磁盘控制器和存储区域网络（Storage Area Network，SAN）设备。可以通过从安装盘上运行预安装兼容性检查或通过检查 Microsoft 提供的硬件兼容性信息进行确认。

- 从安装 CD 盘上运行预安装兼容性检查。
  - ✓ 可以从安装 CD 进行硬件和软件兼容性检查。兼容性检查不需要实际进行升级或安装。要进行检查，请将安装 CD 放入 CD-ROM 驱动器中，显示出内容时，按照提示检查系

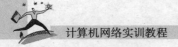

统兼容性。

✓ 另一个运行兼容性检查的方法是，将安装 CD 放入 CD-ROM 驱动器中，打开命令提示符并输入命令：

```
g:\i386\winnt32 /checkupgradeonly
```

● 要获得 Windows 操作系统所支持的硬件和软件综合列表，也可以参阅以下网址提供的信息：http://www.microsoft.com/Windows /catalog/Server/。

3. 制订安装配置计划

将一个新的操作系统安装到网络中不是一件简单的事情。为了保证网络的稳定运行，在将计算机安装或升级到 Windows Server 2003 之前，需要在实验环境下全面测试操作系统，并且要有一个清晰、文档化的步骤过程。这个文档化的过程就是配置计划。

首先是关于目前的基础设施和环境的信息、公司组织的方式和网络详细描述，包括协议、寻址和到外部网络的连接（例如，局域网之间的连接和 Internet 的连接）。此外，配置计划应该标识出在你的环境下使用的，但可能受 Windows Server 2003 引入影响的应用程序。这包括多层应用程序、基于 Web 的应用程序和将要运行在 Windows Server 2003 计算机上的所有组件。一旦确定需要的各个组件，配置计划就应该记录安装的具体特征，包括测试环境的规格说明、将要被配置的服务器数目和实施顺序等。

最后作为应急预案，配置计划还应该包括发生错误时需要采取的步骤。制定偶然事件处理方案来对付潜在的配置问题是计划阶段最重要的方面之一。很多 IT 公司都有维护灾难恢复计划，这个计划标识了具体步骤，以备在将来的自然灾害事件中恢复服务器，并且这是存放当前硬件平台、应用程序版本相关信息的好地方，也是重要商业数据存放的地方。

4. Windows Server 2003 的安装方式

Windows Server 2003 可以有不同的安装方式，主要是根据安装程序所在的位置、原有的操作系统等进行分类。

● 从 CD-ROM 启动开始全新的安装。

这种安装方式是最常见的。如果计算机上没有安装 Windows Server 2003 以前版本的 Windows 操作系统（如 Windows 2000 Server 等），或者需要把原有的操作系统删除时，这种方式很合适。

● 在运行 Windows 98/NT/2000/XP 的计算机上安装。

如果计算机上已经安装了 Windows Server 2003 以前版本的 Windows 操作系统，再安装 Windows Server 2003 可以实现双启动。通常用于需要 Windows Server 2003 和原有的系统并存的情况。

● 从网络进行安装。

这种安装方式是安装程序不在本地的计算机上，事先在网络服务器上把 CD-ROM 共享或者把 CD-ROM 的 i386 目录复制到服务器上再共享，然后使用共享文件夹下的 winnt32.exe 开始安装。这种方式适合于需要在网络中安装多台 Windows Server 2003 的场合。

● 通过远程安装服务器进行安装。

远程安装需要一台远程安装服务器，该服务器要进行适当的配置。可以把一台安装好 Windows Server 2003 和各种应用程序，并且做好了各种配置的计算机上的系统做成一个映像文件，把文件放在远程安装服务器（RIS）上。把客户机通过网卡和软盘启动，从 RIS 上开始安装。这种方式非常适合于有多台计算机要安装 Windows Server 2003 的情况，同时也适合于这些计算机上的配置、Windows Server 2003 的配置，以及应用程序的设置等都非常类似的场合。本书不对这种方式进行介绍，可参阅相关资料。

● 无人参与安装。

在安装 Windows Server 2003 的过程中，通常要输入 Windows Server 2003 的各种信息，如计算机名、文件系统分区类型等，管理员不得不在计算机前等待。无人参与安装是事先配置一个应答文件，在文件中保存了安装过程中需要输入的信息，让安装程序从应答文件中读取所需的信息，这样管理员就无须在计算机前等待着输入各种信息。

● 升级安装。

如果原来的计算机已经安装了 Windows Server 2003 以前的 Windows Server 软件，可以在不破坏以前的各种设置和已经安装的各种应用程序的前提下对系统进行升级。这样可以大大减少重新配置系统的工作量，同时可保证系统过渡的连续性。

　　如果 Windows 2000 服务器早先是从 Windows NT 4 升级来的，就应该考虑全新安装。因为每个升级都保留先前操作系统的组件，而这些组件可能对 Windows Server 2003 安装的性能和稳定性有反作用。

5. Windows Server 2003 授权模式

微软公司对其服务器产品有两种授权模式："每服务器"模式和"每设备或每用户"模式。

● "每服务器"模式：每服务器许可证是指每个与此服务器的并发连接都需要一个单独的许可证（CAL）。换句话说，此服务器在任何时间都可以支持固定数量的连接。例如，如果用户购买了 5 个许可证的"每服务器"授权，那么该服务器可以一次具有 5 个并发连接（如果每一个客户端需要一个连接，那么一次允许存在 5 个客户端）。使用这些连接的客户端不需要任何其他许可证。

● "每设备或每用户"模式：访问运行 Windows Server 2003 家族产品的服务器的每台设备或每个用户都必须具备单独的客户端访问许可证（CAL）。通过一个 CAL，特定设备或用户可以连接到运行 Windows Server 2003 家族产品的任意数量的服务器。拥有多台运行 Windows Server 2003 家族产品的服务器的公司大多采用这种授权方法。

4.1.4　实训步骤

1. 使用光盘安装 Windows Server 2003

使用 Windows Server 2003 的引导光盘进行安装是最简单的安装方式。在安装过程中，需要用户干预的地方不多，只需掌握几个关键点即可顺利完成安装。需要注意的是，如果当前服务器没有安装 SCSI 接口设备或者 RAID 卡，则可以略过相应步骤。安装过程可以分为字符界面安装和图形界面安装两大部分，具体步骤如下。

（1）设置光盘引导。重新启动系统并把光盘驱动器设置为第一启动设备，保存设置。

（2）从光盘引导。将 Windows Server 2003 安装光盘放入光驱并重新启动。如果硬盘内没有安装任何操作系统，计算机会直接从光盘启动到安装界面；如果硬盘内安装有其他操作系统，计算机就会显示 "Press any key to boot from CD" 的提示信息，此时在键盘上按任意键，才从 CD-ROM 启动。

（3）准备安装 SCSI 设备。从光盘启动后，便会出现 "Windows Setup" 蓝色界面。安装程序会先检测计算机中的各硬件设备，如果服务器安装有 Windows Server 2003 不支持的 RAID 卡或 SCSI 存储设备，当安装程序界面底部显示 "Press F6 if you need to install a third party SCSI or RAID driver" 提示信息时，必须按【F6】键，准备为该 RAID 卡或 SCSI 设备提供驱动程序。如果服务器中没有安装 RAID 卡或 SCSI 接口卡，则无须按【F6】键，而是直接进入 Windows 安装界面。

 磁盘的损坏不仅将直接导致系统瘫痪和网络服务失败，而且还将导致宝贵的存储数据丢失，所造成的损失往往是难以估量的。为了提高系统的稳定性和数据的安全性，服务器通常都采用 RAID 卡实现磁盘冗余，既保证了系统和数据的安全，同时又提高了数据的读取速率和数据的存储容量。

（4）安装 SCSI 设备。当按下【F6】键后，根据提示安装特殊的 SCSI 设备。若没有安装，则不执行该步操作。

（5）Windows 安装界面。光盘自启动后，便会出现 "Windows Setup" 蓝色界面，如图 4-1 所示。这时即开始了字符界面安装过程。如果全新安装 Windows Server 2003，只需要按【Enter】键即可。

（6）许可协议。如图 4-2 所示，对于许可协议的选择，用户并没有选择的余地，按【F8】键接受许可协议。

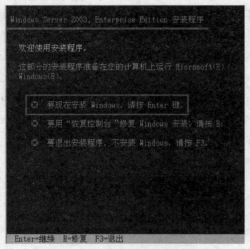

图 4-1 Windows Server 2003 安装提示

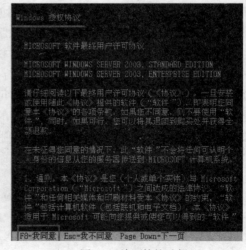

图 4-2 许可协议选择

（7）分区及文件系统。如图 4-3 所示，用向下或向上方向键选择安装 Windows Server 2003 系统所用的分区。选择好分区后按【Enter】键，安装程序将检查所选分区的空间，以及所选分区上是否安装过操作系统。如果所选分区上已安装了操作系统，安装程序会提出警告信息，要求用户确认。确认完成后，会出现分区格式化窗口。

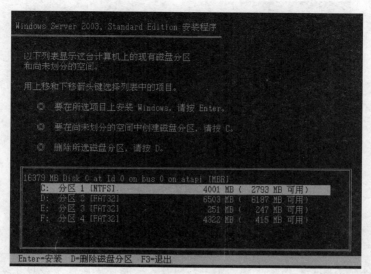

图 4-3　分区选择

（8）格式化硬盘。最下方提供了 5 个对所选分区进行操作的选项，其中"保持现有文件系统（无变化）"的选项不含格式化操作，其他都会有对分区进行格式化的操作。选择格式化选项时一定要格外注意，以免损坏数据。

　　在 Windows Server 2003 系统中可以使用 3 种文件系统：FAT、FAT32 和 NTFS。NTFS 是 Windows NT 4.0 和 Windows 2000/2003 所使用的文件系统。在大多数情况下，要使用 NTFS 文件系统安装 Windows Server 2003 ，它可以带来更好的安全性，比如磁盘配额、加密文件系统等。如果需要安装双引导系统（如 Win98/2003），那么要在系统分区上采用 FAT 或者 FAT32 文件系统。

（9）复制文件。格式化分区完成后，安装程序会创建要复制的文件列表，然后开始复制系统文件到临时分区。

（10）首次启动。计算机第一次重新启动后，会自动检测计算机硬件配置，该过程可能会需要几分钟，请耐心等待，检测完成后就开始安装系统。

（11）区域和语言选项。安装程序检测完硬件后，提示用户进行区域和语言设置。区域和语言设置选用默认值就可以了，以后可以在控制面板中进行修改。

（12）自定义软件及产品密钥。输入用户姓名和单位，然后单击"下一步"按钮，出现"输入产品密钥"界面。在这里输入安装序列号。

（13）授权模式。如图 4-4 所示，具体选择何种授权模式，应取决于企业拥有的服务器数量，以及需要访问服务器的客户机的数量。

（14）计算机名称和管理员密码。此处用来为该服务器指定一个计算机名和管理员密码。安装程序自动为系统创建一个计算机名称，但是用户也可以自己更改这个名称。为了便于记忆，这个名称最好具有实际意义，并且简单易记。还需要输入两次系统管理员 Administrator 密码。出于安全的考虑，当密码长度少于 6 个字符时会出现提示信息，要求用户设置一个具有一定复杂性的密码。

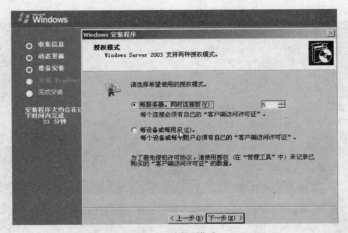

图 4-4 授权模式

注意 计算机名既要在网络中独一无二，同时又要能标识该服务器的身份。另外，在这里输入的管理员密码必须牢记，否则将无法登录系统。

对于管理员密码，Windows Server 2003 的要求非常严格，管理员口令要求必须符合以下条件中的前两个，并且至少要符合 3 个条件。

- 至少是 6 个字符。
- 不包含"Administrator"或"admin"。
- 包含大写字母（A、B、C 等）。
- 包括小写字母（a、b、c 等）。
- 包含数字（0、1、2 等）。
- 包含非字母数字字符（#、&、~等）。

如果输入的口令不符合要求，将显示提示对话框，建议用户进行修改。

（15）日期和时间设置。设置相应的日期和时间。

（16）网络设置。如果对网络连接没有特殊要求，可选中"典型设置"单选按钮，如图 4-5 所示。如果对网络有特别需求，如设置 IP 地址、安装网络协议等，请选中"自定义设置"单选按钮。

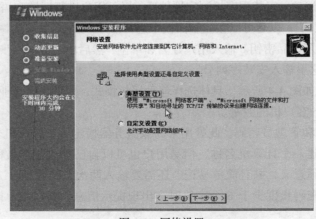

图 4-5 网络设置

（17）工作组或计算机域。如果网络中只有这一台服务器，或者网络中没有域控制器，应当选中"不，此计算机不在网络上，或者在没有域的网络上。把此计算机作为下面工作组的一个成员"单选按钮；否则，应当选中"是，把计算机作为下面域的成员"单选按钮，并在其下面的"工作组或计算机域"框中输入该计算机所在工作组或域的名称，也可以在安装完成后再将计算机加入到域中。

（18）安装完成，重新登录系统。至此，所有的设置都已完成。安装程序会添加用户选择的各个组件，并保存设置，删除安装过程中使用的临时文件，最后系统会自动重新启动。启动完成后，就可以看到 Windows Server 2003 的登录界面了。在登录界面上按【Ctrl+Alt+Delete】快捷键就可以进行登录。

（19）"管理您的服务器"向导。第一次登录到 Windows Server 2003 会自动运行"管理您的服务器"向导。

如果不想每次启动都出现这个窗口，可在该窗口左下角的"在登录时不要显示此页"前面打勾，然后关闭窗口。

　　基于安全的考虑，Windows Server 2003 安装时，默认安装了 Internet Explorer 增强的安全设置，默认关闭了声音，默认没有开启显示和声音的硬件加速。这样用户上网时大部分网站不能打开，无法播放声音。同时默认开启了关机事件跟踪，用户关闭系统时需要填写关机事件报告。

2. 构建安全的系统

（1）Windows Server 2003 自动更新的设置与实现。

打开"控制面板"窗口，双击"系统"图标，打开"系统属性"对话框，切换到"自动更新"选项卡。如图 4-6 所示，选择"保存我的计算机更新"，并在"设置"中选择一种设置方式。

（2）手动更新系统补丁。

即时更新系统补丁可以使自己的计算机处于安全状态，预防黑客和病毒的入侵，可以到微软的官方网站中下载，也可以使用漏洞扫描工具自动下载和安装。

（3）安装 Windows Server 2003 Service Pack 2。

（4）安装杀毒软件及其他常用应用软件。

图 4-6　设置"自动更新"对话框

3. Windows Server 2003 的控制台

在"运行"对话框中输入"MMC"，即可运行控制台，可以在此添加管理单元。

　　一定要到微软官方网站下载补丁程序，因为有些黑客会制作一些"假"的、植入木马的程序在网上发布，借此达到入侵对方计算机的目的。在微软网站上发布的补丁程序都经过了微软的数字签名，安全性有保障。

4．执行无人参与安装

使用无人参与安装方式，可以简化在多台计算机上安装 Windows 系统的工作。为此，需要创建和使用"应答文件"，此文件是自动回答安装问题的自定义脚本。然后，通过无人参与安装的适当选项运行"Winnt32.exe"或"Winnt.exe"。

可以使用"安装管理器"来创建应答文件。该工具位于 Windows Server 2003 安装光盘的 support\tools\deploy.cab 文件中。将"deploy.cab"解压缩后，可以找到"setupmgr.exe"命令，运行该命令就可以打开安装管理器。

创建应答文件的命令是"**setupmgr.exe**"。

> 具体过程请同学们亲自试一试，创建一个应答文件，然后执行无人参与安装。

4.1.5　在虚拟机中安装 Windows Server 2003 的注意事项

在虚拟机中安装 Windows Server 2003 比较简单，但安装的过程中需要注意如下事项。

（1）Windows Server 2003 安装完成后，必须安装"VMware 工具"。我们知道，在安装完操作系统后，需要安装计算机的驱动程序。VMware 专门为 Windows、Linux、Netware 等操作系统"定制"了驱动程序光盘，称做"VMware Tools"。VMware 工具除了包括驱动程序外，还有一系列的功能。

安装方法：单击"虚拟机"→"安装 VMware 工具"命令，根据向导完成安装。

安装 VMware 工具并且重新启动后，用户从虚拟机返回主机，不再需要按下【Ctrl+Alt】快捷键，你只要把鼠标从虚拟机中向外"移动"超出虚拟机窗口后，就可以返回到主机按钮，在没有安装 VMware 工具之前，移动鼠标会受到窗口的限制。另外，启用 VMware 工具之后，虚拟机的性能会提高很多。

（2）启用显示卡的硬件加速功能。方法是：在桌面上单击鼠标右键，选择"属性"→"设置"→"高级"→"疑难解答"命令，启用硬件加速，如图 4-7 所示。

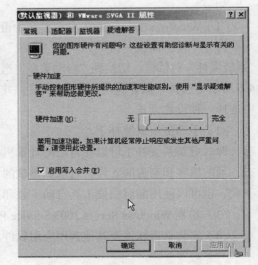

图 4-7　设置硬件加速

（3）修改本地策略，去掉按【Ctrl+Alt+Del】快捷键登录选项，步骤如下。

从"开始"菜单中选择运行，运行"gpedit.msc"，打开"组策略编辑器"窗口，单击"计算机配置"→"Windows 设置"→"安全设置"→"本地策略"→"安全选项"命令，双击"交互式登录：不需要按【Ctrl+Alt+Del】已禁用"，改为已启用，如图 4-8 所示。

这样设置后可避免与主机的快捷键发生冲突。

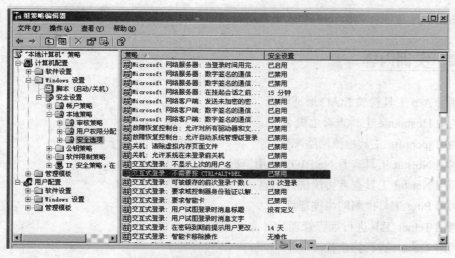

图 4-8　不需要按【Ctrl+Alt+Del】快捷键

4.1.6　实训思考题

- 安装 Windows Server 2003 网络操作系统时需要哪些准备工作？
- 安装 Windows Server 2003 网络操作系统时应注意的问题是什么？
- 如何选择分区格式？同一分区中有多个系统又该如何选择文件格式？如何选择授权模式？
- 如果服务器上只有一个网卡，而又需要多个 IP 地址，该如何操作？
- 在 VMware 中安装 Windows Server 2003 网络操作系统时，如果不安装 VMware Tools 会出现什么问题？

4.1.7　实训报告要求

- 实训目的。
- 实训内容。
- 实训步骤。
- 实训中的问题和解决方法。
- 回答实训思考题。
- 实训心得与体会。
- 建议与意见。

4.2　Windows Server 2003 下网络命令的应用

4.2.1　实训目的

- 了解 ARP、ICMP、NetBIOS、FTP 和 Telnet 等网络协议的功能。
- 熟悉各种常用网络命令的功能，了解如何利用网络命令检查和排除网络故障。

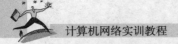

● 熟练掌握 Windows Server 2003 下常用网络命令的用法。

4.2.2　实训内容

● 利用 Arp 工具检验 MAC 地址解析。
● 利用 Hostname 工具查看主机名。
● 利用 ipconfig 工具检测网络配置。
● 利用 Nbtstat 工具查看 NetBIOS 使用情况。
● 利用 Netstat 工具查看协议统计信息。
● 利用 Ping 工具检测网络连通性。
● 利用 Telnet 工具进行远程管理。
● 利用 Tracert 进行路由检测。
● 使用其他网络命令。

4.2.3　理论基础

现在将常用的网络命令进行简单介绍。

1．ping

ping 用于检测网络连接性、可到达性和名称解析等问题。通过发送 Internet 控制报文协议（ICMP）回应请求消息来验证与另一台 TCP/IP 计算机的 IP 级连接。得到的应答消息的接收情况将和往返过程的时间一起显示出来。

ping 命令的常用参数选项有以下几种。

● **ping-t target name**：指定在中断前 ping 可以向目的地持续发送回应请求信息。要中断并显示统计信息，按【Ctrl+Break】快捷键。要中断并退出 ping，按【Ctrl+C】快捷键。target name 指定目标主机的名称或 IP 地址。

● **ping-a**：指定对目的地 IP 地址进行反向名称解析。如果解析成功，ping 将显示相应的主机名。

● **ping-n Count**：指定发送回应请求消息的次数。默认值是 4。

● **ping-l Size**：指定发送的回应请求消息中"数据"字段的长度（以字节为单位）。默认值为 32。Size 的最大值是 65 527。Ping -l TTL 指定回应请求消息的 IP 数据头中的 TTL 字段值，其默认值是主机的默认 TTL 值。TTL 的最大值为 255。

2．netstat

显示活动的 TCP 连接、计算机侦听的端口、以太网统计信息、IP 路由表、IPv4 统计信息（对于 IP、ICMRTCP 和 UDP 协议），以及 IPv6 统计信息（对于 IPv6、ICMPv6，通过 IPv6 的 TCP，以及通过 IPv6 的 UDP 协议）。Netstat 命令使用时如果不带参数，显示活动的 TCP 连接。该命令常用的选项有以下几种。

● **netstat-a**：显示所有活动的 TCP 连接，以及计算机侦听的 TCP 和 UDP 端口。

- **netstat-e**：显示以太网统计信息，如发送和接收的字节数、数据包数。
- **netstat-n**：显示活动的 TCP 连接，不过，只以数字形式表现地址和端口号，却不尝试确定名称。
- **netstat-o**：显示活动的 TCP 连接并包括每个连接的进程 ID（PID）。可以在任务管理器中的"进程"选项卡上找到基于 PID 的应用程序。该参数可以与-a、-n 和-p 结合使用。
- **netstat-p Protocol**：显示 Protocol 所指定协议的连接。
- **netstat-s**：按协议显示统计信息。默认情况下，显示 TCP、UDP、ICMP 和 IP 协议的统计信息。如果安装了 IPv6 协议，就会显示 IPv6 上的 TCP、UDP、ICMPv6 和 IPv6 协议的统计信息。
- **netstat-r**：显示 IP 路由表的内容，该参数与 route print 命令等价。

3. ipconfig

显示所有当前的 TCP/IP 网络配置值、刷新动态主机配置协议（DHCP）和域名系统（DNS）设置。使用不带参数的 ipconfig 可以显示所有适配器的 IPv6 地址或 IPv4 地址、子网掩码和默认网关。该命令最适用于配置自动获取 IP 地址的计算机，让用户了解自己的计算机是否成功租用到一个 IP 地址，如果租用到，则可以看到目前分配到的是什么地址。ipconfig 最常使用的选项有以下几种。

- **ipconfig /all**：显示所有适配器的完整 TCP/IP 配置信息。
- **ipconfig /renew[Adapter]**：更新所有适配器（如果未指定适配器），或特定适配器（如果包含了 Adapter 参数）的 DHCP 配置。该参数仅在配置为自动获取 IP 适配器的计算机上可用。要指定适配器名称，先要输入不带参数的 ipconfig 命令显示的适配器名称。
- **ipconfig /release[Adapter]**：发送 DHCPRELEASE 消息到 DHCP 服务器，以释放所有适配器（如果未指定适配器）或特定适配器（如果包含了 Adapter 参数）的当前 DHCP 配置，并丢弃 IP 地址配置。
- **ipconfig /flushdns**：刷新并重设 DNS 客户解析缓存的内容。在 DNS 故障排除期间可以使用本过程，从缓存中丢弃否定缓存项和任何其他动态添加项。

4. arp

ARP（地址解析协议）是一个重要的 TCP/IP 协议，用于确定用户计算机所在局域网中对应 IP 地址的网卡物理地址。使用 arp 命令，能够查看本地计算机或另一台计算机 ARP 高速缓存中的当前内容。arp 命令也完成手工设置静态的网卡物理地址/IP 地址对，用户可以使用这种方式为默认网关和本地服务器等常用的主机进行这项操作，有助于减少网络中的信息量。按照默认设置，ARP 高速缓存中的项目是动态的，每当发送一个指定地点的数据报且高速缓存中不存在当前项目时，ARP 便会自动添加该项目。一旦高速缓存的项目被输入，它们就已经开始走向失效状态。arp 常用命令选项有以下几种。

- **arp-a**：用于查看高速缓存中的所有项目。
- **arp-a IP**：如果用户计算机有多个网卡，使用 arp-a 加上接口的 IP 地址，就可以只显示与该接口相关的 ARP 缓存项。
- **arp-s IP 物理地址**：用户可以向 ARP 高速缓存中人工输入一个静态项目。该项目在计算机引导过程中将保持有效状态，或者在出现错误时，人工配置的物理地址将自动更新该项目。如命令"arp -s 192.168.1.2 00-50-18-20-a9-35"，即可实现 IP 地址 192.168.1.2 和物理地址 00-50-18-20-a9-35 的绑定，对非法用户盗用 IP 地址有一定的遏制作用。

- **arp-d IP**：使用本命令能够人工删除一个静态项目。

5. tracert

tracert 命令可以用来跟踪数据报经过的路径。该诊断工具通过向目标发送具有变化的"生存时间（TTL）"值的"ICMP 回应请求"消息来确定到达目标的路径。要求路径上的每个路由器在转发数据包之前至少将 IP 数据包中的 TTL 递减 1。这样，TTL 就成为最大路径计数器。数据包上的 TTL 到达 0 时，路由器应该将"ICMP 已超时"的消息发送回源计算机。tracert 发送 TTL 为 1 的第一条"回应请求"消息，并在随后的每次发送过程将 TTL 递增 1，直到目标响应或跳数达到最大值，从而确定路径。默认情况下，跳数最大值是 30，使用-h 参数指定。检查中间路由器返回的"ICMP 已超时"消息与目标返回的"回显答复"消息可确定路径。但是，某些路由器不会为使用到期 TTL 值的数据包返回已超时消息，而且这些路由器对于 tracert 命令不可见。在这种情况下，将为该跳数显示一行星号（＊）。

6. route

route 命令在本地 IP 路由表中显示和修改条目。route 常用的选项有：print、add、change、delete。

- **print**：选项用于显示路由表中的当前项目。该命令输出与"netstat-r"命令输出相同。
- **add**：选项将新路由项目添加给路由表。例如，若要设定一个到目的网络 210.14.17.8 的路由，其间要经过 5 个路由器网段，首先要经过本地网络上的一个路由器，其 IP 为 192.168.22.254，子网掩码为 255.255.255.192，那么应该输入以下命令：

```
route add 210.14.17.8 mask 255.255.255.192 192.168.22.254 metric 5
```

- **change**：选项可以修改数据的传输路由。下面的例子将数据的路由改到另一个路由器，它采用一条包含 3 个网段的更近的路径：

```
route change 210.14.17.8 mask 255.255.255.192 192.168.22.252 metric 3
```

- **delete**：选项可以从路由表中删除某条路由表项。如 route delete 210.14.17.8。

7. nbtstat

显示基于 TCP/IP 的 NetBIOS 协议统计资料、本地计算机和远程计算机的 NetBIOS 名称表和 NetBIOS 名称缓存。nbtstat 可以刷新 NetBIOS 名称缓存和使用 Windows Internet 名称服务（WINS）注册的名称。常用选项有以下几种。

- **nbtstat-a remotename**：显示远程计算机的 NetBIOS 名称表，其中，remotename 是远程计算机的 NetBIOS 计算机名称。
- **nbtstat-a IPAddress**：显示远程计算机的 NetBIOS 名称表，其名称由远程计算机的 IP 地址指定。
- **nbtstat-n**：显示本地计算机的 NetBIOS 名称表。
- **nbtstat-c**：本命令用于显示 NetBIOS 名字高速缓存的内容。NetBIOS 名字高速缓存用于存放与本计算机最近进行通信的其他计算机的 NetBIOS 名字和 IP 地址对。
- **nbtstat-r**：显示 NetBIOS 名称解析统计资料。在配置为使用 WINS 且运行 Windows XP 或

Windows Server 2003 操作系统的计算机上，该参数将返回已通过广播和 WINS 解析和注册的名称号码。"nbtstat -s" 列出本机连接会话清单，并将目的 IP 地址转换为 NetBIOS Name。

8．net

许多服务使用的网络命令都以词 net 开头，如 net stop、net use、net send 等。net 命令有一些共同属性，在命令提示符下输入 "net/?"，可以查看所有可用的 net 命令的列表，如下所示。

```
NET [ACCOUNTS | COMPUTER | CONFIG | CONTINUE | FILE | GROUP | HELP
| HELPMSG | LOCALGROUP | NAME | PAUSE | PRINT | SEND | SESSION | SHARE |
START | STATISTICS | STOP | TIME | USE | USER | VIEW]
```

所有 net 命令都接受 "/y"（是）和 "/n"（否）命令行选项。例如 "net stop server" 命令将提示用户确认要停止所有依赖的服务器服务，而 "net stop server /y" 通过自动回答 "是" 而无须确认并关闭服务器服务。如果服务名包含空格，请使用引号将文本引起来（即 "Service Name"）。例如，下面的命令将启动网络登录服务：net start "net logon"。这里介绍常用命令的作用。

- **net view**：显示域列表、计算机列表或者由指定计算机共享的资源。
- **net use**：将计算机与共享资源连接或断开，或者显示关于计算机连接的信息，以及控制持久网络连接。
- **net send**：向一台机器、用户或消息名发送消息。
- **net start**：启动服务，或显示已启动服务的列表。
- **net stop**：停止服务。

9．telnet

Telnet 协议是一种远程访问协议，可以用它登录到远程计算机、网络设备或专用 TCP/IP 网络。远程登录是指用户使用 telnet 命令，使自己的计算机暂时成为远程主机的一个仿真终端的过程。仿真终端等效于一个非智能的机器，它只负责把用户输入的每个字符传递给主机，再将主机输出的每个信息回显到屏幕上。使用 Telnet 协议进行远程登录时需要满足以下条件：在本地计算机上必须装有包含 Telnet 协议的客户程序，必须知道远程主机的 IP 地址或域名，必须知道登录用户名与口令。

Windows Server 2003 提供了 Telnet 客户程序 "Telnet.exe"。Windows 98 和 Window Server 2003 系统的 Telnet 程序有所不同，Windows 98 下的 Telnet 是图形方式，Windows Server 2003 下是命令行方式。

下面解释几个常用的 telnet 命令选项。不同操作系统的 telnet 客户程序的命令会略有不同。

- **c**：close，关闭与远程主机的连接，如果在 telnet 后输入了远程主机名，此命令将退出 telnet。
- **o[hostname port#]**：open，与主机 hostname 的某端口建立连接。
- **q**：quit，退出 telnet。
- **set**：设置选项，例如，set escape 设置 escape 字符，默认的 escape 字符为 "Ctrl+]"。

4.2.4　实训步骤

1．通过 ping 检测网络故障

正常情况下，当用 ping 命令来查找问题所在或检验网络运行情况时，需要使用许多 ping 命令，

如果所有都运行正确，就可以相信基本的连通性和配置参数没有问题；如果某些 ping 命令出现运行故障，它也可以指明到何处去查找问题。下面就给出一个典型的检测顺序及可能出现的故障。

（1）ping 127.0.0.1，该命令被送到本地计算机的 IP 软件。如果没有收到回应，就表示 TCP/IP 的安装或运行存在某些最基本的问题。

（2）ping 本地 IP，如 ping 192.168.22.10，该命令被送到本地计算机所配置的 IP 地址，本地计算机始终都应该对该 ping 命令做出应答，如果没有收到应答，则表示本地配置或安装存在问题。出现此问题时，请断开网络电缆，然后重新发送该命令。如果网线断开后本命令正确，则有可能网络中的另一台计算机配置了与本机相同的 IP 地址。

（3）ping 局域网内其他 IP，如 ping 192.168.22.98，该命令经过网卡及网络电缆到达其他计算机，再返回。收到回送应答表明本地网络中的网卡和载体运行正确。但如果没有收到回送应答，则表示子网掩码不正确，或网卡配置错误，或电缆系统有问题。

（4）ping 网关 IP，如 ping 192.168.22.254，该命令如果应答正确，表示局域网中的网关正在运行。

（5）ping 远程 IP，如 ping 202.115.22.11，如果收到 4 个正确应答，表示成功使用了默认网关。

（6）ping localhost，localhost 是操作系统的网络保留名，它是 127.0.0.1 的别名，每台计算机都应该能够将该名字转换成该地址。如果没有做到，则表示主机文件（/Windows /host）中存在问题。

（7）ping 域名地址，如 ping www.sina.com.cn，对这个域名执行 ping 命令，计算机必须先将域名转换成 IP 地址，通常是通过 DNS 服务器。如果这里出现故障，则表示 DNS 服务器的 IP 地址配置不正确，或 DNS 服务器有故障；也可以利用该命令实现域名对 IP 地址的转换功能。

如果上面列出的所有 ping 命令都能正常运行，那么计算机进行本地和远程通信的功能基本上就可以放心了。事实上，在实际网络中，这些命令的成功并不表示所有的网络配置都没有问题，例如，某些子网掩码错误就可能无法用这些方法检测到。同样地，由于 ping 的目的主机可以自行设置是否对收到的 ping 包产生回应，因此当收不到返回数据包时，也不一定说明网络有问题。

2. 通过 ipconfig 命令查看网络配置

依次单击"开始"→"运行"命令，打开"运行"对话框，输入命令"CMD"，打开命令行界面，在提示符下，输入"ipconfig /all"，仔细观察输出信息。

3. 通过 arp 命令查看 ARP 高速缓存中的信息

在命令行界面的提示符下，输入"arp -a"，其输出信息列出了 arp 缓存中的内容，如图 4-9 所示。

图 4-9　arp 缓存内容

输入命令"arp -s 192.168.22.98 00-1a-46-35-5d-50"，添加静态的项目，实现 IP 地址与网卡地址的绑定。

4. 通过 tracert 命令检测故障

tracert 一般用来检测故障的位置，用户可以用 tracert IP 来查找从本地计算机到远方主机路径中哪个环节出了问题。虽然还是没有确定是什么问题，但它已经告诉了我们问题所在的地方。

● 可以利用 Tracert 工具来检查到达目标地址所经过的路由器的 IP 地址，显示到达 www.263.net 主机所经过的路径，如图 4-10 所示。

图 4-10　测试 www.263.net 主机所经过的路径

● 与 Tracert 工具的功能类似的还有 Pathping。Pathping 命令是进行路由跟踪的工具。Pathping 命令首先检测路由结果，然后会列出所有路由器之间转发数据包的信息，如图 4-11 所示。

图 4-11　利用 Pathping 命令跟踪路由

请同学们输入"tracert www.sina.com.cn"，查看从源主机到目的主机所经过的路由器 IP 地址。仔细观察输出信息。

5. 通过 route 命令查看路由表信息

输入 route print 命令显示主机路由表中的当前项目。请仔细观察。

6. 通过 nbtstat 查看本地计算机的名称缓存和名称列表

输入“nbtstat -n”命令显示本地计算机的名称列表。

输入“nbtstat -c”命令用于显示 NetBIOS 名字高速缓存的内容。NetBIOS 名字高速缓存存放与本计算机最近进行通信的其他计算机的 NetBIOS 名字和 IP 地址对。请仔细观察。

7. 通过 net view 命令显示计算机及其注释列表

使用“net view”命令显示计算机及其注释列表。要查看由\\bobby 计算机共享的资源列表，键入“net view bobby”，结果将显示 bobby 计算机上可以访问的共享资源，如图 4-12 所示。

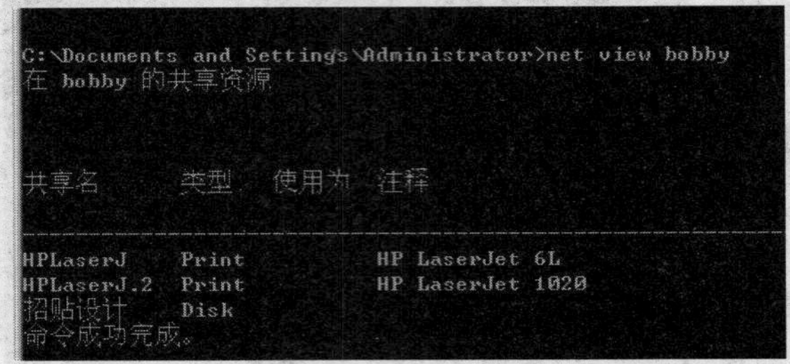

```
C:\Documents and Settings\Administrator>net view bobby
在 bobby 的共享资源


共享名        类型   使用为  注释

-------------------------------------------------------------------------------
HPLaserJ      Print          HP LaserJet 6L
HPLaserJ.2    Print          HP LaserJet 1020
招贴设计      Disk
命令成功完成。
```

图 4-12　net view bobby 命令输出

8. 通过 net use 命令连接到网络资源

使用“net use”命令可以连接到网络资源或断开连接，并查看当前到网络资源的连接。

连接到 bobby 计算机的“招贴设计”共享资源，输入命令“net use \\bobby\招贴设计”，然后输入不带参数的“net use”命令，检查网络连接。仔细观察输出信息。

4.2.5 实训思考题

- 当用户使用 ping 命令来 ping 一目标主机时，若收不到该主机的应答，能否说明该主机工作不正常或到该主机的连接不通，为什么？
- ping 命令的返回结果有几种可能。分别代表何种含义。
- 实验输出结果与本节讲述的内容有何不同的地方，分析产生差异的原因。
- 解释“route print”命令显示的主机路由表中各表项的含义。还有什么命令也能够打印输出主机路由表。

4.2.6 实训报告要求

- 实训目的。
- 实训内容。
- 实训步骤。
- 实训中的问题和解决方法。
- 回答实训思考题。

- 实训心得与体会。
- 建议与意见。

4.3　基于活动目录的 DNS 服务器配置与管理

4.3.1　实训准备

本次实训将结合 Windows Server 2003 活动目录（Active Directory）的功能和特点，介绍 DNS 服务器的各种配置方法。本实训中，DNS 在安装活动目录的过程中同时安装。

如果在安装活动目录时没有安装 DNS，则需要通过以下步骤完成 DNS 的安装。

（1）选择"开始"→"控制面板"→"添加或删除程序"命令，打开"添加/删除程序"对话框。

（2）单击[添加/删除 Windows 组件]按钮，打开"Windows 组件向导"对话框。

（3）在"组件"列表中，选中"网络服务"复选框，然后单击[详细信息]按钮。

（4）在"网络服务的子组件"列表中，选中"域名系统（DNS）"复选框来单独安装。

4.3.2　实训目的

- 掌握 Windows Server 下活动目录与 DNS 的安装与配置。
- 掌握多域控制器的组建方法。
- 了解 DNS 正向查找和反向查找的功能。
- 掌握反向查找的配置方法。
- 掌握 DNS 资源记录的规划和创建方法。

4.3.3　实训内容

- 添加首台 DNS 服务器。
- 配置第二台 DNS 服务器。
- 配置 DNS 服务器的反向查找。
- 配置主机记录。
- 验证 DNS。

4.3.4　实训环境及网络拓扑

1.　实训设备

- 服务器两台，名称分别为 Server1 和 Server2。其中 Server1 和 Server2 已安装好 Windows Server 2003。
- 测试用 PC 机一台，可以是 Windows XP/2000 等。
- 交换机或集线器一台。

● 直连双绞线三根。

2. 实训拓扑

为了讲解方便，设域名服务器的域名为 long.com。Server1 的 IP 地址为 192.168.0.1，Server2 的 IP 地址为 192.168.0.2，PC 的 IP 地址是 192.168.0.3。学生在做实训时最好分组，每组的域名可以是 testXXXX.com，其中 XXXX 为组号，IP 地址也要重新规划，避免 IP 地址冲突，如图 4-13 所示。

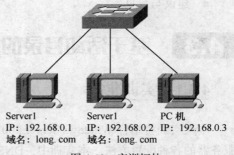

Server1   Server1   PC 机
IP：192.168.0.1   IP：192.168.0.2   IP：192.168.0.3
域名：long.com   域名：long.com

图 4-13　实训拓扑

4.3.5　理论基础

1. 概述

当客户机在浏览器打入要访问的主机名时，一个 IP 地址的查询请求就会发往 DNS 服务器，DNS 服务器中的数据库提供所需的 IP 地址。在 DNS 系统中提供所需地址解析数据的 DNS 服务器，称为名称服务器。

DNS（Domain Name System，域名系统）实际上是域名系统的缩写，它的目的是为客户机对域名的查询（如 www.yahoo.com）提供该域名的 IP 地址，以便用户用易记的名字搜索和访问必须通过 IP 地址才能定位的本地网络或 Internet 上的资源。

通过 DNS 服务，使得网络服务的访问更加简单，对于一个网站的推广发布起到极其重要的作用；而且许多重要网络服务（如 E-mail 服务、Web 服务）的实现，也需要借助于 DNS 服务。因此，DNS 服务可视为网络服务的基础。另外在稍具规模的局域网中，DNS 服务也被大量采用，因为 DNS 服务不仅可以使网络服务的访问更加简单，而且可以完美地实现与 Internet 的融合。

2. 域名空间结构

域名系统 DNS 的核心思想是分级的，是一种分布式的、分层次型的、客户/服务器式的数据库管理系统。它主要用于将主机名或电子邮件地址映射成 IP 地址。一般来说，每个组织有其自己的 DNS 服务器，并维护域名称映射数据库记录或资源记录。每个登记的域都将自己的数据库列表提供给整个网络复制。

● 根域

位于层次结构最高端的是域名树的根，提供根域名服务，以“.”来表示。在 Internet 中，根域是默认的，一般都不需要表示出来。根级的 domain 中共有 13 台 Root Domain Name Server，它们由 InterNIC 管辖，设在美国。根域名服务器中并没有保存任何网址，只具有初始指针指向第一层域，也就是顶级域，如 com、edu、net 等。

● 顶级域

顶级域位于根域之下，数目有限且不能轻易变动。顶级域也是由 InterNIC 统一管理的。在互联网中，顶级域大致分为两类：各种组织的顶级域和各个国家地区的顶级域。

第二层域（顶级域）是属于单位团体或地区的，用域名的最后一部分（即域后缀）来分类。例如，域名 edu.cn 代表中国的教育系统。多数域后缀可以反映使用这个域名所代表的组织的性质，但并不总是很容易通过域后缀来确定所代表的组织、单位的性质。

- 子域

在 DNS 域名空间中，除了根域和顶级域之外，其他的域都称为子域，子域是有上级域的域，一个域可以有许多子域。子域是相对而言的，如 www.jnrp.edu.cn 中，jnrp.edu 是 cn 的子域，jnrp 是 edu.cn 的子域。

- 主机

在域名层次结构中，主机可以存在于根以下的各层上。因为域名树是层次型的，而不是平面型的，因此只要求主机名在相同的域名结构中是唯一的，而在不同的域名结构中可以有相同的名字。如 www.163.com、www.263.com 和 www.sohu.com 都是有效的主机名，也就是说，即使这些主机有相同的名字 www，但都可以被正确地解析到唯一的主机。即只要是在不同的子域，就可以重名。

3. 域与区域

域（domain）是网络资源的逻辑组织结构和安全边界，而区域（zone）是域名称空间树状结构的一部分。

- 子域

一个域如果是在另一个域之下，就应该说是一个子域，即使是顶层域也是根域的子域。由于在第二层以下子域的变化特别多，而大量的子域也是在第二层域以下，因此，子域这个词往往用来指第二层域以下的各个域。各单位往往根据内部的需要来设立子域。

- 区域（zone）

DNS 服务器是以区域（zone）为单位，而不是以域（domain）为单位来管理的。DNS 服务器包含着所管理的 zone 中的数据，即该区域内主机名称与 IP 地址的对应表。一台 DNS 服务器可管理一个或多个区域，一个区域也可以同时由多个 DNS 服务器来管理。将一个域划分为多个区域可分散网络管理的工作负荷。

在 DNS 中主机名称和 IP 地址必须在某个 DNS 服务器中登记。一般而言，主机在 DNS 服务器中的登记可以靠人工来完成，称为新建主机。

4. DNS 查询模式

按照 DNS 搜索区域的类型，DNS 的区域可分为正向搜索区域和反向搜索区域。正向搜索是 DNS 服务器要实现的主要功能，它根据计算机的 DNS 名称解析出相应的 IP 地址，而反向搜索则是根据计算机的 IP 地址解析出它的 DNS 名称。

- 正向查询

其查询方式有两种：递归查询和转寄查询。

✓ 递归查询：当收到 DNS 工作站的查询请求后，DNS 服务器在自己的缓存或区域数据库中查找，如找到，则返回结果；如找不到，则返回错误结果。

✓ 转寄查询（又称迭代查询）：当收到 DNS 工作站的查询请求后，如果在 DNS 服务器中没有查到所需数据，该 DNS 服务器便会告诉 DNS 工作站另外一台 DNS 服务器的 IP 地址，然后，再由 DNS 工作站自行向此 DNS 服务器查询，依次类推，一直到查到所需数据为

止。如果到最后一台 DNS 服务器都没有查到所需数据，则通知 DNS 工作站查询失败。

● 反向查询

反向查询的方式与递归查询和转寄查询两种方式都不同，递归查询和转寄查询都是正向查询，而反向查询则恰好相反，它是从客户机收到一个 IP 地址，而返回对应的域名。

反向查询是依据 DNS 客户端提供的 IP 地址，来查询它的主机名。由于 DNS 名字空间中域名与 IP 地址之间无法建立直接对应关系，所以必须在 DNS 服务器内创建一个反向查询的区域，该区域名称的最后部分为 in-addr.arpa。

由于反向查询会占用大量的系统资源，给网络带来不安全，因此，通常不提供反向查询。

5．DNS 规划与域名申请

在建立 DNS 服务之前，进行 DNS 规划是非常必要的。

● DNS 的域名空间规划

决定如何使用 DNS 命名，以及通过使用 DNS 要达到什么目的。要在 Internet 上使用自己的 DNS，公司必须先向一个授权的 DNS 域名注册颁发机构申请并注册一个二级域名，注册并获得至少一个可在 Internet 上有效使用的 IP 地址。这项业务通常可由 ISP 代理。如果准备使用 Active Directory，则应从 Active Directory 设计着手，并用适当的 DNS 域名空间支持它。

● DNS 服务器的规划

确定网络中需要的 DNS 服务器的数量及其各自的作用，根据通信负载、复制和容错问题，确定在网络上放置 DNS 服务器的位置。对于大多数安装配置来说，为了实现容错，至少应该对每个 DNS 区域使用两台服务器。DNS 被设计成每个区域有两台服务器，一个是主服务器，另一个是备份或辅助服务器。在单个子网环境中的小型局域网上仅使用一台服务器时，可以配置该服务器扮演区域的主服务器和辅助服务器两种角色。

● 申请域名

活动目录域名通常是该域完整的 DNS 名称。同时，为了确保向下兼容，每个域还应当有一个与 Windows 2000 以前版本相兼容的名称。同时，为了将企业网络与 Internet 很好地整合在一起，实现局域网与 Internet 的相互通信，建议向域名服务商（如万网 http://www.net.cn 和新网 http://www.xinnet.com）申请合法的域名，然后设置相应的域名解析。

> 若要实现其他网络服务（如 Web 服务、E-mail 服务等），DNS 服务是必不可少的。没有 DNS 服务，就无法将域名解析为 IP 地址，客户端也就无法享受相应的网络服务。若要实现服务器的 Internet 发布，就必须申请合法的 DNS 域名。

4.3.6 实训步骤

1．添加基于 AD 的第一台 DNS 服务器

当在网络中创建第一个域控制器时，同时也创建了第一个域、第一个林、第一个站点。

下面详细介绍第一台域控制器的创建方法（活动目录与 DNS 集成）。

（1）选择"开始"→"控制面板"→"网络连接"→"本地连接"命令，用鼠标右键单击"本地连接"，单击"属性"按钮，选中"Internet 协议（TCP/IP）"；单击"属性"按钮设置各计算机

的 IP 地址等信息。

本实训中设置 Server1 的 IP 地址为 192.168.0.1，Server2 的 IP 地址为 192.168.0.2，PC 的 IP 地址为 192.168.0.3，子网掩码都为 255.255.255.0，网关都为 192.168.0.254。

其中应选取"使用下面的 DNS 服务器地址"选项，并且将"首选 DNS 服务器"的地址设置为本机的 IP 地址。当然"首选 DNS 服务器"也可以不设，这时系统会自动将该服务器的 IP 地址作为其 DNS 地址。

（2）单击"开始"→"程序"→"管理工具"命令，打开"管理您的服务器"对话框，单击"添加或删除角色"按钮，打开"配置您的服务器向导"。在"服务器角色"窗口中，选择"域控制器（Active Directory）"，打开 Active Directory 安装向导。直接在"运行"中输入命令 dcpromo，也可以打开 Active Directory 安装向导。

（3）在"域控制器类型"窗口中，选择"新域的域控制器"单选按钮，如图 4-14 所示。

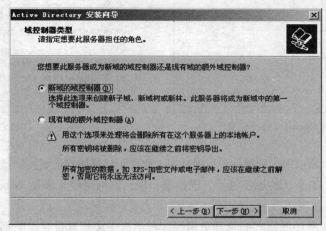

图 4-14　活动目录安装向导

（4）在"创建一个新域"窗口中，选择"在新林中的域"。

（5）在"新域的 DNS 全名"文本框中输入新建域的 DNS 全名，如 long.com。单击"下一步"按钮继续。

（6）在"NetBIOS 域名"对话框中，在"域 NetBIOS 名"文本框中输入 NetBIOS 域名，或者接受显示的名称。NetBIOS 域名是供早期的 Windows 用户用来识别新域的，单击"下一步"按钮继续。

（7）在"数据库和日志文件夹"对话框中，指定数据库文件夹及日志文件夹所存放的位置，默认在系统盘上，可以不修改。其中，"数据库文件夹"用来存储活动目录数据库；"日志文件夹"用来存储活动目录的变化日志，该日志可以用来修复活动目录。

　　　　如果你的服务器内有多个硬盘，建议将存储活动目录数据库的文件夹与活动目录日志的文件夹分别设置在不同的硬盘内。这样一方面让两块硬盘分别担负不同的操作，提高效率，另一方面分开存储可以避免当一个硬盘出现故障后两份数据同时丢失的后果，提高修复活动目录的能力。

（8）在"共享的系统卷"窗口中，设置 Sysvol 文件夹的位置，此文件夹必须位于 NTFS 分区。

Sysvol 文件夹存放域的公用文件的服务器副本，它的内容将被复制到域中的所有域控制器上，如图 4-15 所示。

（9）单击"下一步"按钮，活动目录安装向导会检测 DNS 配置。如果找不到可用的 DNS 配置，会显示"DNS 注册诊断"窗口，管理员可以选择在这台计算机上安装并配置 DNS 服务器。由于这是网络中的第一台域控制器，所以系统自动选取了"在这台计算机上安装并配置 DNS 服务器，并将这台服务器设为这台计算机的首选 DNS 服务器"单选按钮，单击"下一步"按钮继续，如图 4-16 所示。

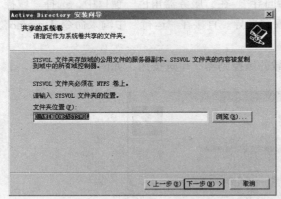 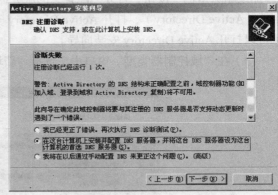

图 4-15　设置 Sysvol 文件夹位置　　　　　　　图 4-16　DNS 注册诊断

（10）在"权限"窗口中，选择一个权限选项（取决于将要访问该域控制器的客户端的 Windows 版本）。若网络中有 NT 系统的域控制器，选择第一项；若网络中全部是 Windows 2000/2003 系统的域控制器，选择第二项。

（11）在"目录服务还原模式的管理员密码"对话框中（修复目录服务都必须在域控制器 DC 的"目录服务还原模式"下来完成，因为当目录服务正在工作的情况下是不能对它修改的）。输入要设定的密码，单击"下一步"按钮继续。

　　　　　"目录服务还原模式"是一个安全模式，进入该模式可以修复活动目录数据库。用户可以在系统启动时按下【F8】键进入该模式，这时就需要输入在这里设置的密码。
　　　　　另外，如果用户将来要将该域控制器还原为一般服务器，也需要该密码。同时，还需要说明的是"目录服务还原模式"的系统管理员与域中的系统管理员是完全不同的两个账号，其密码设置也是分开进行的。

（12）系统显示安装摘要。如果需要修改某些地方，单击"上一步"按钮重新配置。如果一切正常，单击"下一步"按钮开始安装。所有文件复制到硬盘驱动器之后，重新启动计算机。

　　　　　用于安装 DNS 服务组件的计算机必须使用静态 IP 地址。

2. 检查安装完成的 DNS 服务器

在安装和配置完 Windows Server 2003 域服务器后，需要对域服务器的各项设置及运行情况进行检查，可以从各个方面进行验证。

（1）查看计算机名。

在桌面上用鼠标右键单击"我的电脑"，选择"属性"命令，单击"计算机名"选项卡，可以看到计算机已经由工作组成员变成了域成员，如图 4-17 所示。

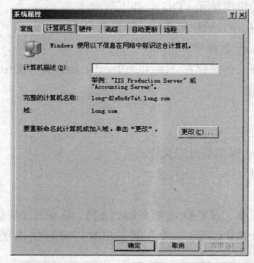

图 4-17　"系统属性"对话框

（2）查看管理工具。

活动目录安装完成后，会添加一系列的活动目录管理工具，包括"Active Directory 用户和计算机"、"Active Directory 站点和服务"、"Active Directory 域和信任关系"等。单击"开始"→"程序"→"管理工具"命令，可以在"管理工具"中找到这些管理工具的快捷方式。

（3）查看活动目录对象。

打开"Active Directory 用户和计算机"管理工具，可以看到如图 4-18 所示的窗口。

图 4-18　活动目录用户和计算机

在图 4-18 所示窗口中，可以看到企业的域名。单击该域，窗口右侧详细信息窗格中会显示域中的各个容器。其中包括一些内置容器，主要如下。

- built-in：存放活动目录域中的内置组账户。
- computers：存放活动目录域中的计算机账户。
- users：存放活动目录域中的一部分用户和组账户。

另外还有一些容器称为组织单元（OU），如下所示。

- Domain Controllers：存放域控制器的计算机账户。

（4）查看 Active Directory 数据库。

Active Directory 数据库文件保存在 %SystemRoot%\Ntds 文件夹中，主要的文件如下。

- Ntds.dit：数据库文件。
- Edb.log：日志文件。
- Edb.chk：检查点文件。
- Res1.log、Res2.log：保留的日志文件。
- Temp.edb：临时文件。

（5）查看 DNS 记录。

为了让活动目录正常工作，需要 DNS 服务器的支持。活动目录安装完成后，重新启动时会向指定的 DNS 服务器上注册 SRV 记录。一个注册了 SRV 记录的 DNS 服务器如图 4-19 所示。

图 4-19　注册 SRV 记录

有时由于网络连接或者 DNS 配置的问题，造成未能正常注册 SRV 记录的情况。对于这种情况，可以先维护 DNS 服务器，并将域控制器的 DNS 设置指向正确的 DNS 服务器，然后重新启动 NETLOGON 服务。

具体操作可以使用命令：

```
net restart netlogon
```

（6）检查 DNS 解析功能。

通过 DNS 进行域名解析时，在 DNS 客户端必须指定 DNS 服务器的 IP 地址，以便告诉 DNS 客户端在什么地方去完成域名解析过程。下面以 Windows XP 客户端为例，介绍其设置方法。

① 在桌面上用鼠标右键单击"网上邻居"图标，从弹出的快捷菜单中选择"属性"命令，打开"网络连接"窗口。

② 用鼠标右键单击"本地连接"图标，从弹出的快捷菜单中选择"属性"命令，打开"本地连接属性"对话框。

③ 双击"Internet 协议（TCP/TP）"，弹出"Internet 协议（TCP/TP）属性"对话框，选择"使用下面的 DNS 服务器地址"选项，在"首选 DNS 服务器"输入框中输入 DNS 服务器的 IP 地址，即 192.168.0.1。如果网络中还有其他的 DNS 服务器，在"备用 DNS 服务器"后输入这台备用 DNS 服务器的 IP 地址。

④ 通过以上的设置，DNS 客户端会依次向这些 DNS 服务器进行查询。这时可以在命令提示符下来 ping 服务器的全称域名 FQDN（如 serverl.long.com），如果 ping 通并显示与该域对应的 IP 地址，则表明域名 server1.long.com 与 IP 地址 192.168.0.1 的映射关系已经成立。

3. 配置第二台 DNS 服务器

下面将另一台运行 Windows Server 2003 的计算机（Server2）加入到已有的 Windows Server 2003 域控制器中。

 在进行以下操作之前，已安装的第一台域控制器 Server1 必须工作正常，而且要安装的第二台域控制器 Server2 能与 Server1 正常连接。

（1）选择"开始"→"运行"命令，出现"打开"窗口，在文本框中输入"dcpromo"命令。单击"确定"按钮，出现欢迎使用 Active Directory 安装向导对话框。

（2）单击"下一步"按钮，打开操作系统兼容性说明对话框。早期的 Windows 95/98 和未安装 Service Pack 4.0 的 Windows NT 4.0 操作系统将无法登录到 Windows Server 2003 域控制器。

（3）单击"下一步"按钮。因为我们是将这台计算机加入到 Windows Server 2003 域控制器，所以在这里只能选择"现有域的额外域控制器"，如图 4-20 所示。

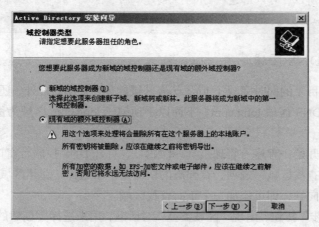

图 4-20　"域控制器类型"对话框

（4）单击"下一步"按钮，打开网络凭证对话框。分别在"用户名"和"密码"处输入能够对要加入的域控制器进行相应操作的用户名和密码，即第一台 Windows Server 2003 域控制器 Server 1 的管理员用户名和对应的密码。

（5）单击"下一步"按钮，在"域名"下面输入已有域的名称，本例为 long.com。

（6）如果前面的设置（包括输入的用户名、密码和域名）正确，单击"下一步"按钮后将出现"数据库和日志文件夹"对话框。在该对话框中选择"数据库文件夹"和"日志文件夹"的存储位置。

（7）单击"下一步"按钮，将出现选择 SYSVOL 文件夹存储位置的对话框，它必须位于 NTFS 的磁盘分区中。

（8）单击"下一步"按钮，出现设置"目录服务还原模式"密码的对话框，有关"目录服务还原模式"的功能和密码设置原则与安装第一台域控制器时完全相同。

（9）单击"下一步"按钮，出现确认信息对话框。在单击"下一步"按钮之前，请对前面的设置（选择的域名及数据库文件夹、日志文件夹、SYSVOL 文件夹的存储位置）进行确认。如果设置有误，可单击"上一步"按钮进行修改。

（10）当确认前面的设置无误后，单击"下一步"按钮，系统开始安装活动目录，并与第一台域控制器进行数据同步。当顺利完成以上操作后，将出现"安装完成"对话框。

（11）单击"完成"按钮，必须重新启动计算机。当重新启动计算机后，该服务器将成为已有域（long.com）中的一员；而且 Windows Server 2003 域控制器没有主域和备份域之分，凡加入同一域的计算机，不管加入顺序的先后，在身份和功能上都是平等的。

（12）在任何一台域控制器上，选择"开始"→"程序"→"管理工具"→"DNS"命令，在打开的对话框中将显示两台 DNS 服务器，分别为 Server1 和 Server2。

上面介绍了第 2 台域控制器的创建方法，如果还要创建第 3 台、第 4 台，甚至是更多的域控制器，其创建方法与创建第 2 台完全相同。

Windows 2000 Server 和 Windows Server 2003 计算机中的一个 DNS"区域"对应一个 DNS 域名，所以，可以通过在 DNS 中创建新的"区域"记录来添加新的 DNS 域名，如 long.net 等。这也是一台 DNS 服务器可以同时提供多个 DNS 域名解析的一个重要原因。

4. 手动创建 DNS 区域

上面在安装活动目录的同时完成了 long.com 区域的创建。除此之外，还可以在安装 AD 前使用 DNS 控制台新建 DNS 区域 long.com。下面以手动创建 long.com 区域为例，讲解创建 DNS 区域的方法。

（1）依次单击"开始→程序→管理工具→DNS"，打开 DNS 控制台窗口，展开 DNS 服务器目录树。右击"正向查找区域"选项，在弹出的快捷菜单中选择"新建区域"选项，显示"新建区域向导"。通过该向导，即可添加一个正向查找区域。

（2）单击"下一步"按钮，出现"区域类型"对话框，用来选择要创建的区域的类型，有"主要区域"、"辅助区域"和"存根区域"3 种。若要创建新的区域时，应当选中"主要区域"单选按钮。本例选择"主要区域"。

如果当前 DNS 服务器上安装了 Active Directory 服务，则"在 Active Directory 中存储区域"复选框将自动选中。

（3）在"区域名称"对话框中设置要创建的区域名称，本例为 long.com。区域名称用于指定 DNS 名称空间的部分，由此 DNS 服务器管理。

（4）单击"下一步"按钮，创建区域文件 long.com.dns。

（5）单击"下一步"按钮，本例选择"只允许安全的动态更新（适合 Active Directory 使用）"选项。

若本服务器没有安装 Active Directory，则默认选择"不允许动态更新"选项。

（6）显示新建区域摘要。单击"完成"按钮，完成区域创建。

5．配置 DNS 服务器的反向查找区域

在安装和配置了 DNS 域名后，默认情况下，系统不会自动设置反向查找功能。为了网络管理的需要，可以通过设置反向查找，实现通过 IP 地址查找 DNS 域名的功能。

（1）选择"开始"→"控制面板"→"DNS"命令，打开 DNS 控制台窗口。

（2）在 DNS 控制台中，选择"反向查找区域"，单击鼠标右键，在弹出的快捷菜单中选择新建区域（见图 4-21），接着在区域类型对话框中选择"主要区域"，如图 4-22 所示。

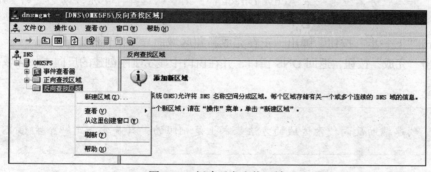

图 4-21　新建反向查找区域

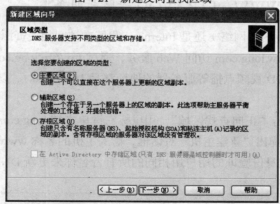

图 4-22　"选择区域类型"对话框

Windows Server 2003 的 DNS 中的区域有 3 种类型：主要区域、辅助区域和存根区域。主要区域是 Windows NT 4.0 中 DNS 使用的区域，它把域名信息保存到一个标准的文本文件。对于主要区域，只有一台 DNS 服务器能维护和处理这个区域的更新，它被称为主服务器。辅助区域是现有区域的一个副本，为主服务器提供负载均衡和容错能力。它在辅助服务器上创建，辅助服务器只能从主服务器复制信息。如果需要使用多台主服务器，存根区域只含有名称服务器（NS）、起

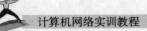

始授权机构（SOA）和粘连主机（A），含有存根区域的服务器对该区域没有管理权。

在具体实现中，如没有特殊要求，则一般选择"主要区域"选项。另外，由于区域记录会被存储在区域文件中，但是 DNS 服务器本身是域控制器（多数情况是这样），即在这台 DNS 服务器上安装了活动目录（Active Directory）。这时，为了将 DNS 记录与活动目录进行有机整合，可以选取"在 Active Directory 中存储区域"一项，这样区域记录就会被存储到活动目录数据库中。

（3）单击"下一步"按钮，弹出"反向查找区域名称"对话框，这里选择"网络 ID"选项，输入该 DNS 服务器所属的网络 ID，即 192.168.0。区域名称根据网络 ID 自动生成。例如，输入网络 ID 为 192.168.0，反向查找区域的名称自动为 0.168.192.in-addr.arpa。

（4）单击"下一步"按钮，弹出"动态更新"对话框，这里选择"只允许安全的动态更新（适合 Active Directory 使用）"选项。

若本服务器没有安装 Active Directory，则默认选择"不允许动态更新"选项。

（5）单击"下一步"按钮，弹出"正在完成新建区域向导"对话框。

（6）单击"完成"按钮，返回 DNS 窗口，并在窗口中显示刚刚创建的反向查找区域 192.168.0.x Subnet。

创建辅助反向搜索区域的方法基本上是相同的，只是要指定一个主 DNS 服务器。

6. 使 DNS 提供 WWW、FTP、VOD 等解析服务

不管是 Intranet（企业内部网络）还是 Internet，我们在访问相关资源时一般使用 Http 或 FTP 方式，例如通过 http://www.long.com 访问 Web 服务，通过 ftp://ftp.long.com 访问 FTP 网站。Web 浏览、FTP 文件下载、VOD 视频点播等服务器的地址都是 192.168.0.1，以此为例，构建域名与 IP 地址的对应关系。

打开 DNS 窗口，单击"正向查找区域"，用鼠标右键单击域 long.com，在弹出的快捷菜单中选择"新建主机"命令，弹出"新建主机"对话框，输入主机的名称 www 和 IP 地址 192.168.0.1，以及选中"允许所有经过身份验证的用户用相同的所有者名称来更新 DNS 记录"选项。

由于 A 记录是将 DNS 名称映射到 IP 地址，而 PTR 资源记录是将 IP 地址映射到 DNS 名称。所以如果要将 IP 地址映射到 DNS 名称，可以选择"创建相关的指针（PTR）记录"一项。

另外，如果未选择该项，在使用 nslookup 测试 DNS 时会出现部分不成功；如果在新建主机时未选该项，而后来又需要，可以用鼠标右键单击"反向查找区域"，在菜单中选择"创建相关的指针（PTR）记录"命令即可。

根据相应需求，通过相同方法，用户可以在域中添加 FTP、VOD 等各种主机记录，不再赘述。

　　7. 验证 DNS

　　（1）用 ping 测试域名是否正确解析。

　　将测试用 PC 的"首选 DNS 服务器"和"备用 DNS 服务器"的 IP 地址分别设置为 192.168.0.1 和 192.168.0.2，然后在命令提示符下输入"ping www.long.com"，将会返回 192.168.0.1 这一 IP 地址，并且网络是畅通的，这说明 DNS 服务器的解析是正常的。

　　（2）测试 DNS 服务器的备份作用。

　　将其中一台服务器关机，仍在客户端的命令提示符下输入"ping www.long.com"，仔细观察结果，看与（1）的结果是否一样。

　　（3）用 nslookup 测试 DNS。

　　在 MS-DOS 方式下输入"nslookup　解析的域名或 IP 地址"后回车，查看结果，验证 DNS 的配置。

　　　　结果中包含 DNS 服务器的信息和所解析的计算机的信息两部分内容。如果不创建 PTR 指针，结果一样吗？不妨删除反向区域后试一下。

4.3.7　实训思考题

- DNS 服务的工作原理是什么？
- 要实现 DNS 服务，服务器和客户端各自应如何配置？
- 如何测试 DNS 服务是否成功？
- 如何实现不同的域名转换为同一个 IP 地址？
- 如何实现不同的域名转换为不同的 IP 地址？

4.3.8　实训报告要求

- 实训目的。
- 实训内容。
- 实训环境及网络拓扑。
- 实训步骤。
- 实训中的问题和解决方法。
- 回答实训思考题。
- 实训心得与体会。
- 建议与意见。

4.4 配置活动目录与用户管理

4.4.1 实训目的

- 掌握活动目录的安装与删除。
- 掌握活动目录中的组和用户账户。
- 掌握创建组织单元、组和用户账户的方法。
- 掌握管理组和用户账户的方法。
- 掌握使用 Active Directory 配置组策略的方法与步骤。
- 理解和运用组策略知识。
- 掌握工作站加入域的方法。

4.4.2 实训内容

- 创建网络组织单元和组。
- 创建用户账户。
- 管理用户账户建立组织单元，并为它创建用户、指定管理的委派对象。
- 为组织单元的用户建立组策略。
- 删除活动目录。

4.4.3 实训环境及要求

- 学生分组。学生分组来做该实验。2~3 人为一个小组，以便为本章后面的实验做好准备。

教师指定域名，比如设域名为 testXXXX.com，服务器类型为域控制器。学生做实验时取域名为 testXXXX.com，其中 XXXX 为小组编号。为讲解方便，我们以 long.com 作为域名，服务器地址设为 192.168.0.1。

- 实验器材：Windows Server 2003 系统光盘一张，已安装 Windows Server 2003 的计算机两台；一般 PC 机一台，作为客户机。
- 组织单元：outest；组：sales；用户账户：usertest；用户登录时间：周六、周日 8:00~12:00，其他日期为全天。

4.4.4 理论基础

1. 活动目录

什么是活动目录呢？活动目录就是 Windows 网络中的目录服务。所谓目录服务，有两方面内容：目录和与目录相关的服务。

这里所说的目录其实是一个目录数据库，是存储整个 Windows 网络的用户账户、组、打印机、共享文件夹等各种对象的一个物理上的容器，从静态的角度来理解活动目录，与我们以前所认识的"目录"和"文件夹"没有本质区别，仅仅是一个对象，是一个实体。目录数据库使整个 Windows 网络的配置信息集中存储，使管理员在管理网络时可以集中管理而不是分散管理。

而目录服务是使目录中所有信息和资源发挥作用的服务。目录数据库存储的信息都是经过事先整理的信息。这使得用户可以非常方便、快速地找到他所需要的数据，也可以方便地对活动目录中的数据执行添加、删除、修改、查询等操作。所以，活动目录更是一种服务。

总之，活动目录是一个分布式的目录服务，信息可以分散在多台不同的计算机上，保证用户能够快速访问，因为多台机上有相同的信息，所以在信息容错方面具有很强的控制能力。既提高了管理效率，又使网络应用更加方便。

2. 域和域控制器

域是在 Windows NT/2000/2003 网络环境中组建客户/服务器网络的实现方式。所谓域，是由网络管理员定义的一组计算机集合，实际上就是一个网络。在这个网络中，至少有一台称为域控制器的计算机，充当服务器角色。在域控制器中保存着整个网络的用户账号及目录数据库，即活动目录。管理员可以通过修改活动目录的配置来实现对网络的管理和控制。如管理员可以在活动目录中为每个用户创建域用户账号，使他们可登录域并访问域的资源。同时，管理员也可以控制所有网络用户的行为，如控制用户能否登录，在什么时间登录，登录后能执行哪些操作等。而域中的客户计算机要访问域的资源，则必须先加入域，并通过管理员为其创建的域用户账号登录域，才能访问域资源。同时，也必须接受管理员的控制和管理。构建域后，管理员可以对整个网络实施集中控制和管理。

3. 域目录树

当需要配置一个包含多个域的网络时，应该将网络配置成域目录树结构。域目录树是一种树型结构，如图 4-23 所示。

在图 4-23 所示的域目录树中，最上层的域名为 China.com，是这个域目录树的根域，也称为父域。下面两个域 Jina.China.com 和 Beijing.China.com 是 China.com 域的子域，3 个域共同构成了这个域目录树。

活动目录的域名仍然采用 DNS 域名的命名规则进行命名。在图 4-23 所示的域目录树中，两个子域的域名 Jina.China.com 和 Beijing.China.com 中仍包含父域的域名 China.com，因此，它们的名称空间是连续的。这也是判断两个域是否属于同一个域目录树的重要条件。

在整个域目录树中，所有域共享同一个活动目录，即整个域目录树中只有一个活动目录。只不过这个活动目录分散地存储在不同的域中（每个域只负责存储和本域有关的数据），整体上形成一个大的分布式的活动目录数据库。在配置一个较大规模的企业网络时，可以配置为域目录树

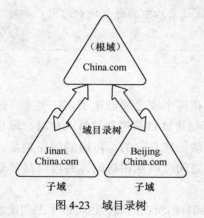

图 4-23　域目录树

结构，比如将企业总部的网络配置为根域，各分支机构的网络配置为子域，整体上形成一个域目录树，以实现集中管理。

4. 域目录林

如果网络的规模比前面提到的域目录树还要大，甚至包含了多个域目录树，这时可以将网络配置为域目录林（也称森林）结构。域目录林由一个或多个域目录树组成，如图 4-24 所示。域目录林中的每个域目录树都有唯一的命名空间，它们之间并不是连续的，这一点从图中的两个目录树中可以看到。

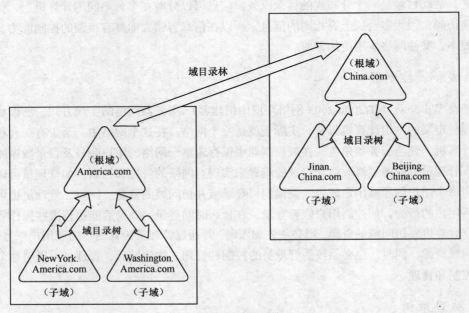

图 4-24　域目录林

在整个域目录林中也存在着一个根域，这个根域是域目录林中最先安装的域。在图 4-24 所示的域目录林中，China.com 是最先安装的，则这个域是域目录林的根域。

 在创建域目录林时，组成域目录林的两个域目录树的树根之间会自动创建相互的、可传递的信任关系。由于有了双向的信任关系，使域目录林中的每个域中的用户都可以访问其他域的资源，也可以从其他域登录到本域中。

5. 信任关系

信任关系是网络中不同域之间的一种内在联系。只有在两个域之间创建了信任关系，这两个域才可以相互访问。在通过 Windows Server 2003 系统创建域目录树和域目录林时，域目录树的根域和子域之间，域目录林的不同树根之间都会自动创建双向的、传递的信任关系，有了信任关系，使根域与子域之间、域目录林中的不同树之间可以互相访问，并可以从其他域登录到本域。

如果希望两个无关域之间可以相互访问或从对方域登录到自己所在的域，也可以手工创建域之间的信任关系。如在一个 Windows NT 域和一个 Windows 2000/2003 域之间手工创建信任关系后，就可以使两个域相互访问。

6．组织单元

组织单元是包含在活动目录中的容器对象。创建组织单元的目的是对活动目录对象进行分类。比如，由于一个域中的计算机和用户较多，会使活动中的对象非常多。这时，管理员如果想查找某一个用户账号并进行修改是非常困难的。另外，如果管理员只想对某一部门的用户账号进行操作，实现起来不太方便。但如果管理员在活动目录中创建了组织单元，所有操作就会变得非常简单。比如管理员可以按照公司的部门创建不同的组织单元，如财务部组织单元、市场部组织单元、策划部组织单元等，并将不同部门的用户账号建立在相应的组织单元中，这样管理时就非常容易、方便了。除此之外，管理员还可以针对某个组织单元设置组策略，实现对该组织单元内所有对象的管理和控制。

总之，创建组织单元有如下好处。

- 可以分类组织对象，使所有对象结构更清晰。
- 可以对某些对象配置组策略，实现对这些对象的管理和控制。
- 可以委派管理控制权，如管理员可以给不同部门的网络主管授权，让他们管理本部门的账号。

因此组织单元是可将用户、组、计算机和其他单元放入活动目录的容器，组织单元不能包括来自其他域的对象。组织单元是可以指派组策略设置或委派管理权限的最小作用单位。使用组织单元，您可在组织单元中代表逻辑层次结构的域中创建容器，这样就可以根据组织模型管理网络资源的配置和使用。可授予用户对域中某个组织单元的管理权限，组织单元的管理员不需要具有域中任何其他组织单元的管理权。

4.4.5　实训步骤

活动目录已在上个实训中安装完毕，各组域名是 testXXXX.com。为了讲解方便。以 long.com 域为例进行讲解。

1．加入和退出域

目的：将主机名为 host2，IP 为 192.168.0.2 的服务器加入到主机为 server1.long.com，IP 为 192.168.0.1 的域中。

（1）加入域。

① 在主机 host2 上，打开"本地连接状态"对话框，打开"Internet 协议（TCP/IP）"属性设置对话框，在"首选 DNS 服务器"输入 DNS 的 IP：192.168.0.1（DNS 和域控制器同在主机 Server1 上），单击"确定"按钮完成。

② 加入域。用鼠标右键单击"我的电脑"，然后单击"计算机名"选项卡，再单击"更改"按钮，出现"计算机名称更改"对话框，在"隶属于"一栏选中"域"，并输入 long.com。

③ 单击"其他"按钮，在"此计算机的主 DNS 后缀"输入 long.com ，选中"在域成员身份变化时，更改主 DNS 后缀"，单击"确定"按钮，如图 4-25 所示。

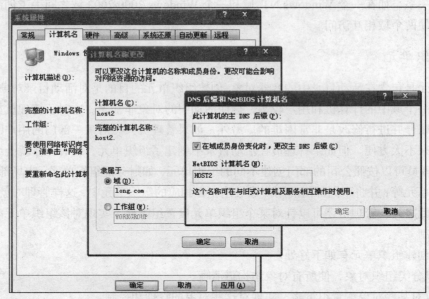

图 4-25　"加入域"对话框

④ 再次单击"确定"按钮，会出现要求输入有权限加入域的用户名和密码，这里我们可以输入管理员的用户名和密码，单击"确定"按钮，十几秒后就会有加入域成功的提示。

（2）把加入域的服务器脱离所在的域。

① 用鼠标右键单击"我的电脑"，然后单击"计算机名"栏，再单击"更改"按钮，出现"计算机名称更改"对话框，在"隶属于"一栏选中"工作组"，并输入 pfc。

② 单击"其他"按钮，在"此计算机的主 DNS 后缀"删除 long.com，单击"确定"按钮。

③ 单击"确定"按钮，会出现要求输入有权限管理域的用户名和密码，这里我们可以输入管理员的用户名和密码，单击"确定"按钮，十几秒后就会有退出域成功的提示。

2. 组织单元管理

组织单元（OU）是 AD 的基本构成单元，OU 可以包含其他活动目录对象（如计算机、用户、组、共享文件夹、打印机、其他的组织单元等）。要创建其他对象，需先创建 OU。

（1）在"Active Directory 用户和计算机"窗口中，用鼠标右键单击左窗格中的域名"long.com"，选择"新建"→"组织单元"命令，输入 OU 的名称，这里假设为"outest"，单击"确定"按钮，就可看到新建立的 OU。

（2）通过（1）中的"新建"命令，还可添加计算机账户、组及组织单元等。

（3）组织单元的控制委派。从"开始"菜单的"管理工具"中启动"Active Directory 用户和计算机"，用鼠标右键单击组织单元名"outset"，选择"控制委派"来启动"控制委派向导"，选择"添加"→"高级"→"立即查找"命令，选择受委派的用户和组，单击"确定"按钮，再单击"下一步"按钮，在委派任务中，指定要委派的任务，单击"下一步"按钮，再单击"完成"按钮即可，如图 4-26 所示。

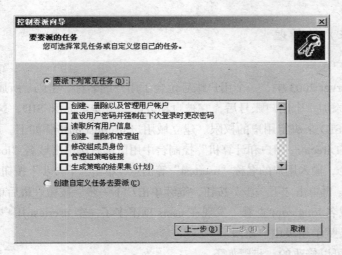

图 4-26　控制委派向导

不一定只指定一个受委派管理员，可以为一个 OU 指定多个管理员。

3. 组的管理

（1）创建组。

① 打开 "Active Directory 用户和计算机"，在控制台树中，双击域节点，用鼠标右键单击 "Users"，指向 "新建"，然后单击 "组"，输入新组的名称，比如 sales。

② 单击所需的 "组作用域"，单击所需的 "组类型"。

如果用户目前创建的组所属的域处于混合模式，则只能选择具有 "域本地" 或 "全局" 作用域的安全组。

（2）指定用户隶属的组。

在用户 "属性" 对话框中单击 "隶属于" 标签，可以查看到当前用户隶属于哪些组，如要将用户添加到其他组中，则单击 "添加" 按钮，单击 "高级" 按钮，再单击 "立即查找" 按钮，在下方的窗体中选择需要添加的组（可以按住【Shift】或【Ctrl】键，利用鼠标选择多个组），然后单击 "添加" 按钮，则所选的组会出现在下方的窗体中，单击 "确定" 按钮。

如果将组 sales 隶属于 Administrators，则组 sales 被赋于超级用户权限。

如果需要将用户从他所属的指定组中删除，则在 "隶属于" 窗体中选择该组，单击 "删除" 按钮。注意，用户账号至少隶属于一个组，该组被称为主要组，这个主要组必须是一个全局组且它不可删除。

（3）对组的另一项重要操作是，将资源访问权限指派给本地域组，举例操作：选择 "开始" → "打印机和传真" 命令。

打开打印机和传真的属性，选择 "安全" 选项卡，添加希望指派的组并赋予一定的权限即可。以后若有用户加入该组，系统会自动赋予给新加入的成员打印的权限。

4. 域用户账户的管理

（1）新建域用户账户。

在 Windows Server 2003 中，一个用户账号包含了用户的名称、密码、所属组、个人信息、通讯方式等信息，在添加一个用户账号后，它被自动分配一个安全标识 SID，这个标识是唯一的。在域中利用账号的 SID 来决定用户的权限。建立域用户 usertest 的步骤如下。

① 在"Active Directory 用户和计算机"控制台中用鼠标右键单击域名"long.com"，选择"新建"→"用户"命令，输入用户的名称"usertest"等信息，单击"下一步"按钮，输入密码等信息，单击"确定"按钮，再单击"下一步"按钮，继续单击"下一步"按钮，最后单击"完成"按钮。

② 再次单击域名 long.com 查看，发现在 users 项下多了一个 usertest 用户。

（2）将 usertest 赋予超级用户权限。

用户的属性是可以修改的，步骤如下。

① 用鼠标右键单击新建的用户"usertest"，选择"属性"，通过选项卡可实现对用户属性的修改。

② 单击"隶属于"→"添加"→"高级"→"立即查找"命令，在搜索结果中选择"Administrators"，单击"确定"按钮，可为 usertest 用户赋予超级用户权限，单击"确定"按钮完成属性修改。

③ 通过"隶属于"，可观察到 usertest 所属组的变化。

至此，可确认 usertest 用户获得了超级用户权限。

（3）用户登录时间的设置。

① 在"Active Directory 用户和计算机"中，选择"usertest"账户，打开"usertest 属性"对话框。

② 单击"登录时间"，设置用户的登录时间。

（4）用户登录权限的限制。

① 在"Active Directory 用户和计算机"中，选择"usertest"账户，打开"usertest 属性"对话框。

② 单击"登录到（T）"，对用户登录权限进行限制。

（5）限制用户对 NTFS 分区磁盘的使用——磁盘配额。

为限制用户对 NTFS 文件格式的分区使用的空间大小，打开"我的电脑"，用鼠标右键单击 NTFS 分区→"属性"→"配额"→"启用配额管理"→"配额项"→"新建配额项"→"高级"→"立即查找"→选择用户，这里选择"usertest"，单击"确定"按钮，并指定配额的空间，按要求进行设置即可。

如果企业没有创建活动目录，也可以在服务器上创建本地用户和本地组，客户端同样可以登录至服务器，实现共享资源的访问。不过，当网络内拥有多台服务器，用户访问不同的服务器时需要分别登录，不能实现"一次登录，到处访问"。

创建本地用户或组账户的操作过程如下。

用鼠标右键单击"我的电脑"图标，在弹出的快捷菜单中选择"管理"选项，或依次选择"开始"→"管理工具"→"计算机管理"选项，均可弹出"计算机管理"窗口，依次展开"计算机管理"→"系统工具"→"本地用户和组"→"用户"或"组"选项，就可以对本地用户和组进行创建和管理。这里不再赘述。

5. 建立组策略

（1）用鼠标右键单击组织单元 outest，在弹出的快捷菜单中选择"属性"，在属性窗口中选择"组策略"菜单。

（2）在新窗口单击"新建"按钮，输入组策略名 My Policy（同学们可自行定义）；选中新建的组策略，再单击"编辑"按钮，将进入定义具体策略设置界面。

6. 设置组策略

在组策略窗口选中"用户配置"→"管理模板"，展开后找到"隐藏桌面上的网上邻居"图标和"禁用控制面板"，双击它们，再选择"启用"。其他的设置请自选。

7. 组策略测试结果

（1）以管理员身份登录到未安装活动目录的计算机，设置 IP 及 DNS，让它可以连接到本组的域控制器。

（2）用鼠标右键单击"我的电脑"，在弹出的快捷菜单中选择"属性"，在"系统特性"窗口选择"网络标识"菜单，选择"属性"按钮，在标识更改窗口中选择"隶属于"域，再输入域名 long.com。

（3）输入域控制器的管理员账号和密码，稍后应出现"欢迎加入 long 域"。

（4）注销当前用户，重新登录，注意选择登录到域 long.com，用户名为 usertest。

（5）注意登录成功后桌面上无"网上邻居"，也无法使用"控制面板"。

8. 活动目录的删除

当把服务器升级为域控制后，密码的复杂度就会自动启用。

（1）进入安全策略管理，打开"开始"→"管理工具"→"域安全策略"，把密码复杂性要求策略设置选为"已禁用"；把密码长度最小值设为 0，密码最短使用期限设为 0 天。

（2）准备降域，在"运行"中输入 gpupdate /force，进行组策略更新（一般要更新两次）。在运行中输入 dcpromo 删除活动目录，单击"下一步"按钮。

（3）在"删除 Active Directory"对话框中，勾选"这个服务器是域中的最后一个控制器"，单击"下一步"按钮。

（4）输入密码后（注意：此处要求输入的密码为以后本机的开机密码，比如 pass$word），单击"下一步"按钮。完成后重新启动，原来的域控制器就变成了独立服务器。

4.4.6　实训思考题

- 组与组织单元有何不同。
- 组可以设置策略吗?
- 作为工作站的计算机要连接到域控制器，IP 与 DNS 应如何设置。
- 分析用户、组和组织单元的关系。

- 简述用户账户的管理方法与注意事项。
- 简述组的管理方法。
- 简述用户、组和组织单元关系更改的方法。

4.4.7 实训报告要求

- 实训目的。
- 实训内容。
- 实训环境及要求。
- 实训步骤。
- 实训中的问题和解决方法。
- 回答实训思考题。
- 实训心得与体会。
- 建议与意见。

4.5 网络信息服务器配置实训

4.5.1 实训目的

- 学习 Web 服务器的配置与使用。
- 学习 FTP 服务器的配置与使用。

4.5.2 实训内容

- 安装 IIS 6.0。
- 安装与配置 Web 服务器。
- 建立虚拟目录。
- 在一台服务器上架设多个 Web 网站。
- 在客户端访问 Web 站点。
- 安装与配置 FTP 服务器。

4.5.3 实训环境及网络拓扑

1. 实训环境

- 服务器一台。
- 测试用 PC 至少一台。
- 交换机或集线器一台。
- 直连双绞线（视连接计算机而定）。

2. 网络规划

为了使 Web 服务与 DNS 服务有机结合，并尽可能地利用现有计算机资源。在本实验中，可以将 Web 服务器和 DNS 服务器安装在同一台计算机上。Web 服务器的计算机名为 Server1，IP 地址为 192.168.0.1。为便于测试，至少需要一台 PC，当服务器 Server1 上安装 IIS 后，可通过 PC 上的 IE 浏览器进行测试。

一般情况下，根据应用习惯，如果 DNS 的主域名为 long.com（在一台 DNS 服务器上可以实现多个域名的解析，但在安装活动目录时创建的域名我们称为主域名，其他域名可以在 DNS 中通过"新建区域"来实现），那么在该域名下创建的 www 记录对应的网站，称为主站点，long.com 域中主站点的域名为 www.long.com。当然，这只是目前的应用习惯。

本次实训，要完成虚拟目录、TCP 端口、多主机头等各种情况下的站点发布，所用的域名和 IP 地址需要统一规划好，以免实训时无从下手。

网络规划如下：

Server1

192.168.0.1/24

默认 Web 网站

域名：long.com

Web 主站点：www.long.com	对应主目录为：e:\myweb
FTP 主站点：ftp.long.com	对应主目录为：e:\ftp

域名：secomputer.com

主站点：www.secomputer.com	对应主目录为：e:\secomputer
虚拟目录：www.long.com/bbs	对应主目录为：e:\bbs
站点 1：www.long.com:8080	对应主目录为：e:\8080
站点 2：www.long.com:8090	对应主目录为：e:\8090

3. 实训拓扑

实训拓扑如图 4-27 所示。

4.5.4 理论基础

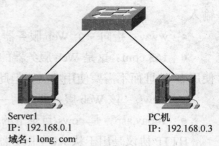

Server1
IP：192.168.0.1
域名：long.com

PC机
IP：192.168.0.3

图 4-27　实训拓扑图

1. IIS

微软 Windows Server 2003 家族的 Internet 信息服务（IIS）在 Intranet、Internet 或 Extranet 上提供了集成、可靠、可伸缩、安全和可管理的 Web 服务器功能。IIS 是用于为动态网络应用程序创建强大的通信平台的工具。各种规模的组织都使用 IIS 来主控和管理 Internet 或 Intranet 上的网页，主控和管理 FTP 站点，使用网络新闻传输协议（NNTP）和简单邮件传输协议（SMTP）主控和管理新闻或邮件。IIS 6.0 支持用于开发、实现和管理 Web 应用程序的最新 Web 标准（如 Microsoft ASP.NET、XML 和简单对象访问协议（SOAP））。IIS 6.0 包括一些面向组织、IT 专家和 Web 管理员的新功能，它们旨在为单台 IIS 服务器或多台服务器上可能拥有的数千个网站实现性能、可靠性和安全性目标。

IIS 提供了基本服务，包括发布信息、传输文件、支持用户通信和更新这些服务所依赖的数据存储。

Web 服务的实现采用 B/S（Browse/Server）模型，其中将信息提供者称为 Web 服务器，信息的需要者或获取者称为 Web 客户端。作为 Web 服务器的计算机中安装有 Web 程序（如 Netscape iPlanet Web Server、Microsoft Internet Information Server、Apache 等），并且保存有大量的公用信息，随时等待用户的访问。作为 Web 客户端的计算机中则安装有 Web 客户端程序，即 Web 浏览器（如 Netseape Navigator、Microsoft Internet Explorer、FireFox 等），可通过网络从 Web 服务器中浏览或获取所需要的信息。

Web 服务器是如何响应 Web 客户端的请求的呢？Web 页面处理大致可分为 3 个步骤。

（1）Web 浏览器向一个特定的服务器发出 Web 页面请求。

（2）Web 服务器接收到 Web 页面请求后，寻找所请求的 Web 页面，并将所请求的 Web 页面传送给 Web 浏览器。

（3）Web 浏览器接收到所请求的 Web 页面，并将其显示出来。

另外，在 Web 应用中读者还需要掌握 HTTP 和 HTML 两个协议。

在 Web 上运行的协议是 HTTP 协议（超文本传输协议，Hypertext Transfer Protocol）。当我们要访问某一个网站时，只需要在浏览器的地址栏里输入网站的地址，如 www.163.com，这时浏览器会自动在前面加上 http://，即 http:// www.163.com。

我们在浏览器的地址栏中输入的网站地址叫做 URL（Uniform Resource Locator，统一资源定位符），就像每一户人家都有一个唯一的门牌号一样，每一个网站都有一个唯一的 Internet 地址。当用户在浏览器的地址栏中输入一个 URL 或单击某一个链接时，URL 就确定了要浏览的地址。浏览器通过 HTTP 将 Web 服务器上站点的代码提取出来，并翻译成最终的页面。

我们看一个 URL 的组成，例如 http://www.163.com/news/today1.asp，其中，

● http://：代表超文本传输协议，通过 163.com 服务器显示 Web 页面。http://一般可不输入。

● www：指向一个 Web 服务器，称为一个主机记录。

● 163.com：这是 Web 服务器的域名，或站点服务器的名称，如主机名。当然，还可以直接使用 IP 地址而不需要使用域名，但此方法在现代计算机网络中很不适合。

● News/：该 Web 服务器上的一个子目录。

● Today.asp：是 news/目录下的一个网页文件。

HTTP 协议是用于从 www 服务器传输超文本到本地浏览器的传输协议。它可以使浏览器的工作更加高效，从而减轻网络的负担。它不仅保证计算机正确、快速地传输超文本文档，而且可确定传输文档中的哪一部分，以及哪一部分内容首先显示等。

由于 HTTP 协议是基于"请求/响应"模式的，一个 Web 客户端与一个 Web 服务器建立连接后，Web 客户端将向 Web 服务器发送一个请求，此请求的格式包括 URL、协议版本号、请求修饰符、客户端信息和可能的内容等。Web 服务器在收到请求后，将给予相应的响应，其中包括协议的版本号、一个成功或错误的代码、服务器信息、实体信息及可能的内容等。

在 Internet 中，HTTP 建立在 TCP/IP 连接之上，所以 HTTP 是一个可靠的传输方式。

在默认情况下，HTTP 使用 TCP 的 80 端口号，如果需要，也可以使用其他端口号。但当改

变了 TCP 的端口号后，Web 客户端必须要知道此端口号。例如在输入 http://www.163.com 时，HTTP 会自动将其指向 TCP 的 80 端口号，如果在 Web 服务器端将 www.163.com 设置成为 TCP 8080 端口，那么需在 Web 浏览器的地址栏中指出该端口号，即 http://www.163.com:8080。

2．FTP

FTP 的全称是 File Transfer Protocol（文件传输协议），是在 TCP/IP 网络中计算机传输文件的协议。FTP 服务器通常由 IIS 或者 Serv-U 软件来构建，其作用是用来在 FTP 服务器和 FTP 客户端之间完成文件的传输。传输是双向的，既可以从服务器下载到客户端，也可以从客户端上传到服务器。

要使用 FTP 在两台计算机之间传输文件，两台计算机必须各自扮演不同的角色，其中一台为 FTP 客户端，而另一台为 FTP 服务器。客户端与服务器之间的区别只在于在不同的计算机上所运行的软件不同，安装 FTP 服务器端软件的计算机称为 FTP 服务器，安装 FTP 客户端软件（如 CuteFTP、IE）的计算机则为客户端。FTP 客户端向服务器发出下载和上传文件，以及创建和更改服务器文件的命令，而这些操作全部在服务器端运行。

因为 FTP 服务建立在可靠的 TCP 协议之上，所以必须经过 3 次握手才能建立相互之间的连接。为了建立一个 TCP 连接，FTP 客户端和服务器必须打开一个 TCP 端口。FTP 服务器有两个预分配的端口，分别为 21 和 20。其中：端口 21 用于发送和接收 FTP 的控制信息。FTP 服务器通过侦听这个端口，以侦听请求连接到服务器的 FTP 客户。一个 FTP 会话建立后，端口 21 的连接在会话期间将始终保持打开状态；端口 20 用于发送和接收 FTP 数据（ASCII 或二进制文件），该数据端口只在传输数据时打开，并在传输结束时关闭。

FTP 客户端程序在建立了与 FTP 服务器的会话后，可动态分配一个端口号来传输数据，此端口的选择范围为 1 024～65 535。当一个 FTP 会话开始后，客户端程序打开一个控制端口，该端口连接到服务器的端口 21 上。

需要传输数据时，FTP 客户端再打开连接到服务器 20 端口的第 2 个端口。每当开始传输文件时，客户端程序都会打开一个新的数据端口，在文件传输结束后，再自动释放该端口。

FTP 使用 TCP 协议在客户端和服务器之间传送所有控制信息和数据。TCP 是一个面向连接的协议，也就是说，在传输数据前，需要在客户端和服务器之间建立通信会话，而且在整个 FTP 会话期间，该连接将一直保持。面向连接会话的主要特点是其可靠性和错误恢复能力，而对于文件传输而言，这两点无疑都是非常重要的。为此，与通过 Windows 的"网上邻居"来拖动文件相比，FTP 的工作效率高，可靠性高，错误恢复能力强。

4.5.5　实训步骤

1．安装 IIS 6.0

（1）打开"控制面板"窗口，双击"添加或删除程序"图标，打开"添加或删除程序"窗口，单击"添加或删除 Windows 组件"按钮，显示"Windows 组件向导"对话框。在"组件"列表框中依次选择"应用程序服务器"→"详细信息"选项，显示"应用程序服务器"对话框，默认没有选中"ASP.NET"复选框，在此处需选中该复选框以启用 ASP.NET 功能，如图

4-28 所示。

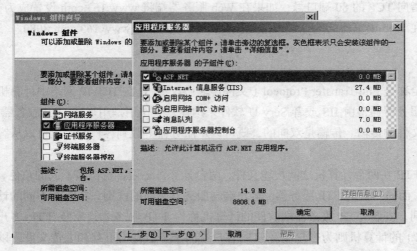

图 4-28　选择安装 IIS 组件

（2）选中"Internet 信息服务（IIS）"复选框，然后单击"详细信息"按钮，在弹出的对话框中选中"文件传输协议（FTP）"，同时选中"万维网服务"复选框，并单击"详细信息"按钮，在打开的"万维网服务"对话框中选中"Active Server Pages"复选框，如图 4-29 所示。如果不选中该复选框，将导致在 IIS 中不能运行 ASP 程序。另外，如果服务器感染了冲击波病毒，同样也不能运行 ASP 程序。

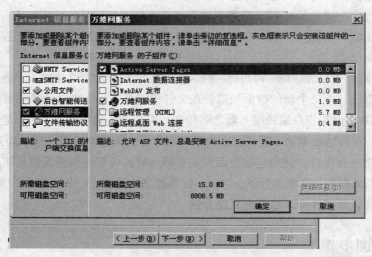

图 4-29　"万维网服务"对话框

（3）依次单击"确定"按钮，返回"Windows 组件"对话框，单击"下一步"按钮，按照系统提示插入 Windows Server 2003 安装光盘，即可安装成功。

　　安装 IIS 可以使用两种方法，分别是从"控制面板"窗口中安装和通过"配置您的服务器向导"安装。

2. 启用 IIS 中所需的服务

与 Windows 2000 Server 和 Windows XP Professional 中的 IIS 不同，基于 Windows Server 2003 的 IIS 6.0 是以高度安全和锁定模式安装的。默认情况下，IIS 仅服务于静态 HTML 页内容，这意味着 Active Server Pages（ASP、ASP.NET、索引服务、在服务器端的包含文件（SSI））、Web 分布式创作和版本控制（WebDAV）、FrontPage Server Extensions 等功能将不会工作，如果需要这些功能，必须通过手工方式进行启用。如果在未启用这些功能前使用 IIS 的相关应用，IIS 将会返回 404 错误。所以，应该在安装 IIS 6.0 后启用所需的服务。

方法是选择"开始"→"管理工具"→"Internet 信息服务（IIS）管理器"命令，在打开的窗口依次选择"本地计算机"→"Web 服务扩展"选项，窗口右侧列表中显示 IIS 6.0 提供的服务功能，其中大量应用在默认情况下是未启用的。如果要启用某一功能（如 WebDAV），可在选取该名称后，单击"允许"按钮即可，如图 4-30 所示。

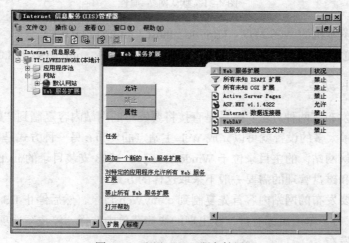

图 4-30　配置"Web 服务扩展"

3. 配置"默认网站"

（1）自己创建网页文件，并保存在 e:\myWeb 下，将该网页文件命名为 index.htm。

（2）在 DNS 服务器的 long.com 域名下创建一个 www 主机记录，并将 IP 地址指向 Web 服务器 192.168.0.1（本实验中，DNS 和 Web 位于同一台服务器），具体方法参见 4.3 节。

（3）打开"Internet 服务管理器"（"开始"→"程序"→"管理工具"→"Internet 服务管理器"→"网站"），用鼠标右键单击"默认 Web 站点"，打开属性页，如图 4-31 所示。

● "网站"选项卡：输入服务器的"说明"、"IP 地址"（Web 服务器的 IP 地址，本例为 192.168.0.1），"TCP 端口"（默认为 80）。

● "主目录"选项卡：单击"浏览"按钮，选择网页文件所在的磁盘路径（文件夹）。本实训中网页文件路径为：e:\myWeb。

● "文档"选项卡：单击"添加"按钮，为 Web 站点选择网页文件名。输入默认网页文件名，单击"确定"按钮，将所输入的网页文件 index.htm 移到默认文件的首位。

（4）使用以下方式浏览 Web 站点。

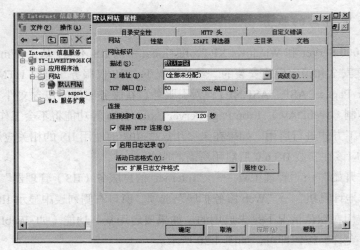

图 4-31　默认网站 属性

在服务器上浏览本机的 Web 站点：http://localhost、http://127.0.0.1。

在 PC 机上浏览 Server1 的 Web 站点：http://www.long.com、http://192.168.0.1。

4．新建 Web 站点

Web 主站点的发布有两种方法：一种是直接将要发布的网站内容复制到"默认网站"的主目录下，这样不需要做太多的设置就可以完成 Web 主站点的发布；另一种方式是单独发布。在实际应用中，由于"默认网站"的主目录位于 Windows Server 2003 安装目录的\inetpub\wwwroot 目录下，所以出于安全和磁盘管理的需要一般不采取这样的方式。

下面，我们将要发布的网站内容首先复制到 e:\myWeb 目录，然后停止 IIS 中的"默认网站"（选择"默认网站"后，单击鼠标右键，在出现的快捷菜单中选择"停止"选项即可），然后再根据以下的步骤进行发布。

（1）依次单击"开始"→"程序"→"管理工具"→"Internet 信息服务（IIS）管理器"，打开"Internet 信息服务（IIS）管理器"窗口。在确保已经停止了"默认网站"的情况下，用鼠标右键单击"网站"选项，在弹出的快捷菜单中选择"新建"→"网站"选项，如图 4-32 所示。

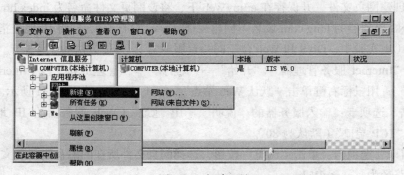

图 4-32　新建网站

（2）打开"欢迎使用网站创建向导"对话框，单击"下一步"按钮，在"描述"下面输入新建网站的说明（比如 test，具体内容由用户自定，其目的是便于在 IIS 中对不同的站点进行标识）。

（3）单击"下一步"按钮，设置 IP 地址和端口号对话框。由于要发布的是 Web 主站点，所以不需要修改 IP 地址和 TCP 端口号。

（4）单击"下一步"按钮，通过"浏览"方式选择要发布的 Web 主站点的存放路径（本例为 e:\myWeb）。如果该网站允许以匿名方式访问（即对该网站不进行授权设置，多数 Web 网站都不需要进行授权设置），可以选取"允许匿名访问网站"选项。

（5）接下来设置"网络访问权限"，如图 4-33 所示。若有 ASP 脚本运行，选中"运行脚本（如 ASP）"复选框。

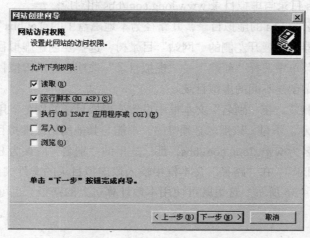

图 4-33　设置网络访问权限

（6）单击"下一步"按钮，出现设置结束对话框。

（7）单击"确定"按钮，完成设置。

5. 测试新建的 Web 站点

在"Internet 信息服务（IIS）管理器"窗口，选取已创建的"test"站点，单击鼠标右键，在出现的快捷菜单中选择"浏览"命令，如果网站发布正常，则会显示该网站的内容。同时，还可以在任意一台与该 Web 服务器连接的测试用 PC 上，在浏览器的地址栏中输入 www.long.com，如果 Web 站点的发布正常，同样会显示该网站的内容。

如果通过以上方式无法打开网站的页面，在确认网页编写没有问题的前提下，一般是网站的主页面文件与系统默认的名称不同。这时，可选取已创建的网站名称（"test"）用鼠标右键单击，在出现的快捷菜单中选取"属性"选项，在打开的对话框中，将网站使用的主页面文件"添加"到"启用默认内容文档"下面的列表中。另外，为了加快网站的响应速度，还可以将该网站的主页面文件上移（单击"上移"按钮）到列表框的顶端，如图 4-34 所示。

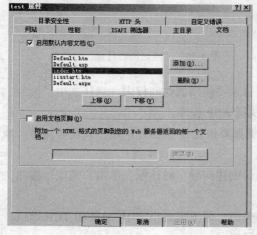

图 4-34　test 属性

6. 发布虚拟目录 www.long.com/bbs 站点

对于已发布的 Web 站点来说，利用虚拟目录可以提供基于该网站的物理文件夹层次结构的内容发布和访问。在具体应用中，可将虚拟目录视为指向文件实际位置的指针。Windows Server 2003 中的 IIS 提供了基于虚拟目录的资源管理功能。

由于虚拟目录 Web 站点必须依赖其父站点（如 www.long.com），所以在发布和访问方式上也同样与其父站点紧密相关。例如，在父站点 www.long.com 下发布一个名为 bbs 的虚拟目录站点，那么该虚拟目录网站的访问方式应为 www.long.com/bbs。该虚拟目录站点的具体发布方法如下所示。该过程使得 e:\bbs 目录与虚拟目录 www.long.com/bbs 相对应。

现在来创建一个名为 bbs 的虚拟目录，其路径为本地磁盘中的 "e:\bbs" 文件夹。

（1）在 IIS 管理器中，展开左侧的 "网站" 目录树，选择要创建虚拟目录的网站，单击鼠标右键，在弹出的快捷菜单中选择 "新建" → "虚拟目录" 选项，显示虚拟目录创建向导，利用该向导便可为该虚拟网站创建不同的虚拟目录。

（2）"虚拟目录别名"。在 "别名" 文本框中设置该虚拟目录的别名，用户用该别名来连接虚拟目录，如图 4-35 所示。不过，该别名必须唯一，不能与其他网站或虚拟目录重名。如果要发布的虚拟目录的完整域名为 www.long.com/bbs，那么这里的 "别名" 应该为 bbs。

（3）"网站内容目录"。在 "路径" 文本框中输入该虚拟目录的文件夹路径，或单击 "浏览" 按钮进行选择，如图 4-36 所示。这里既可使用本地计算机上的路径，也可使用网络中的文件夹路径。

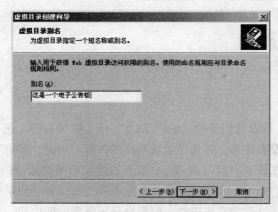

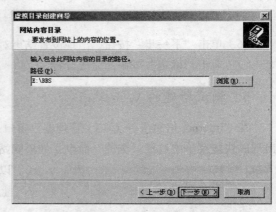

图 4-35　"虚拟目录别名" 对话框　　　　　　图 4-36　"网站内容目录" 对话框

（4）"虚拟目录访问权限"。此处用来选择该虚拟目录要使用的访问权限。默认选中 "读取" 和 "运行脚本（如 ASP）" 两种权限，使该网站可以执行 ASP 程序。

如果该网站要执行 ASP.NET 或 CGI 应用程序，例如要搭建一个 CGI 论坛，就需要选中 "执行（如 ISAPI 应用程序或 CGI）" 复选框。

（5）单击 "下一步" 按钮，显示 "已完成虚拟目录创建向导" 对话框。单击 "完成" 按钮，虚拟目录创建完成。

虚拟目录的创建过程和虚拟网站的创建过程有些类似，但不需要指定 IP 地址和 TCP 端口，只需设置虚拟目录别名、网站内容目录和虚拟目录访问权限。

7. 利用 TCP 端口发布 www.long.com:8080 站点

Web 网站的访问需要 TCP 协议，而且系统默认的 TCP 端口为 80。从 URL 的组成来看，不同的 Web 网站可以通过不同的 TCP 端口来区分。例如，www.long.com（系统默认的端口为 TCP 80）、www.long.com:8080 和 www.long.com:8090 应该分别代表不同的网站，因为这三个 URL 的 TCP 端口地址各不相同。

在安装 IIS 时，创建的第一个网站（"默认网站"）将使用 TCP 的 80 端口。实际上，我们还可以使用其他的端口（通常为 1 024～65 535，一般 1 024 以下的 TCP 端口不推荐使用）来发布新的 Web 站点。需要注意的是，如果是通过匿名方式访问的网站，一般不建议利用其他的 TCP 端口号来发布。目前，绝大多数 Internet 上的 Web 网站（尤其是具有宣传性质的网站）都是使用系统默认的 80 端口来发布的。

具体步骤如下。

（1）将要发布的网站内容放在 e:\8080 目录下。

（2）在 Web 服务器上选择"开始"→"管理工具"→"Internet 信息服务（IIS）管理器"命令，打开 IIS 窗口。

（3）在"本地计算机"→"网站"中，用鼠标右键单击 test 网站，在出现的快捷菜单中选择"新建"→"网站"选项，打开"欢迎使用网站创建向导"对话框。

（4）单击"下一步"按钮，在"描述"下面输入该网站的说明信息（用户自定，比如 TCP8080）。

（5）单击"下一步"按钮，在"网站 TCP 端口"下面输入该网站所使用的 TCP 端口号（本实验为 8080），其他内容可以不进行设置。

（6）单击"下一步"按钮，通过"浏览"方式选择要发布网站的路径（本例中路径为：e:\8080）。后面的设置与发布 Web 主站点时完全相同，不再详述。

8. 使用不同主机头发布不同 Web 网站

使用"主机头"来发布网站时需要使用 DNS 名称和 IIS 的主机头名。举例来说，某 Internet 空间服务提供商有一台服务器放在 ISP 机房，并拥有一个合法的 IP 地址（如 210.111.111.111）。现在，需要把 www.xyz.com、www.abc.org、www.def.cn 等网站全部存放在这台服务器上。

这时，需要在 DNS 服务器上同时创建相应的域名 xyz.com、abc.org 和 def.cn。同时，还需要在每个域名下面分别创建 www 主机名，使 IP 地址都指向 210.111.111.111。

在完成了 DNS 域名设置后，还需要在"Internet 信息服务（IIS）管理器"中分别创建新的站点。这些站点都使用相同的"IP 地址和端口设置"，但必须使用不同的主机头名。在配置网站过程中，在"输入 Web 站点使用的 IP 地址"中全部使用 210.111.111.111，同时"此 Web 站点应使用到的 TCP 端口"全部为系统默认的 80（如果需要，也可以使用其他的 TCP 端口），而"此站点的主机头"处必须分别输入每个站点的完全域名（如 www.xyz.com）。

（1）创建第二个域名 secomputer.net。

Windows 2000 Server 和 Windows Server 2003 中的 DNS 通过区域（zone）来管理域名空间中的每一个区段。区域是指域名空间树状结构中的一个连续部分，为了加强对域名的管理，在 DNS 中可将域名空间分割成较小的连续区段。使用区域具有以下几点好处。

首先是便于管理。由于区域内的主机信息存放在 DNS 服务器内的"区域文件"或活动目录数据库中，同时一台 DNS 服务器内可以存储一个或多个区域的信息。将一个 DNS 域划分为多个区域可以分散网络管理的工作压力；其次，区域还可以在同一台计算机上创建不同的 DNS 解析。例如，我们已经在一台 Windows Server 2003 计算机上创建了域名 long.com，同时还可以再创建其他域名，如 secomputer.net 等。下面介绍在这台 Windows Server 2003 域名服务器上创建第二个域名 secomputer.net 的具体方法。

① 依次单击"开始"→"程序"→"管理工具"→"DNS"命令，打开 DNS 窗口。

② 选取左窗口树状结构中的服务器名（如 Server1）或"正向查找区域"，然后用鼠标右键单击，在出现的快捷菜单中选择"新建区域"命令，打开新建区域向导。

③ 单击"下一步"按钮，由于该 DNS 服务器也是一台域名控制器，所以选择"主要区域"和"在 Active Directory 中存储区域"两项。

④ 单击"下一步"按钮，由于本实验选择了"在 Active Directory 中存储区域"一项，即将 DNS 记录与活动目录进行整合，所以系统会默认选择"到 Active Directory 域 long.com 中的所有域控制器"一项。

⑤ 单击"下一步"按钮，选择"正向查找区域"选项。

⑥ 单击"下一步"按钮，在"区域名称"下方输入要新建的 DNS 域名（本实验为 secomputer.net）。

⑦ 单击"下一步"按钮，由于本实验中的 DNS 服务器本身也是一台域控制器，而且在前面的操作中选择了"在 Active Directory 中存储区域"，所以可选择系统默认的"只允许安全的动态更新"一项。这时，区域记录会被存储到活动目录数据库中，将区域记录与活动目录进行整合。

⑧ 单击"下一步"按钮，显示前面的设置信息。如果设置无误，单击"确定"按钮，完成 secomputer.net 域名的创建。

通过以上的设置，目前在这台 DNS 服务器上已同时创建了 long.com 和 secomputer.net 两个域名服务。此功能在实际的应用中非常有用，例如许多 Internet 上的服务器都同时提供多个 DNS 域名的解析服务。如果需要，还可以使用相同的方法，再创建其他域名。

⑨ 选取已创建的域名 secomputer.nett，单击鼠标右键，在出现的快捷菜单中选择"新建主机（A）"命令，在"名称"下面输入新建主机的名称（本实验为 www），然后在"IP 地址"下面输入"完全合格的域名（FQDN）"（即 www.secomputer.net）所对应的 IP 地址。由于 www.secomputer.net 负责对一个站点的解析，所以该"IP 地址"即为发布该 Web 站点的 Web 服务器的 IP 地址。由于在本实验中将 DNS 和 Web 服务集中在同一台服务器上，所以 Web 服务器的 IP 地址也为 192.168.0.1。由于 A 记录是将 DNS 名称映射到 IP 地址，而 PTR 资源记录是将 IP 地址映射到 DNS 名称。所以如果进行 IP 地址映射到 DNS 名称的操作，可以选择"创建相关的指针（PTR）记录"一项。然后单击"添加主机"按钮，完成 www 主机记录的添加操作。

（2）发布第二个 Web 站点 www.secomputer.net。

前面的实验中，已经在一台 Web 服务器上发布了 www.long.com 站点。下面，我们介绍利用另一个域名 secomputer.net 来发布 www.secomputer.net 的方法。

① 打开"Internet 信息服务（IIS）管理器"，使用"网站创建向导"创建一个网站。当显示"IP 地址和端口设置"对话框时，在"此网站的主机头"文本框中输入新建网站的域名，如 www.secomputer.net，IP 地址为 192.168.0.1，如图 4-37 所示。

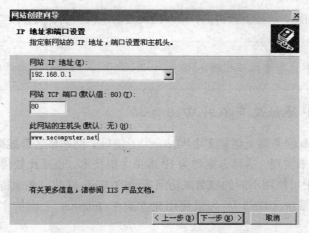

图 4-37　"IP 地址和端口设置"对话框

② 继续单击"下一步"按钮，进行其他配置，直至创建完成。

如果要修改网站的主机头，也可以在已创建好的网站中，用鼠标右键单击该网站，在弹出的快捷菜单中选择"属性"选项，在弹出的"属性"对话框中打开"网站"选项卡，在其中单击"IP 地址"右侧的"高级"按钮，显示"高级网站标识"对话框，如图 4-38 所示。选中主机头名，单击"编辑"按钮，显示"添加/编辑网站标识"对话框，即可修改网站的主机头值，如图 4-39 所示。

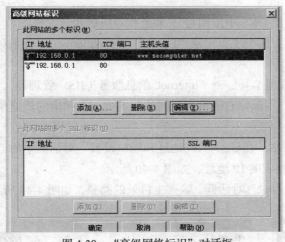

图 4-38　"高级网络标识"对话框

图 4-39　"添加/编辑网络标识"对话框

使用主机头来搭建多个具有不同域名的 Web 网站，与利用不同 IP 地址建立虚拟主机的方式相比，这种方案更为经济实用，可以充分利用有限的 IP 地址资源，来为更多的客户提供虚拟主机服务。不过，虽然有独立的域名，但由于 IP 地址是与他人一起使用的，没有独立的 IP 地址，也就不能直接使用 IP 地址访问了。

（3）对上述实训内容进行验证

这时，在任意一台与该 Web 服务器连接的 PC（DNS 地址必须设置为 192.168.0.1）的浏览器地址栏中输入 http://www.secomputer.net，如果设置无误，则会打开该网站的正确页面。

在前面的操作中，如果未输入正确的主机头名，则该站点由于与前一个站点（www.long.com）设置冲突，所以无法正确运行（将显示为"停止"发布状态）。

如果出现以上的问题，请按上面讲的，修改已设置的主机头名，或直接"添加"新的主机头名。

如果在浏览器地址栏中输入 http://192.168.0.1，输出什么结果呢？

9. 使用多个 IP 地址发布不同 Web 网站

如果要在一台 Web 服务器上创建多个网站，为了使每个网站域名都能对应于独立的 IP 地址，一般都使用多 IP 地址来实现，这种方案称为 IP 虚拟主机技术，也是比较传统的解决方案。当然，为了使用户在浏览器中可使用不同的域名来访问不同的 Web 网站，必须将主机名及其对应的 IP 地址添加到域名解析系统（DNS）。如果使用此方法在 Internet 上维护多个网站，也需要通过 InterNIC 注册域名。

要使用多个 IP 地址架设多个网站，首先需要在一台服务器上绑定多个 IP 地址。而 Windows 2000 及 Windows Server 2003 系统均支持一台服务器上安装多块网卡，一块网卡可以绑定多个 IP 地址。再将这些 IP 地址分配给不同的虚拟网站，就可以达到一台服务器利用多个 IP 地址来架设多个 Web 网站的目的。例如，要在一台服务器上创建两个网站 Linux.long.com 和 Windows.long.com，所对应的 IP 地址分别为 192.168.22.99 和 192.168.168.22.100。需要在服务器网卡中添加这两个地址。

具体步骤如下。

（1）在网卡上添加上述两个 IP 地址，并在 DNS 中添加与 IP 地址相对应的两台主机。

（2）在 DNS 中建立区域 long.com，并建立两个主机记录"Linux"和"Windows"，分别对应 IP 地址为 192.168.22.99 和 192.168.168.22.100。

（3）依次单击"开始"→"程序"→"管理工具"→"Internet 信息服务（IIS）管理器"，打开"Internet 信息服务（IIS）管理器"窗口。用鼠标右键单击"网站"选项，在弹出的快捷菜单中选择"新建"→"网站"选项。

（4）打开"网站创建向导"，新建一个网站。在显示"IP 地址和端口设置"对话框中的"网站 IP 地址"下拉列表中，分别为网站指定相应的 IP 地址，如图 4-40 所示。

（5）单击"下一步"按钮，打开"网站主目录"对话框，输入主目录的路径，如图 4-41 所示。

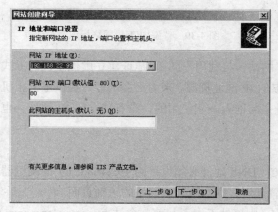

图 4-40　指定 IP 地址

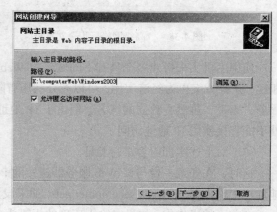

图 4-41　输入主目录路径

（6）接下来设置"网络访问权限"。若有 ASP 脚本运行，选中"运行脚本（如 ASP）"复选框。

（7）单击"下一步"按钮继续，按向导提示完成网站设置。192.168.22.100 对应的网站与上面设置类似。

（8）两个网站创建完成以后，在"Internet 信息服务（IIS）管理器"中再分别为不同的网站进行配置。

这样，在一台 Web 服务器上就可以创建多个网站了。

10. 配置网站的安全性

配置网站安全性有以下几个方面。

（1）SSL 端口。

如果 Web 网站中的信息非常敏感，为防止中途被人截获，就可采用 SSL 加密方式。Web 服务器安全套接字层（SSL）的安全功能利用一种称为"公用密钥"的加密技术，保证会话密钥在传输过程中不被截取。要使用 SSL，加密并且指定 SSL 加密使用的端口，必须在"网站"属性对话框的"SSL 端口"文本框中输入端口号。默认端口号为"443"，同样地，如果改变该端口号，客户端访问该服务器就必须事先知道该端口。当使用 SSL 加密方式时，用户需要通过"https://域名或 IP 地址:端口号"方式访问 Web 服务器，如 https://192.168.22.99:1454。

（2）启动与停用动态属性。

在"Web 服务扩展"中，用鼠标右键单击要启动的服务，选择"允许"或"禁止"。

（3）验证用户身份。

在"网站属性"对话框的"目录安全性"选项卡中，单击"身份验证和访问控制"选项组中的"编辑"按钮，弹出如图 4-42 所示的"身份验证方法"对话框。默认使用匿名访问，为了网站安全，管理员也可设置不同的身份验证方式。

在默认情况下，Web 服务器启用匿名访问，网络中的用户无须输入用户名和密码便可任意访问 Web 网站的网页，否则用户需要输入用户名和密码。其实，匿名访问也是需要身份验证的，我们称其为匿名验证。当用户访问 Web 站点的时候，所有 Web 客户使用"IUSR_计算机名"账号自动登录。如果允许访问，就

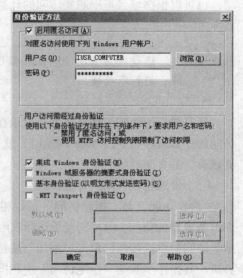

图 4-42 "身份验证方法"对话框

向用户返回网页页面；如果不允许访问，IIS 将尝试使用其他验证方法。

（4）设置拒绝访问的计算机。

在"默认网站属性"对话框的"目录安全性"选项中，单击"IP 地址和域名限制"选项卡中的"编辑"按钮，显示如图 4-43 所示的"IP 地址和域名限制"对话框。默认选中允许网络中的所有计算机访问该 Web 服务器。以"授权访问"为例。通过使用"授权访问"可以为所有的计算机或域授予访问权限，同时可添加一系列将被拒绝访问的计算机，这些计算机将不能访问该 Web 服务器。当被拒绝访问的计算机数量较多时，只需指定少量授权访问的计算机即可。

选中"默认情况下，所有计算机都将被：授权访问"单选按钮，单击"添加"按钮，显示"拒

绝访问"对话框，可以添加拒绝访问的一台、一组计算机或域名。

选中"一组计算机"单选按钮，可以用网络标识和子网掩码来选择一组计算机。网络标识是主机的 IP 地址，通常是"子网"的路由器，子网掩码用于解析出 IP 地址中子网标识和主机标识。在子网中所有计算机有共同的子网标识和自己唯一的主机标识。例如，如果主机拥有 IP 地址192.168.22.99 和子网掩码 255.255.255.0，那么子网中的所有计算机将拥有以 192.168.22 开头的 IP 地址。要选择子网中的计算机，可以在"网络标识"文本框中输入 192.168.22.0，在"子网掩码"文本框中输入 255.255.255.0，如图 4-44 所示。

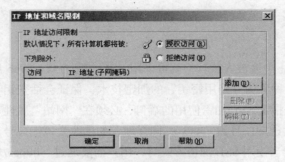
图 4-43　"IP 地址和域名限制"对话框

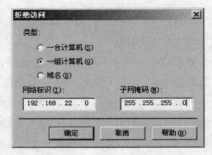
图 4-44　"拒绝访问"对话框

也可以根据域名来限制要访问的计算机。选中"域名"单选按钮，然后输入要拒绝访问的域名即可。

　通过域名限制访问会要求 DNS 反向查找每一个连接，这将会严重影响服务器的性能，建议不要使用。

所有被拒绝访问的计算机都会显示在"IP 地址访问限制"列表框中。以后，该列表中被拒绝访问的计算机在访问该 Web 网站时，就不能打开该 Web 网站的网页，而会显示"您未被授权查看该页"的页面。

（5）设置授权访问的计算机。

"授权访问"与"拒绝访问"正好相反。通过"拒绝访问"设置将拒绝所有计算机和域对该Web 服务器的访问，但特别授予访问权限的计算机除外。选中"默认情况下，所有计算机都将被：拒绝访问"单选按钮，单击"添加"按钮，会显示"授权访问"对话框，用来添加授权访问的计算机。其操作步骤与"拒绝访问"中相同，这里不再重复。

（6）通过 NTFS 权限设置来增加网页安全性。

11．FTP 服务器配置

在实际应用中，往往需要远程传输文件（比如要发布的网站内容），这时通常使用 FTP 服务器完成上传和下载任务。

还是以本次实训为例，上面的实验中多次用到将网站内容复制到相应目录，我们可以为上传网站的用户设置 FTP 用户账号。本次实训中仍沿用前面的设定：DNS 服务器和 FTP 服务器安装在同一台计算机上，名称为 Server1，IP 地址为 192.168.0.1，并且 FTP 服务器的域名如前面所设为 ftp://ftp.long.com，主目录为 e:\ftp。操作步骤如下。

（1）创建 ftp 主机记录。

如前所述，创建域名 long.com，并在该域名下添加用于进行 DNS 解析的主机记录 ftp，该记录指向 IP 地址 192.168.0.1。

（2）安装 FTP 服务。

FTP 服务并不是默认安装的，若 Internet 服务管理器中没有 FTP 服务，则可以通过"添加/删除 Windows 组件"安装，选择"应用程序服务器"，单击"详细信息"，选择"Internet 信息服务（IIS）"，单击"详细信息"，选择"文件传输协议（FTP）服务"。单击"确定"按钮，后面根据向导提示一步步完成安装 FTP 服务的工作。

（3）发布 FTP 站点。

与 www.long.com 的 test 站点的发布一样，其站点的发布方法一般也有两种方法：一种是将要发布的内容复制到"默认 FTP 站点"的主目录下，如 d:\inetpub\ftproot；另一种方法是通过其他主目录发布该 FTP 站点。

在安装了 FTP 组件后，系统会自动创建一个"默认 FTP 站点"。"默认 FTP 站点"的特点如下。

● 使用系统默认的 21 号 TCP 端口。

● "默认 FTP 站点"的主目录为"d:\inetpub\ftproot"，其中"d:"为 Windows Server 2003 的安装分区。

● 适用于所有的 IP 地址。如果该 FTP 服务器上同时存在多个 IP 地址，通过每一个 IP 地址都可以访问到"默认 FTP 站点"。

如果要通过"默认 FTP 站点"发布主 FTP 站点，只要将发布的内容全部复制到"默认 FTP 站点"的主目录"d:\inetpub\ftproot"中即可。之后，在一台与该 FTP 服务器连接的客户端的浏览器地址栏中输入 ftp://192.168.0.1 就可以访问到该 FTP 站点下的内容。

利用"默认 FTP 站点"发布 FTP 站点，虽然操作方便、简单，但却存在一些不足和缺点。例如，由于"默认 FTP 站点"与 Windows Server 2003 位于同一个硬盘分区，所以 FTP 站点的内容在安全性和空间上都受到了限制。另外，由于"默认 FTP 站点"的许多设置都是系统默认的，主要用于在安装 FTP 组件后对 FTP 服务的测试，所以"默认 FTP 站点"的功能也很有限。所以，对于一些较大型的、在 Internet 上发布的网站，一般不使用"默认 FTP 站点"，而是利用其他主目录方式来发布主 FTP 站点。

需要注意的是，在利用其他主目录发布 FTP 站点之前，一定要停止"默认 FTP 站点"。

其方法是在"Internet 信息服务（IIS）管理器"窗口中，选取"默认 FTP 站点"，单击鼠标右键，在出现的快捷菜单中选择"停止"项，使"默认 FTP 站点"处于停止状态。

在此基础上，下面我们介绍利用其他主目录（本实验为 e:\ftp）发布主 FTP 站点的方法，该 FTP 站点的域名为 ftp.long.com，IP 地址为 192.168.0.1。

① 选择"开始"→"管理工具"→"Internet 信息服务（IIS）管理器"命令，在打开的窗口中选取"FTP 站点"，单击鼠标右键，在出现的快捷菜单中选择"新建"→"FTP 站点"命令，打开 FTP 创建的欢迎界面。

② 单击"下一步"按钮，在"描述"下面的文本框中输入该网站的说明文字。该描述文字仅供管理员在 FTP 服务器上使用，对于 FTP 客户端没有任何意义，所以可以由用户自定。比如输入 FTPTest 站点。

③ 单击"下一步"按钮。在该对话框中，当该 FTP 服务器上存在多个 IP 地址时，可以在"输

入此 FTP 站点使用的 IP 地址"下拉列表中选择一个用于与该 FTP 站点对应的 IP 地址。在"输入此 FTP 站点的 TCP 端口"下方使用系统默认的 21 端口。

　　　如果 FTP 服务器存在多个 IP 地址，当在"输入此 FTP 站点使用的 IP 地址"下拉列表中选择了一个 IP 地址后，只有与该 IP 地址连接的用户才能访问该 FTP 站点，通过其他 IP 地址连接的用户将无法访问该 FTP 站点。如果使用了系统默认的"全部未分配"选项，则通过该服务器上的任何一个 IP 地址都可以访问到该 FTP 站点。

　　④ 单击"下一步"按钮，出现"FTP 用户隔离"对话框，设置 FTP 客户隔离模式，如图 4-45 所示。FTP 用户隔离是 IIS 6.0 的新增特性，它使 ISP 和应用服务提供商可以为客户提供上传文件和 Web 内容的个人 FTP 目录。FTP 用户隔离相当于专业 FTP 服务器的用户目录锁定功能，实际上是将用户限制在自己的目录中，防止用户查看或覆盖其他用户的内容。

　　由于在本实验中不需要对用户名和 FTP 主目录进行一对一的限制，所以选择"不隔离用户"选项，如图 4-45 所示。

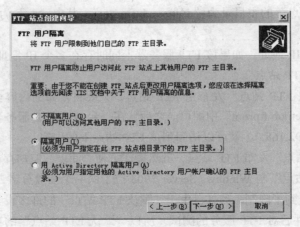

图 4-45　FTP 站点创建向导

其中有 3 种隔离模式可供选择，其含义如下。

　　● 不隔离用户：这是 FTP 的默认模式。该模式不启用 FTP 用户隔离。在使用这种模式时，FTP 客户端用户可以访问其他用户的 FTP 主目录。这种模式最适合于只提供共享内容下载功能的站点，或者不需要在用户间进行数据保护的站点。

　　● 隔离用户：当使用这种模式时，所有用户的主目录都在单一 FTP 主目录下，每个用户均被限制在自己的主目录中，用户名必须与相应的主目录相匹配，不允许用户浏览除自己主目录之外的其他内容。如果用户需要访问特定的共享文件夹，需要为该用户再创建一个虚拟根目录。如果 FTP 是独立的服务器，并且用户数据需要相互隔离，那么，应当选择该方式。需要注意的是，当使用该模式创建了上百个主目录时，服务器性能会大幅下降。

　　● 用 Active Directory 隔离用户：使用这种模式时，服务器中必须安装 Active Directory。这种模式根据相应的 Active Directory 验证用户凭据，为每个客户指定特定的 FTP 服务器实例，以确保数据完整性及隔离性。当用户对象在活动目录中时，可以将 FTPRoot 和 FTPDir 属性提取出来，为用户主目录提供完整路径。如果 FTP 服务能成功地访问该路径，则用户被放在代表 FTP 根位置的该主目录中，用户只能看见自己的 FTP 根位置，因此，受限制而无法向上浏览目录树。如果 FTPRoot 或 FTPDir 属性不存在，或它们无法共同构成有效、可访问的路径，用户将无法访问。如果 FTP 服务器已经加入域，并且用户数据需要相互隔离，则应当选择该方式。

 如果要对用户名和 FTP 主目录进行一对一的限制，应该如何配置 FTP 服务器。

⑤ 接下来设置"FTP 站点目录"（本实验为 e:\ftp）。

⑥ 单击"下一步"按钮，打开"FTP 站点的访问权限"，选择 FTP 站点的访问权限。这里必须选择"读取"选项，这样用户才可以看到并下载该 FTP 站点的内容；如果允许用户向该 FTP 站点上传内容或在该 FTP 站点中新建目录和文件，也可以选择"写入"一项。

⑦ 单击"下一步"按钮，出现完成设置对话框。单击"确定"按钮后完成新 FTP 站点的创建。

（4）设置用户身份验证。

对于已创建的 FTP 站点，既可以通过匿名方式访问，也可以对访问者的身份和权限进行验证。在"Internet 信息服务（IIS）管理器"窗口中选取要设置的 FTP 站点名称，单击鼠标右键，在出现的快捷菜单中选择"属性"选项，然后选择"安全账户"标签。

FTP 站点允许用户匿名连接，也就是说，所有用户无须经过身份认证就可列出、读取并下载 FTP 站点的内容。如果 FTP 站点中存储有重要的或敏感的信息，只允许授权用户访问，就应当禁用匿名访问。清除"允许匿名连接"复选框，即可禁止用户匿名访问该 FTP 站点。

当禁止匿名用户连接后，只有服务器或活动目录中有效的账户，才能通过身份认证，并实现对该 FTP 站点的访问。

（5）利用 IP 来限制客户端的 FTP 站点连接。

通过对 IP 地址的限制，可以只允许或拒绝某些特定范围内的计算机访问该 FTP 站点，从而可以在很大程度上避免来自外界的恶意攻击，并且将授权用户限制在某一个范围。将 IP 地址限制与用户认证访问结合在一起，将进一步提高 FTP 站点访问的安全性。

单击"站点属性"中的"目录安全性"选项卡，可以设置该 FTP 站点的 IP 地址访问限制。该设置与 Web 网站非常相似，不再重复。

12. 验证 FTP

验证 FTP 的具体方法如下。

选择"开始"→"管理工具"→"Internet 信息服务（IIS）管理器"命令，出现"IIS 管理器"窗口，其中在安装了 FTP 组件后已经有一个"默认 FTP 站点"。

确认该默认 FTP 站点的"状态"为"正在运行"。如果"状态"为"停止"，可在选取"FTP 站点"后，单击鼠标右键，在出现的快捷菜单中选择"启动"项来启动 FTP 服务。

如果无法启动 FTP 服务，可能的原因主要有以下三种。

一是该服务器上安装有其他的 FTP 服务软件（如 Server-U），这时请将已有的 FTP 服务软件关闭或删除，然后重新启动 FTP 服务。

二是 TCP 协议的 21 号端口被其他软件占用，因为 FTP 系统默认的 TCP 端口为 21，如果该端口被其他软件占用，则 FTP 服务无法正常启动。这时，可修改已占用 21 端口的软件，将 TCP

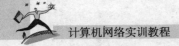

端口改为其他未被使用的端口，也可以重新修改 FTP 软件的端口，如使用 2121。

三是"文件传输协议（FTP）服务"组件的安装有问题，这时可先删除该组件，然后再重新安装。

在 FTP 服务无法正常启动时，可选择"开始"→"管理工具"→"事件查看器"→"系统"命令，来查看无法正常启动的原因。

接下来，可以在任何一台客户端计算机上测试 FTP 站点的运行情况，一般有两种方法。

一种是利用命令行进行测试。在客户端的"命令提示符"窗口中，输入"ftp 服务器域名或 IP 地址"，本例为 ftp ftp.long.com 或 ftp 192.168.0.1，在用户名"User"处输入匿名用户"anonymous"，在密码"Password"处直接按回车键。如果 FTP 连接正常，则出现登录成功的提示符（ftp>）。

另一种是通过浏览器进行测试。在任意一台与 FTP 服务器连接的客户机的浏览器地址栏中输入"ftp:// ftp.long.com"或"ftp://192.168.0.1"，并以匿名（anonymous）方式登录，如果 FTP 运行正常，则出现成功连接窗口。

4.5.6　实训思考题

- 如何安装 IIS 服务组件？
- 如何建立安全的 Web 站点？
- Web 站点的虚拟目录有什么作用？它与物理目录有何不同？
- 如何在一台服务器上架设多台网站？
- 如果在客户端访问 Web 站点失败，可能的原因有哪些？
- FTP 服务器是否可以实现不同的 FTP 站点使用同一个 IP 地址？
- 在客户端访问 FTP 站点的方法有哪些？

4.5.7　实训报告要求

- 实训目的。
- 实训内容。
- 实训环境及网络拓扑。
- 实训步骤。
- 实训中的问题和解决方法。
- 回答实训思考题。
- 实训心得与体会。
- 建议与意见。

4.6　DHCP 服务器配置与管理

4.6.1　实训目的

- 理解 DHCP 服务的基本知识。

- 掌握 DHCP 服务器的配置方法。
- 掌握 DHCP 客户端的配置方法。
- 掌握测试 DHCP 服务的方法。

4.6.2　实训内容

- 安装 DHCP 服务器。
- 配置 DHCP 服务器。
- 配置 DHCP 客户端。
- 测试 DHCP 服务。

4.6.3　实训环境要求

1．硬件环境

- 服务器一台，测试用 PC 至少一台。
- 交换机或集线器一台，直连双绞线（视连接计算机而定）。

2．设置参数

- IP 地址池：192.168.111.10~192.168.111.200，子网掩码：255.255.255.0；
- 默认网关：192.168.111.1，DNS 服务器：192.168.111.254；
- 保留地址：192.168.111.101，排除地址：192.168.111.20~192.168.111.26；
- 设置用户类别。

4.6.4　理论基础

IP 地址已是每台计算机必定配置的参数了，手动设置每一台计算机的 IP 地址成为管理员最不愿意做的一件事，于是出现了自动配置 IP 地址的方法，这就是 DHCP。DHCP 全称是 Dynamic Host Configuration Protocol（动态主机配置协议），该协议可以自动为局域网中的每一台计算机自动分配 IP 地址，并完成每台计算机的 TCP/IP 协议配置，包括 IP 地址、子网掩码、网关，以及 DNS 服务器等。DHCP 服务器能够从预先设置的 IP 地址池中自动给主机分配 IP 地址，它不仅能够解决 IP 地址冲突的问题，也能及时回收 IP 地址以提高 IP 地址的利用率。

1．何时使用 DHCP 服务

如下情况需要动态分配 IP 地址。

- 网络的规模较大，网络中需要分配 IP 地址的主机很多，特别是要在网络中增加和删除网络主机或者重新配置网络时，使用手工分配工作量很大，而且常常会因为用户不遵守规则而出现错误，例如导致 IP 地址的冲突等。
- 网络中的主机多，而 IP 地址不够用，这时也可以使用 DHCP 服务器来解决这一问题。例

151

如某个网络上有 200 台计算机，采用静态 IP 地址时，每台计算机都需要预留一个 IP 地址，即共需要 200 个 IP 地址。然而这 200 台计算机并不同时开机，甚至可能只有 20 台同时开机，这样就浪费了 180 个 IP 地址。这种情况对 ISP（Internet Service Provider，互联网服务供应商）来说是一个十分严重的问题，如果 ISP 有 100 000 个用户，是否需要 100 000 个 IP 地址？因此解决这个问题的方法就是使用 DHCP 服务。

● DHCP 服务使得移动客户可以在不同的子网中移动，并在他们连接到网络时自动获得网络中的 IP 地址。随着笔记本电脑的普及，移动办公成为习以为常的事情，当计算机从一个网络移动到另一个网络时，每次移动也需要改变 IP 地址，并且移动的计算机在每个网络都需要占用一个 IP 地址。

我们利用拨号上网实际上就是从 ISP 那里动态获得了一个共有的 IP 地址。

2. DHCP 工作站第一次登录网络

当 DHCP 客户机第一次登录网络时，主要通过 4 个阶段与 DHCP 服务器建立联系，如图 4-46 所示。

（1）DHCP 客户机发送 IP 租用请求。

当 DHCP 客户机第一次启动时，由于客户机此时没有 IP 地址，也不知道服务器的 IP 地址，因此客户机在当前的子网中以 0.0.0.0 作为源地址，以 255.255.255.255 作为目标地址向 DHCP 服务器广播 DHCPDISCOVER 报文，申请一个 IP 地址。DHCPDISCOVER 报文中还包括客户机的 MAC 地址和主机名。

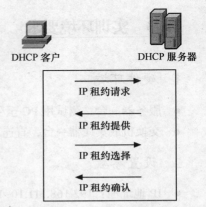

图 4-46　DHCP 的工作过程

（2）DHCP 服务器提供 IP 地址。

DHCP 服务器收到 DHCPDISCOVER 报文后，将从针对那台主机的地址池中为它提供一个尚未被分配出去的 IP 地址，并把提供的 IP 地址暂时标记为"不可用"。服务器使用广播将 DHCPOFFER 报文送回给客户机。如果网络中包含有不止一个 DHCP 服务器，则客户机可能收到好几个 DHCPOFFER 报文，客户机通常只承认第一个 DHCPOFFER。

DHCP 客户机将等待 1 秒，若 DHCP 客户机未能得到 DHCP 服务器提供的地址，将分别以 2 秒、4 秒、8 秒和 16 秒的时间间隔重新广播 4 次，若还没有得到 DHCP 服务器的响应，则 DHCP 客户机将以 0～1 000 毫秒内的随机时间间隔再次发出广播请求租用 IP 地址。

如果 DHCP 客户机经过上述努力仍未能从任何 DHCP 服务器端获得 IP 地址，则客户机将使用保留的 B 类地址 169.254.0.1～169.254.255.254 范围中的一个。

（3）DHCP 客户机进行 IP 租用选择。

客户机收到 DHCPOFFER 后，向服务器发送一个包含有关 DHCP 服务器提供的 IP 地址的 DHCPREQUEST 报文。如果客户机没有收到 DHCPOFFER 报文并且还记得以前的网络配置，此时使用以前的网络配置（如果该配置仍然在有效期限内）。

（4）DHCP 服务器 IP 租用认可。

DHCP 服务器向客户机发回一个含有原先被发出的 IP 地址及其分配方案的一个应答报文（DHCPACK）。

客户机接收到包含配置参数的 DHCPACK 报文，利用 ARP 检查网络上是否有相同的 IP 地址。

如果检查通过，则客户机接受这个 IP 地址及其参数。如果发现有问题，客户机向服务器发送 DHCPDECLINE 信息，并重新开始新的配置过程。服务器收到 DHCPDECLINE 信息，将该地址标记为"不可用"。

3. DHCP 工作站第二次登录网络

DHCP 客户机获得 IP 地址后再次登录网络时，就不需要再发送 DHCPDISCOVER 报文了，而是直接发送包含前一次所分配的 IP 地址的 DHCPREQUEST 报文。当 DHCP 服务器收到 DHCPREQUEST 报文后，会尝试让客户机继续使用原来的 IP 地址，并回答一个 DHCPACK（确认信息）报文。

如果 DHCP 服务器无法分配给客户机原来的 IP 地址，则回答一个 DHCPNACK（不确认信息）报文。当客户机接收到 DHCPNACK 报文后，就必须重新发送 DHCPDISCOVER 报文来请求新的 IP 地址。

4. DHCP 租约的更新

DHCP 服务器将 IP 地址分配给 DHCP 客户机后，有租用时间的限制，DHCP 客户机必须在该次租用过期前对它进行更新。客户机在 50%租借时间过去以后，每隔一段时间就开始请求 DHCP 服务器更新当前租借，如果 DHCP 服务器应答则租用延期。如果 DHCP 服务器始终没有应答，在有效租借期的 87.5%时，客户机应该与任何一个其他的 DHCP 服务器通信，并请求更新它的配置信息。如果客户机不能和所有的 DHCP 服务器取得联系，租借时间到期后，它必须放弃当前的 IP 地址，并重新发送一个 DHCPDISCOVER 报文开始上述的 IP 地址获得过程。

客户端可以主动向服务器发出 DHCPRELEASE 报文，将当前的 IP 地址释放。

4.6.5　实训步骤

1. 安装 DHCP 服务器

DHCP 服务器安装 TCP/IP 协议，并设置固定的 IP 地址信息。

在 Windows Server 2003 操作系统中，除了可以使用"Windows 组件向导"安装 DHCP 服务以外，还可通过"配置您的服务器向导"实现。

（1）依次打开"开始"→"程序"→"管理工具"→"管理您的服务器"，双击"添加或删除角色"，在"服务器角色"对话框（见图 4-47）中选择"DHCP 服务器"选项，将该计算机安装为 DHCP 服务器。

（2）在"作用域名"对话框中指定该 DHCP 服务器作用域的名称。

（3）在"IP 地址范围"对话框（见图 4-48）中设置由该 DHCP 服务器分配的 IP 地址范围（称做 IP 地址池），并设置"子网掩码"或子网掩码的"长度"。

创建作用域时一定要准确设定子网掩码，因为作用域创建完成后，将不能再更改子网掩码。

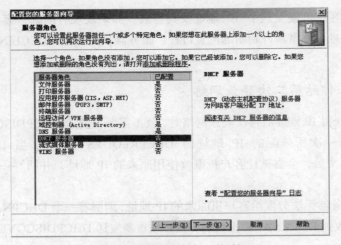

图 4-47 "服务器角色"对话框

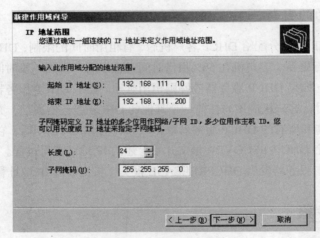

图 4-48 IP 地址范围

（4）在"添加排除"对话框中设置保留的、不再动态分配的 IP 地址的起止范围。由于所有的服务器都需要采用静态 IP 地址，另外某些特殊用户（如管理员，以及其他超级用户）往往也需要采用静态 IP 地址，此时就应当将这些 IP 地址添加至"排除的 IP 地址范围"列表框中，而不再由DHCP 动态分配。

（5）在"租约期限"对话框中设置租约时间。租约期限默认为 8 天。

对于台式机较多的网络而言，租约期限应当相对较长一些，这样将有利于减少网络广播流量，从而提高网络传输效率。对于笔记本较多的网络而言，租约期限则应当设置较短一些，从而有利于在新的位置及时获取新的 IP 地址，特别是对于划分有较多VLAN 的网络，如果原有 VLAN 的 IP 地址得不到释放，那么就无法获取新的 IP 地址，接入新的 VLAN。

（6）在"配置 DHCP 选项"对话框中选中"是，我想现在配置这些选项"单选按钮，准备配置默认网关、DNS 服务器 IP 地址等重要的 IP 地址信息，从而使 DHCP 客户端只需设置为"自动获取 IP 地址信息"即可，无须再指定任何 IP 地址信息；也可以选择"否"，以后再配置这些选项。

（7）在"路由器（默认网关）"对话框（见图 4-49）中指定默认网关的 IP 地址。

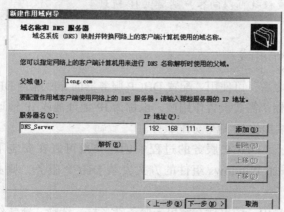

图 4-49　路由器（默认网关）

如果使用代理共享 Internet 接入，那么代理服务器的内部 IP 地址就是默认网关；如果采用路由器接入 Internet，那么路由器内部以太网口的 IP 地址就是默认网关；如果局域网划分有 VLAN，那么为 VLAN 指定的 IP 地址就是默认网关。也就是说，在划分有 VLAN 的网络环境中，每个 VLAN 的默认网关都是不同的。

（8）在"域名称和 DNS 服务器"对话框（见图 4-50）中设置域名称和 DNS 服务器的 IP 地址。这里的域名称，应当是网络申请的合法域名。如果网络内部安装有 DNS 服务器，那么这里的 DNS 应当指定内部 DNS 服务器的 IP 地址。如果网络没有提供 DNS 服务，那么就应当输入 ISP 提供的 DNS 服务器的 IP 地址。另外，应当提供两个以上的 DNS 服务器，保证当第一个 DNS 服务器发生故障后，仍然可以借助其他 DNS 服务器实现 DNS 解析。

图 4-50　DNS 服务器

（9）在"激活作用框"对话框中选中"是，我想现在激活此作用域"单选按钮，激活该 DHCP 服务器，为网络提供 DHCP 服务。

DHCP 服务器必须在激活作用域后才能提供 DHCP 服务。

另外，DHCP 服务也可以在"控制面板"窗口中，采用传统的"添加/删除程序"方式来安装。通过"Windows 组件"对话框打开"网络服务"对话框，选中"动态主机配置协议（DHCP）"复选框即可。

2. 授权 DHCP 服务器

在安装 DHCP 服务后，用户必须首先添加一个授权的 DHCP 服务器，并在服务器中添加作用域设置相应的 IP 地址范围及选项类型，以便 DHCP 客户机在登录到网络时，能够获得 IP 地址租约和相关选项的设置参数。

打开 DHCP 管理控制台，在左侧控制台树中选择 DHCP，单击鼠标右键并选择"管理授权的服务器"。在"管理授权的服务器"对话框中单击"授权"按钮，并添加要授权的服务器的名称或 IP 地址，如图 4-51 所示。

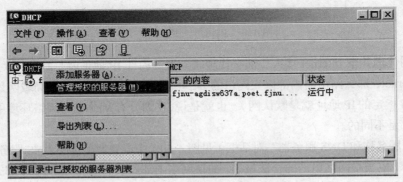

图 4-51　DHCP 授权

　域中的 DHCP 服务器必须经过授权才能正确地提供 IP 地址，工作组中的 DHCP 服务器不需要授权就可以向客户端提供 IP 地址。

3. 创建 DHCP 作用域

在安装 DHCP 服务之后，可使用"配置 DHCP 服务器向导"配置 DHCP 服务器。

每一个 DHCP 服务器都需要设置作用域，也称为 IP 地址池或 IP 地址范围。DHCP 以作用域为基本管理单位向客户端提供 IP 地址分配服务。

作用域既可以在安装 DHCP 服务的过程中创建，也可以在安装了 DHCP 服务以后，再手动创建。如果是以添加 Windows 组件的方式安装 DHCP 服务，则必须手动创建 DHCP 作用域。

在 DHCP 管理控制台中，用鼠标右键单击服务器名称，选择"新建作用域"命令，弹出"欢迎使用新建作用域向导"界面。根据向导的提示，依次设置作用域名、IP 地址范围、子网掩码、添加排除、租约期限、DHCP 作用域选项、保留地址（可选）等信息。

4. 保留特定的 IP 地址

如果用户想保留特定的 IP 地址给指定的客户机，以便 DHCP 客户机在每次启动时都获得相同的 IP 地址，设置步骤如下所示。

（1）启动 DHCP 控制台，在出现 DHCP 控制台窗体后，在左侧窗格中选择作用域中的保留项。

（2）选择"操作"命令，单击"添加"按钮，之后出现"添加保留"对话框，如图 4-52 所示。

（3）在图 4-52 所示界面的"IP 地址"文本框中输入要保留的 IP 地址。

（4）在图 4-52 所示界面的"MAC 地址"文本框中输入 IP 地址要保留给哪一个网卡。

（5）在"保留名称"文本框中输入客户名称。注意，此名称只是一般的说明文字，并不是用户账号的名称，但此处不能为空白。

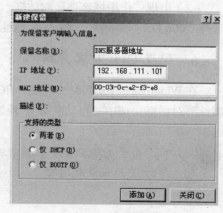

图 4-52　新建保留

（6）如果需要，在"注释"文本框内输入一些描述此客户的说明性文字。

添加完成后，用户可利用作用域中的"地址租约"项进行查看。大部分情况下，客户机使用的仍然是以前的 IP 地址，也可利用以下方法进行更新：ipconfig/release 释放现有 IP 和 ipconfig/renew 更新 IP。

　　如果在设置保留地址时，网络上有多台 DHCP 服务器存在，用户需要在其他服务器中将此保留地址排除，以便客户机获得正确的保留地址。

5. 配置 DHCP 选项

DHCP 服务器除了可以为 DHCP 客户机提供 IP 地址外，还可以设置 DHCP 客户机启动时的工作环境，如可以设置客户机登录的域名称、DNS 服务器、WINS 服务器、路由器、默认网关等。在客户机启动或更新租约时，DHCP 服务器可以自动设置客户机启动后的 TCP/IP 环境。

DHCP 服务器提供了许多选项类型，如默认网关、域名、DNS、WINS、路由器。选项包括 4 种类型。

● 默认服务器选项：这些选项的设置，影响 DHCP 控制台窗口下该服务器所有作用域中的客户和类选项。

● 作用域选项：这些选项的设置，只影响该作用域下的地址租约。

● 类选项：这些选项的设置，只影响被指定使用该 DHCP 类 ID 的客户机。

● 保留客户选项：这些选项的设置只影响指定的保留客户。

如果在服务器选项与作用域选项中设置了相同的选项，则作用域的选项起作用，即在应用时作用域选项将覆盖服务器选项，同理类选项会覆盖作用域选项、保留客户选项覆盖以上 3 种选项，它们的优先级表示如下：

保留客户选项 > 类选项 > 作用域的选项 > 服务器选项

为了进一步了解选项设置，用户以在作用域中添加 DNS 选项为例，说明 DHCP 的选项设置。

（1）启动 DHCP 控制台，在左侧窗口中展开服务器，选择作用域，选择"操作"命令，单击"配置选项"按钮。

（2）出现"作用域选项"对话框，如图 4-53 所示，在"常规"标签中的"可用选项"列表中选择"006 DNS 服务器"，输入 IP 地址，单击"确定"按钮结束。

6. 配置 DHCP 客户端

在 Windows Sever 2003 中配置 DHCP 客户端非常简单：打开本地连接的"Internet 协议（TCP/IP）属性"对话框，选中"自动获得 IP 地址"和"自动获得 DNS 服务器地址"两项。

由于 DHCP 客户机是在开机的时候自动获得 IP 地址的，因此并不能保证每次获得的 IP 地址是相同的。

7. 创建 DHCP 的用户类别

假如有一台 DHCP 服务器（Windows Server 2003 企业版），两台 DHCP 客户端计算机（A 客户端和 B 客户端），要使 A 客户端与 B 客户端自动获取的路由器和 DNS 服务器地址不同，步骤如下。

（1）服务器端的设置。

① "新建"→"作用域"。路由器地址配置为 192.168.111.1，DNS 服务器配置为 192.168.111.254。

② "新建"→"用户类别"。用鼠标右键单击 DHCP 主窗口中的 DHCP 服务器，选择"定义用户类别"→"添加"命令，如图 4-54 所示输入用户类别识别码的显示名称、描述和识别码。请直接在 ASCII 处输入类别的识别码。需要说明一下的是，用户类别识别码中的字符是区分大小写的。

③ 在 DHCP 的服务器端，针对识别码 guest 配置类别选项。

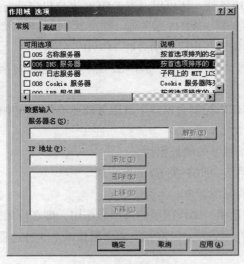

图 4-53　设置作用域选项

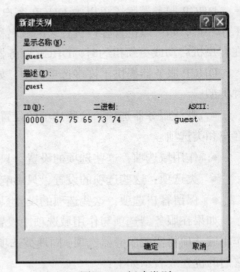

图 4-54　新建类别

用鼠标右键单击"作用域选项"，选择"配置选项"，打开"作用域选项"对话框。在打开的对话框中选择"高级"选项卡。在用户类别中选择"guest"，然后在可用选项里设置"003 路由器"和"006 DNS 服务器"均为 192.168.111.254。

（2）客户端的设置。

将 A 客户端的用户类别识别码配置为 guest。

请进入 CMD 模式，如图 4-55 所示，利用 ipconfig /setclassid 命令进行配置，特别要注意的一点是，用户类别识别码是区分大小写的，并且识别码为"新建类别"对话框"显示名称"中填写的名字。

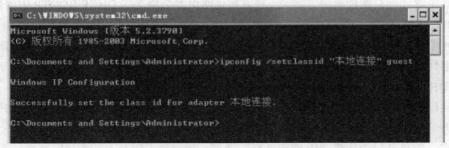

```
C:\WINDOWS\system32\cmd.exe
Microsoft Windows [版本 5.2.3790]
<C> 版权所有 1985-2003 Microsoft Corp.

C:\Documents and Settings\Administrator>ipconfig /setclassid "本地连接" guest

Windows IP Configuration

Successfully set the class id for adapter 本地连接.

C:\Documents and Settings\Administrator>
```

图 4-55　客户端应用用户类别

B 客户端不设置用户类别识别码。

（3）实验结果。

- A 客户端自动获取的路由器和 DNS 服务器为 192.168.111.254。
- B 客户端自动获取的路由器为 192.168.111.1，DNS 服务器为 192.168.111.254。

注意　　只有那些标识自己属于此类别的 DHCP 客户端才能分配到您为此类别明确配置的选项，否则为其使用"常规"标签中的定义。

8. 配置多个 DHCP 服务器

在一些比较重要的网络中，需要在一个网段中配置多个 DHCP 服务器。这样有两大好处：一是提供容错，如果一个 DHCP 服务器出现故障或不可用，则另一个服务器就可以取代它，并继续提供租用新的地址或续租现有地址的服务；二是在网络中平衡 DHCP 服务器的作用。

为了平衡 DHCP 服务器的使用，较好的方法是使用 80/20 规则划分两个 DHCP 服务器之间的作用域地址。如将服务器 1 配置成可使用大多数地址（约 80%），服务器 2 配置成让客户机使用其他地址（约 20%）。

9. 多宿主 DHCP 服务器

所谓多宿主 DHCP 服务器，是一台 DHCP 服务器为多个独立的网段提供服务，其中每个网络连接都必须连入独立的物理网络。这种情况要求在计算机上使用额外的硬件，典型的情况是安装多个网卡。

例如，某个 DHCP 服务器连接了两个网络，网卡 1 的 IP 地址为 192.168.1.1，网卡 2 的 IP 地址为 192.168.2.1，在服务器上创建两个作用域，一个面向的网络为 192.168.1.0，另一个面向的网络为 192.168.2.0。这样当与网卡 1 位于同一网段的 DHCP 客户机访问 DHCP 服务器时，将从与网卡 1 对应的作用域中获取 IP 地址。同样地，与网卡 2 位于同一网段的 DHCP 客户机也将获得相应的 IP 地址。

10. 跨网段的 DHCP 中继

由于 DHCP 依赖于广播信息，因此，一般情况下应将 DHCP 客户机和 DHCP 服务器置于同一网段内。而对于多个网段向 DHCP 请求 IP 地址时，由于广播不能穿过路由器，因此 DHCP 不能跨网段操作，所以需要在没有 DHCP 服务器的网段内设置 DHCP 中继代理。

DHCP 中继代理有两种解决方案。一种方案是路由器必须支持 DHCP/BOOTP 中继代理功能，即符合 RPC1542 规范，能够中转 DHCP 和 BOOTP 通信；另一种方案是在路由器不支持 DHCP/BOOTP 中继代理的情况下，可以在一台运行 Windows Server 2000/2003 的计算机上安装 DHCP 中继代理组件（双网卡）。

配置 DHCP 中继代理服务的具体步骤如下。

（1）启用"路由和远程访问"服务，依次选择"开始"→"管理工具"→"路由和远程访问"选项，打开"路由和远程访问"窗口。

（2）在左侧目录树中选择"IP 路由选择"选项，用鼠标右键单击"常规"选项，在弹出的快捷菜单中选择"新路由协议"选项，显示如图 4-56 所示的"新路由协议"对话框。

（3）在"新路由协议"对话框中选择"DHCP 中继代理程序"选项，单击"确定"按钮，就会在"IP 路由选择"目录树下添加一个"DHCP 中继代理程序"选项，用鼠标右键单击该选项，在弹出的快捷菜单中选择"属性"选项，显示"DHCP 中继代理程序属性"对话框，在"服务器地址"文本框中输入 DHCP 服务器的 IP 地址，并单击"添加"按钮，添加到下面的列表中，如图 4-57 所示。重复操作，可向该列表中添加多个 DHCP 服务器的 IP 地址。

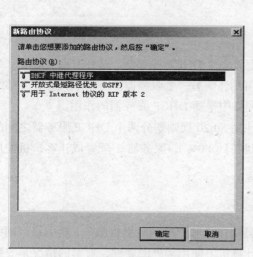

图 4-56 "新路由协议"对话框

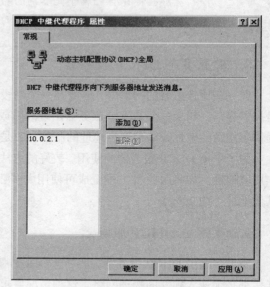

图 4-57 添加 DHCP 服务器的 IP 地址

（4）启用 DHCP 中继代理的网络接口。在"路由和远程访问"窗口左侧目录树中，用鼠标右键单击"DHCP 中继代理程序"选项，在弹出的快捷菜单中选择"新增接口"选项，显示如图 4-58 所示的"DHCP 中继代理程序的新接口"对话框。

（5）在"DHCP 中继代理程序的新接口"对话框中选择要添加的接口，单击"确定"按钮，显示如图 4-59 所示的对话框。首先选中"中继 DHCP 数据包"复选框，再根据需要修改这两个阈值。

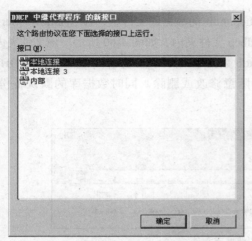

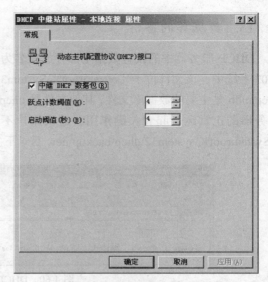

图 4-58　"DHCP 中继代理程序的新接口"对话框　　　图 4-59　设置 DHCP 中继站属性

● 跃点计数阈值：用于设置 DHCP 中继代理程序允许 DHCP 信息中转的最大次数，若超过则忽略此 DHCP 信息。

● 启动阈值：用于设置当 DHCP 中继代理程序收到 DHCP 信息后，需要等待多少秒才将此信息传送出去，其目的是希望在这段时间内，能够让本地的 DHCP 服务器先响应此 DHCP 信息。

这样，一个实用的 DHCP 中继代理服务器就建立了。

11. 在交换机上配置 DHCP 代理

由于所有 Cisco 二层和三层交换机都支持 DHCP 代理，因此，只需进行简单设置，即可实现跨 VLAN 的 DHCP 服务。

在 Cisco 交换机上执行以下操作。

启用 DHCP 中继代理。

```
Switch(Config)#service dhcp
Switch(Config)#ip dhcp relay information option
```

分别在各个 VLAN 指定 DHCP 服务器地址，DHCP 服务器所在的 VLAN 不必指定。

```
Switch(Config-vlan)#ip helper-address DHCP_IP_Address
```

12. 测试 DHCP 服务

我们在 DHCP 客户端计算机中使用 ipwconfig 命令来测试 DHCP 服务。

（1）选择"开始"菜单中的"运行"命令，在"运行"对话框中输入 cmd，弹出"命令提示符"窗口。

（2）在"命令提示符"窗口中，输入"ipconfig /release"，此命令是释放当前的 IP 地址。

（3）在"命令提示符"窗口中，输入"ipconfig /renew"，此命令是重新向 DHCP 服务器请求一个新的 IP 地址。

（4）在"命令提示符"窗口中，输入"ipconfig /all"，此命令是查看所获得的 IP 地址的

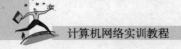

信息。

13. 数据库的备份

DHCP 服务器中的设置数据全部存放在名为 dhcp.mdb 的数据库文件中，在 Windows Server 2003 系统中，该文件位于%systemroot%\System32\dhcp 文件夹内，如图 4-60 所示。该文件夹内，dhcp.mdb 是主要的数据库文件，其他文件是 dhcp.mdb 数据库文件的辅助文件。这些文件对 DHCP 服务器的正常运行起着关键作用，建议用户不要随意修改或删除。同时数据库的默认备份在 %Systemroot%\system32\dhcp\backup\new 目录下。

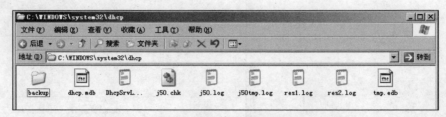

图 4-60　DHCP 的数据库文件

出于安全考虑，建议用户将%systemroot%\System32\dhcp\backup\new 文件夹内的所有内容进行备份，可以备份到其他磁盘、磁带机上，以备系统出现故障时进行还原；或者直接将 %systemroot%\System32\dhcp 文件中的 dhcp.mdb 数据库文件备份出来。

　　为了保证所备份/还原数据的完整性和备份/还原过程的安全性，在对 DHCP 服务器进行备份/还原时，必须先停止 DHCP 服务器。

14. 数据库的还原

当 DHCP 服务器启动时，它会自动检查 DHCP 数据库是否损坏，如果发现损坏，将自动用 %systemroot%\System32\dhcp\backup 文件夹内的数据进行还原；但如果 backup 文件夹的数据也被损坏，系统将无法自动完成还原工作，也无法提供相关的服务。

（1）停止 DHCP 服务。

（2）在%Systemroot%\system32\dhcp（数据库文件的路径）目录下，删除 J50.log、j50xxxxx.log 和 dhcp.tmp 文件。

（3）复制备份的 dhcp.mdb 到%Systemroot%\system32\dhcp 目录下。

（4）重新启动 DHCP 服务。

15. 数据库的重整

在 DHCP 数据库的使用过程中，相关的数据因为不断被更改（如重新设置 DHCP 服务器的选项，新增 DHCP 客户端或者 DHCP 客户端离开网络等），所以其分布变得非常凌乱，会影响系统的运行效率。为此，当 DHCP 服务器使用一段时间后，一般建议用户利用系统提供的 jetpack.exe 程序对数据库中的数据进行重新调整，从而实现对数据库的优化。

Jetpack.exe 程序是一个字符型命令程序，必须手工进行操作。

- cd　\winnt\system32\dhcp（进入 dhcp 目录）
- net stop dhcpserver（让 DHCP 服务器停止运行）
- Jetpack　dhcp.mdb　temp.mdb（对 DHCP 数据库进行重新调整，其中 dhcp.mdb 是 DHCP 数据库文件，而 temp.mdb 是用于调整的临时文件）
- net start dhcpserver（让 DHCP 服务器开始运行）

4.6.6　实训思考题

- 分析 DHCP 服务的工作原理。
- 如何安装 DHCP 服务器。
- 要实现 DHCP 服务，服务器和客户端各自应如何设置。
- 如何查看 DHCP 客户端从 DHCP 服务器中获取的 IP 地址配置参数。
- 如何创建 DHCP 的用户类别。
- 如何设置 DHCP 中继代理。

4.6.7　实训报告要求

- 实训目的。
- 实训内容。
- 实训环境要求。
- 实训步骤。
- 实训中的问题和解决方法。
- 回答实训思考题。
- 实训心得与体会。
- 建议与意见。

4.7　共享上网实训

因为 IP 地址有限和 Internet 接入、使用费用这两个最主要的问题，大多数单位都是"共用"一个到 Internet 的接入，这样就出现了多种共享上网方法。

4.7.1　实训目的

- 了解掌握使局域网内部的计算机连接到 Internet 的方法。
- 掌握使用 NAT 实现网络互联的方法。

4.7.2　实训内容

使用网络地址转换（NAT）实现网络互联。

4.7.3 实训环境及网络拓扑

运用 4 台计算机模拟图 4-61 所示的拓扑结构。

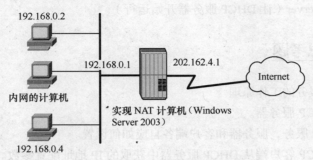

图 4-61 NAT 的工作过程

一台计算机充当 NAT 服务器（公有 IP 202.162.4.1，私有 IP 192.168.0.1），其余三台充当局域网内的计算机（IP 分别为 192.168.0.2，192.168.0.3 和 192.168.0.4），NAT 服务器能够访问互联网。

要求：配置 NAT 服务器，使局域网中的计算机能够访问互联网的 Web 站点。

4.7.4 理论基础

目前不少企事业单位都建立了内部局域网，但随着互联网时代的到来，仅搭建局域网已经不能满足众多企业的需要，有更多的用户需要在 Internet 上发布信息，或进行信息检索，将企业内部局域网接入 Internet 已经成为众多企业的迫切要求。将局域网接入 Internet 有很多种方法。

- 通过路由器连接到 Internet；
- Internet 连接共享（ICS）；
- NAT 与基本防火墙；
- 代理服务器。

1. 概述

Internet 使用 TCP/IP 协议，所有连入 Internet 的计算机必须有一个唯一合法的 IP 地址，它由 Internet 网络信息中心（简称 NIC）分配。NIC 分配的 IP 地址，称为公用地址或合法的 IP 地址。一般的单位或家庭由 Internet 服务提供商（ISP）处申请获得公用合法的 IP 地址，ISP 向 InterNIC 申请得到某一序列号 IP 地址，然后再租借给用户。

要使小型办公室或家庭办公室中的多个计算机能通过 Internet 进行通信，每个计算机都必须有自己的公用地址。IP 地址是有限的资源，为网络中数以亿计的主机都分配公用的 IP 地址是不可能的。因此，NIC 为公司专用网络提供了保留网络 IP 专用的方案。这些专用地址包括：

- 子网掩码为 255.0.0.0 的 10.0.0.1 ~ 10.255.255.254
- 子网掩码为 255.255.0.0 的 172.16.0.1 ~ 172.31.255.254
- 子网掩码为 255.255.255.0 的 192.168.0.1 ~ 192.168.255.254

这些范围内的所有地址都称为专用地址。局域网（LAN）可根据自己计算机的多少和网络的拓扑结构进行选择。因为局域网使用的专用地址不是合法的 IP 地址，因此，不能直接与 Internet 通信。要访问 Internet 至少要向 ISP（一般为国家的电信部门）申请一个合法的 IP 地址，如果某个内部网络使用的是专用地址，又要与 Internet 进行通信，则该专用地址必须转换成公用地址，称之为 NAT 服务，如图 4-62 所示。

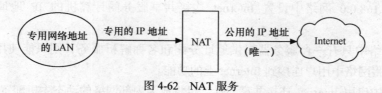

图 4-62　NAT 服务

Windows Server 2003 有两种内置的网络地址转换方法：Internet 连接共享和网络地址转换 NAT。

2. Internet 连接共享（ICS）

通过"网络和拨号连接"的 Internet 连接共享功能，可以使用 Windows 操作系统将小型办公室网络连接到 Internet。例如，可以将一个局域网通过拨号连接与 Internet 相连。通过在使用拨号连接的计算机上启用 Internet 连接共享，该计算机可以向网络中的所有计算机提供网络地址翻译、寻址和名称解析服务，如图 4-63 所示。

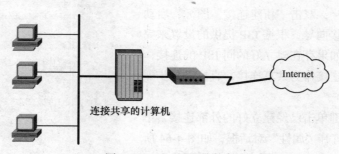

图 4-63　Internet 连接共享

在启用了 Internet 连接共享，并且用户检验其网络和 Internet 选项正确无误之后，网络用户就可以使用 Internet Express 和 Outlook Express 等应用程序，就好像已经连接到了 Internet 服务提供商（ISP）。Internet 连接共享计算机，然后拨叫 ISP 并创建连接，以便用户可以访问指定的 Web 地址或资源。

Internet 连接共享特性适用于小型网络，这些地方的网络配置和 Internet 连接是由共享连接所在运行的 Windows 计算机管理的。要想通过 Internet 正常运转，可能需要配置 Internet 连接共享计算机上的应用程序和服务。例如，如果网络上的用户想要与 Internet 上的其他用户下棋，则必须在启用 Internet 连接的共享连接上配置相关棋类的应用程序。

3. Internet 连接共享（ICS）配置要点

将可以拨号上网的计算机共享，使得网络中的其他计算机通过该计算机也能连接到 Internet，需要注意以下几点。

● 要配置 Internet 连接共享，必须以 Administrator 组的成员登录到该计算机。

● 设置 Internet 连接共享服务的计算机，不能是域控制器、DNS 服务器、网关或 DHCP 服务器。

● 启用 Internet 连接共享服务的计算机需要两个连接。一个连接通常是通过 LAN 适配器连接到计算机所在局域网中，另一个连接通过拨号连接将内部网络中的计算机连接到 Internet。

● 在 192.168.0.0 网络中设置 Internet 连接共享服务的计算机的 IP 地址，将被转换为192.168.0.1。

● 如果网络中只有一台服务器提供地址分配和名称解析服务，则只能使用网络地址转换（NAT）来实现将网络中用户连接到 Internet 上的功能。

● 在网络中启用 Internet 连接共享的计算机将成为内部网络的动态主机配置协议（DHCP）服务器，为加入到网络中的客户机动态分配 IP 地址。

4. 配置服务器端 Internet 连接共享

在 Windows 2000/XP/2003 操作系统上，均可以启动 Internet 连接共享，下面以 Windows Server 2003 为例配置共享计算机。

（1）在共享计算机上，以管理员的身份登录到 Windows 系统中。

（2）打开"网络和拨号连接"文件夹，如果不存在已经建立好的连接，双击"新建连接"图标，启动 Windows 的网络连接向导，根据 ISP 提供的设置来完成与 ISP 的连接。如果存在建立好的同 ISP 的连接，并想使用这个外部连接作为共享连接，直接进行步骤（3）的操作即可。

（3）用鼠标右键单击已经建立好的外部连接，单击"属性"按钮，打开"属性"对话框，如图 4-64 所示。在"高级"选项卡上，选择"允许其他网络用户通过此计算机的 Internet 连接来连接"复选框，然后在"家庭网络连接"中选择连接内网的接口。

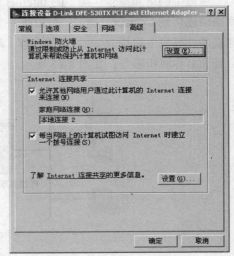

图 4-64 "共享选项卡"

 在启用 Internet 连接共享时，可以选择"每当网络上的计算机试图访问 Internet 时建立一个拨号连接"复选框，这样，只要任何一个局域网用户需要上网访问资源而本服务器还没有建立 Internet 连接，服务器都会自动进行拨号连接。

（4）单击"确定"按钮，出现如图 4-65 所示的对话框，单击"是"按钮，Internet 连接共享被启动。

图 4-65 "网络连接"对话框

ICS 启用后，将会对共享服务器的系统设置进行如下更改。

① 内部网卡的 IP 地址：使用保留的 IP 地址 192.168.0.1，子网掩码为 255.255.255.0；

② IP 路由：共享连接建立时创建；

③ DHCP 分配器：范围是 192.168.0.1～192.168.0.254，子网掩码为 255.255.255.0；

④ DNS 代理：通过 ICS 启用；

⑤ ICS 服务：开始服务；

⑥ 自动拨号：启用。

　　　　不能修改 Internet 连接共享的默认配置。这包括诸如禁用 DHCP 分配或修改已发布的专用 IP 地址范围、禁用 DNS 代理、配置公用 IP 地址的范围，或配置传入映射等项目。如果要修改这些项目中的任何一项，都必须改用网络地址转换（NAT）实现。

5. Internet 连接共享（ICS）客户端设置

● 自动获得 IP 地址

选择"控制面板"→"网络"命令，打开"网络"对话框。将网卡的 TCP/IP 属性设置为自动获得 IP 地址，自动获得 DNS 服务器地址，确定后退出。

　　　　如果使用自动地址分配，应该全部机器都使用自动地址分配，如果部分使用，部分不用，可能导致地址冲突。

● 人工设置 IP 地址

将计算机的地址设置为"192.168.0.2"，子网掩码为"255.255.255.0"，默认网关为"192.168.0.1"，DNS 服务器地址为"192.168.0.1"，确定后退出。

　　　　人工设置 IP 地址时需要将 IP 地址设置成与共享计算机在同一个子网内，并且默认网关和 DNS 服务器由共享计算机充当。

6. NAT 与基本防火墙

　　网络地址转换器 NAT（Network Address Translator）位于使用专用地址的 Intranet 和使用公用地址的 Internet 之间。从 Intranet 传出的数据包由 NAT 将它们的专用地址转换为公用地址。从 Internet 传入的数据包由 NAT 将它们的公用地址转换为专用地址。这样在内网中计算机使用未注册的专用 IP 地址，而在与外部网络通信时使用注册的公用 IP 地址，大大降低了连接成本。同时 NAT 也起到将内部网络隐藏起来，保护内部网络的作用，因为对外部用户来说，只有使用公用 IP 地址的 NAT 是可见的。

7. NAT 的工作过程

NAT 地址转换协议的工作过程主要有以下 4 步。

（1）客户机将数据包发给运行 NAT 的计算机。

（2）NAT 将数据包中的端口号和专用的 IP 地址换成它自己的端口号和公用的 IP 地址，然后将数据包发给外部网络的目的主机,同时记录一个跟踪信息在映像表中,以便向客户机发送回答信息。

(3)外部网络发送回答信息给 NAT。

(4)NAT 将所收到的数据包的端口号和公用 IP 地址转换为客户机的端口号和内部网络使用的专用 IP 地址,并转发给客户机。

8. NAT 工作过程案例

实现 NAT 的服务器必须使用双网卡,地址分别为 192.168.0.1 和 202.162.4.1。以上步骤对于网络内部的主机和网络外部的主机都是透明的,对它们来讲就如同直接通信一样,如图 4-61 所示。

(1)192.168.0.2 用户使用 Web 浏览器连接到位于 202.202.163.1 的 Web 服务器,则用户计算机将创建带有下列信息的 IP 数据包。

- 目标 IP 地址:202.202.163.1
- 源 IP 地址:192.168.0.2
- 目标端口:TCP 端口 80
- 源端口:TCP 端口 1350

(2)IP 数据包转发到运行 NAT 的计算机上,它将传出的数据包地址转换成下面的形式,用自己的 IP 地址重新打包后转发。

- 目标 IP 地址:202.202.163.1
- 源 IP 地址:202.162.4.1
- 目标端口:TCP 端口 80
- 源端口:TCP 端口 2500

(3)NAT 协议在表中保留了{192.168.0.2,TCP 1350}到 {202.162.4.1,TCP 2500}的映射,以便回传。

(4)转发的 IP 数据包是通过 Internet 发送的。Web 服务器响应通过 NAT 协议发回和接收。当接收时,数据包包含下面的公用地址信息。

- 目标 IP 地址:202.162.4.1
- 源 IP 地址:202.202.163.1
- 目标端口:TCP 端口 2500
- 源端口:TCP 端口 80

(5)NAT 协议检查转换表,将公用地址映射到专用地址,并将数据包转发给位于 192.168.0.2 的计算机。转发的数据包包含以下地址信息。

- 目标 IP 地址:192.168.0.2
- 源 IP 地址:202.202.163.1
- 目标端口:TCP 端口 1350
- 源端口:TCP 端口 80

对于来自 NAT 协议的传出数据包,源 IP 地址(专用地址)被映射到 ISP 分配的地址(公用地址),并且 TCP/IP 端口号也会被映射到不同的 TCP/IP 端口号;对于到 NAT 协议的传入数据包,目标 IP 地址(公用地址)被映射到源 Internet 地址(专用地址),并且 TCP/UDP 端口号被重新映射回源 TCP/UDP 端口号。

4.7.5　实训步骤

1. 启用 NAT 服务

要将企业内部网络通过 NAT 连接到 Internet 上，需要进行两方面的配置，即启动 NAT 的计算机和网络中使用 NAT 的客户机。下面是 NAT 服务器的安装步骤，即启用 NAT 服务。该服务器有两块网卡，IP 地址分别为 202.162.4.1（公有 IP）和 192.168.0.1（私有 IP）。

（1）选择"开始"→"程序"→"管理工具"→"路由和远程访问"命令，选择要启用 NAT 的服务器，单击鼠标右键，如图 4-66 所示，选择"配置并启用路由和远程访问"。

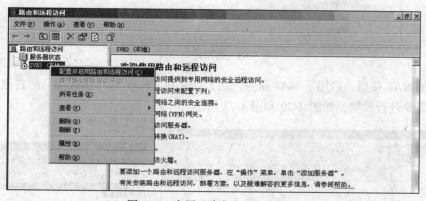

图 4-66　启用"路由和远程访问"

（2）如图 4-67 所示，弹出"路由和远程访问服务器安装向导"对话框，选择"网络地址转换（NAT）"单选按钮，单击"下一步"按钮。

（3）在"NAT Internet 连接"对话框中，选择用来连接互联网的接口（该接口的 IP 地址是 202.162.4.1），如图 4-68 所示。单击"下一步"按钮，完成安装。

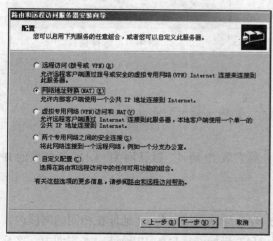

图 4-67　路由和远程访问服务器安装向导

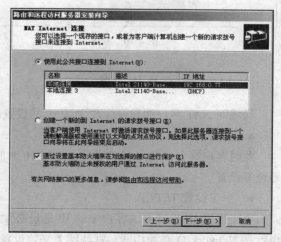

图 4-68　选择公网接口

此外，还可以使用新增路由协议的方法安装 NAT 服务，如图 4-69 所示，展开需要添加 NAT

的服务器，选择"IP 路由选择"→"常规"命令，单击鼠标右键，选择"新增路由协议"命令，接下来选择"NAT/基本防火墙"，单击"确定"按钮，完成安装。

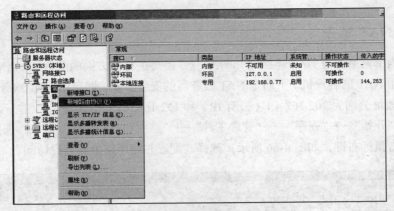

图 4-69 新增路由协议

（4）添加 NAT 接口。启用了 NAT 服务之后，如果在"NAT/基本防火墙"的右侧区域内没有网络接口，需要进行添加，如图 4-70 和图 4-71 所示。

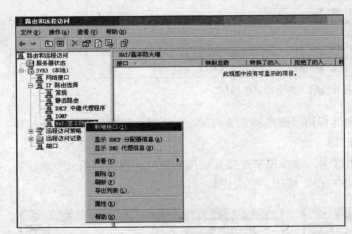

图 4-70 新增接口

图 4-71 选择接口

2. NAT 客户端的设置

局域网 NAT 客户端只要修改 TCP/IP 的设置即可，可以选择以下两种设置方式。

● 自动获得 TCP/IP

此时客户端会自动向 NAT 服务器或 DHCP 服务器索取 IP 地址、默认网关、DNS 服务器的 IP 地址等设置。

● 手工设置 TCP/IP

手工设置 IP 地址要求客户端的 IP 地址必须与 NAT 局域网接口的 IP 地址在相同的网段内，也就是 NetworkID 必须相同；默认网关必须设置为 NAT 局域网接口的 IP 地址。本实训中，客户机的 IP 地址是 192.168.0.2，默认网关为 192.168.0.1。

首选 DNS 服务器可以设置为 NAT 局域网接口的 IP 地址或是任何一台合法的 DNS 服务器的

IP 地址。

完成后，客户端的用户只要上网、收发电子邮件、连接 FTP 服务器等，NAT 就会自动通过 PPPoE 请求拨号来连接 Internet。

3．在工作站中测试

配置完成后，工作站就可以通过配置好的连接 NAT 服务器连接到 Internet 了。在客户机上，比如 IP 地址为 192.168.0.2 的那台计算机，使用 ipconfig /all 检查配置，然后浏览打开网站，如果能正常打开联网的网站，就证明配置正确，否则要查找原因。

4.7.6　在虚拟机中实现共享上网

1．实训准备条件

安装好 Windows Server 2003 操作系统的虚拟机一台，安装好 Windows 2000 Professional、Windows XP Professional 的虚拟机各一台。

2．准备实验环境

要创建该实验环境，首先在此虚拟机的基础上，为每个虚拟机创建一个"克隆"链接。然后在 VMware Workstation 中创建"组"，将创建好的"克隆"链接的虚拟机添加到新建的"组"中，具体步骤请参阅 2.5 节。

（1）关闭所有的虚拟机，编辑组，为 Windows Server 2003 再添加一块网卡，因为共享上网需要两块网卡，一块网卡连接局域网，另一块网卡连接到 Internet。

（2）单击"编辑组设置"，打开"组设置"窗口，单击"添加适配器"按钮，如图 4-72 所示，为 Windows Server 2003 添加以太网 2。

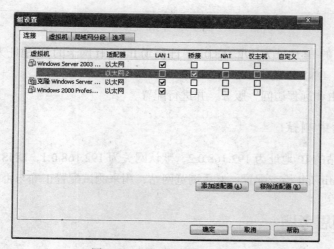

图 4-72　添加适配器的组设置

根据用户连接 Internet 的方式不同，新添加的虚拟网卡其属性与设置也不同。如果主机可以直接上网，如有固定的 IP 地址（不管是局域网还是直接公网地址），并且还有可用的 IP 地址可以使用，则添加的网卡属性可以是"桥接"方式。如果没有可用的 IP 地址，则添加网卡的属性为"NAT"方式。

如果用户的主机是通过 ADSL 共享上网，又希望在虚拟机中的 Windows Server 2003 中通过 ADSL 拨号方式上网，其他虚拟机通过 Windows Server 2003 拨号 ADSL 共享上网，则添加网卡属性为"桥接"方式。如果不想让 Windows Server 2003 的虚拟机拨号上网，并且使用主机已经拨号上网的 Internet 连接，则虚拟机网卡属性为"NAT"方式。

不管选择哪种方式，读者可以在以后的实验中，根据需要修改每块网卡的属性，以满足实验需求。

（3）在本次实验中，设置网卡属性为"桥接"方式，在 Windows Server 2003 虚拟机中，可以使用"路由和远程访问服务"中的"NAT"为其他两台虚拟机提供共享上网服务。

3. 在 Windows Server 2003 虚拟机中启用 NAT

在 Windows Server 2003 虚拟机共享上网服务器的配置步骤如下。

（1）启动组，当所有的虚拟机都启动后，进入 Windows Server 2003 虚拟机，等待一会儿，系统会自动为新添加的第二块网卡安装驱动程序，并自动把网卡名称命名为"本地连接2"，原来的网卡名称则为"本地连接"。

（2）打开"网络连接属性"，把原来的网卡命名为"LAN"，把新添加的网卡命名为"Internet"，如图 4-73 所示。

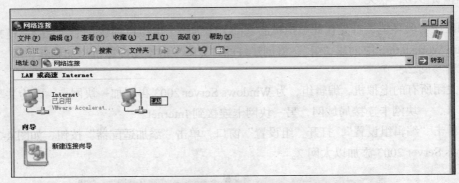

图 4-73　网络连接

（3）设置 LAN 的 IP 地址为 192.168.0.1，连接到 Internet 网卡的 IP 地址为 202.162.4.1、网关地址为 202.162.4.2、DNS 地址为 202.162.4.3。

（4）运行"路由和远程访问"服务，并进行配置。

4. 在工作站中测试

（1）设置工作站的 IP 地址为 192.168.0.2，默认网关为 192.168.0.1，DNS 为 192.168.0.1。

（2）使用 ipconfig /all 检查配置，然后浏览网站，用来测试配置正确与否。

4.7.7　实训思考题

- 什么是专用地址和公用地址？
- Windows 内置的使网络内部的计算机连接到 Internet 的方法有几种？是什么？
- 在 Windows Server 版的操作系统中，提供了哪两种地址转换方法。

4.7.8　实训报告要求

- 实训目的。
- 实训内容。
- 实训环境及网络拓扑。
- 实训步骤。
- 实训中的问题和解决方法。
- 回答实训思考题。
- 实训心得与体会。
- 建议与意见。

4.8　磁盘阵列实训

4.8.1　实训背景

　　大多数计算机用户都听说过磁盘阵列、RAID 0、RAID 5 等名词，但很少有条件亲手实践一下。这些实验需要专业的服务器或者专用的硬盘，如 SCSI 卡、RAID 卡、多个 SCIS 硬盘，当然也有 IDE 的 RAID，但 IDE 的 RAID 大多只支持 RAID 0 和 RAID 1，很少有支持 RAID 5 的。

　　本节内容是使用 Windows Server 2003 实现软件的磁盘阵列，虽然软件磁盘阵列与硬件的阵列效果类似，但对实现专用服务器的"硬件"磁盘阵列来说，实现的操作步骤是不同的。硬件的磁盘阵列，需要在安装操作系统之前创建；而软件的磁盘阵列，则是在安装系统之后实现。

　　本次实训需要 Windows Server 2003 虚拟机一台。

4.8.2　实训目的

- 学习磁盘阵列，以及 RAID 0、RAID 1、RAID 5 的知识。
- 掌握做磁盘阵列的条件及方法。

4.8.3　实训内容

- 创建一个 Windows Server 2003 虚拟机。
- 向此虚拟机中添加 5 块虚拟硬盘。
- 在 Windows Server 2003 中完成磁盘阵列的实验。

4.8.4　理论基础

1. RAID 技术简介

如何增加磁盘的存取速度，如何防止数据因磁盘的故障而丢失，以及如何有效地利用磁盘空间，一直是计算机专业人员和用户的困扰；而大容量高速磁盘的价格非常昂贵，对用户形成很大的负担。廉价磁盘冗余阵列（RAID）技术的产生一举解决了这些问题。

廉价磁盘冗余阵列是把多个磁盘组成一个阵列，当做单一磁盘使用。它将数据以分段（striping）的方式储存在不同的磁盘中，存取数据时，阵列中的相关磁盘一起动作，大幅减低数据的存取时间，同时有更佳的空间利用率。磁盘阵列所利用的不同技术，称为 RAID 级别，不同的级别针对不同的系统及应用，以解决数据访问性能和数据安全问题。

RAID 技术的实现可以分为硬件实现和软件实现两种。硬件 RAID 实现需要独立的 RAID 卡等设备，成本较高但性能优越。现在很多操作系统（如 Windows NT 及 UNIX 等）都提供软件 RAID 技术，性能略低于硬件 RAID，但成本较低，配置管理也非常简单。目前 Windows Server 2003 支持的 RAID 级别包括 RAID 0、RAID 1 和 RAID 5。

常见 RAID 级别的基本特点如下。

● RAID 0：通常被称做"条带"，它是面向性能的分条数据映射技术。这意味着被写入阵列的数据被分割成条带，然后被写入阵列中的磁盘成员，从而允许低费用的高度 I/O 性能，但是不提供冗余性。

● RAID 1：称为"磁盘镜像"。通过在阵列中的每个成员磁盘上写入相同的数据来提供冗余性。由于镜像的简单性和高度的数据可用性，目前仍然很流行。RAID 1 提供了极佳的数据可靠性，并提高了读取任务繁重程序的执行性能，但是它相对的费用也较高。

● RAID 4：使用集中到单个磁盘驱动器上的奇偶校验来保护数据。更适合于事务性的 I/O 而不是大型文件传输。专用的奇偶校验磁盘同时带来了固有的性能瓶颈。

● RAID 5：使用最普遍的 RAID 类型。通过在某些或全部阵列成员磁盘驱动器中分布奇偶校验，RAID 级别 5 避免了级别 4 中固有的写入瓶颈。唯一的性能瓶颈是奇偶计算进程。与级别 4 一样，其结果是非对称性能，读取大大超过了写入性能。

在安装 Windows Server 2003 时，硬盘将自动初始化为基本磁盘。我们不能在基本磁盘分区中创建卷，而只能在动态磁盘上创建类似的磁盘配置。也就是说，如果想创建 RAID-0（带区卷）、RAID-1（镜像卷）或 RAID-5 卷，就必须使用动态磁盘。在 Windows Server 2003 安装完成后，可使用升级向导将它们转换为动态磁盘。

在将一个磁盘从基本磁盘转换为动态磁盘后，磁盘上包含的将是卷，而不再是磁盘分区。其中的每个卷是硬盘驱动器上的一个逻辑部分，还可以为每个卷指定一个驱动器字母或者挂接点。但是要注意的是，只能在动态磁盘上创建卷。

Windows 2003 将动态磁盘配置信息存储在磁盘上，而不是存储在注册表中或者其他位置。同时，这些信息不能被准确地更新。Windows 2003 将这些磁盘配置信息复制到所有其他动态磁盘中。因此，单个磁盘的损坏将不会影响到访问其他磁盘上的数据。

一个硬盘既可以是基本的磁盘，也可以是动态的磁盘，但不能二者都是，因为在同一磁盘上不能组合多种存储类型。但是，如果计算机有多个硬盘，就可以将各个硬盘分别配置为基本的或动态的。

Windows Server 2003 按磁盘分区的方式将卷分为两个类型：基本磁盘和动态磁盘。

 一个物理硬盘可以被全部划分为基本磁盘或是动态磁盘，但是不能二者兼有。

2．基本磁盘

基本磁盘可以包含主分区和扩展分区，在扩展分区中又可以划分出一个或多个逻辑分区。

● 主分区：用来启动操作系统的分区，即系统的引导文件存放的分区。

每块基本磁盘最多可以被划分为 4 个主分区。

● 扩展分区：若主分区没有占用所有的硬盘空间，则可以把剩余空间划分为扩展分区。

　　　每块硬盘上只能有一个扩展分区；扩展分区不能用来启动操作系统；必须在扩展分区内划分逻辑分区才能被使用，并赋予盘符。

● 逻辑分区：在扩展分区内进行容量的划分。每个逻辑分区被赋予一个盘符，如 D:、E:、F:。

　　　在一台计算机上做多系统时，可以将操作系统安装在逻辑分区中，但是该操作系统的启动文件必须存放在主分区上。我们称存放启动文件的分区为启动分区。

3．动态磁盘卷类型

动态磁盘提供了更好的磁盘访问性能及容错等功能。可以将基本磁盘转换为动态磁盘，而不损坏原有的数据。动态磁盘若要转换为基本磁盘，则必须删除原有的卷才可以转换。

在转换磁盘之前需要关闭这些磁盘上运行的程序。如果转换启动盘，或者要转化的磁盘中的卷或分区正在使用，则必须重新启动计算机才能够成功转换。

Windows Server 2003 中支持的动态卷类型包括如下。

● 简单卷（Simple Volume）：与基本磁盘的分区类似，只是其空间可以扩展到非连续的空间上。

● 跨区卷（Spanned Volume）：可以将多个磁盘（至少两个，最多 32 个）上的未分配空间，合成一个逻辑卷。使用时先写满一部分空间再写入下一部分空间。

● 带区卷（Striped Volume）：又称条带卷 RAID 0，将 2～32 个磁盘空间上容量相同的空间组合成一个卷，写入时将数据分成 64KB 大小相同的数据块同时写入卷的每个磁盘成员的空间上。带区卷提供最好的磁盘访问性能，但是带区卷不能被扩展或镜像，并且不提供容错功能。

● 镜像卷（Mirrored Volume）：又称 RAID 1 技术，是将两个磁盘上相同尺寸的空间建立为镜像，有容错功能，但空间利用率只有 50%，实现成本相对较高。

● 带奇偶校验的带区卷：采用 RAID 5 技术，每个独立磁盘进行条带化分割、条带区奇偶校验，校验数据平均分布在每块硬盘上。容错性能好，应用广泛，需要 3 个以上磁盘。其平均实现成本低于镜像卷。

4.8.5　实训步骤

本节实验需要创建一个 Windows Server 2003 虚拟机，然后向此虚拟机中添加 5 块虚拟硬盘即可组成实验环境，具体操作步骤如下。

1. 添加硬盘并初始化

（1）在已经安装好的 Windows Server 2003 虚拟机中，创建克隆链接的虚拟机。

（2）编辑虚拟机，向虚拟机中添加 5 块硬盘，每块硬盘大小 4GB 即可。单击"虚拟机"→"设置"命令，打开"虚拟机设置"窗口，如图 4-74 所示。单击"添加"按钮，按向导提示完成 5 块硬盘的添加。

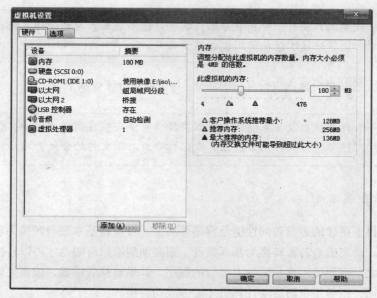

图 4-74　虚拟机设置

（3）初始新添加的硬盘。首先运行 Windows Server 2003 虚拟机，单击"开始"→"管理工具"→"计算机管理"→"磁盘管理"命令。在做磁盘 RAID 的实验之前，操作系统要对添加的硬盘进行初始化工作，会自动弹出"欢迎使用磁盘初始化和转换向导"窗口，如图 4-75 所示。

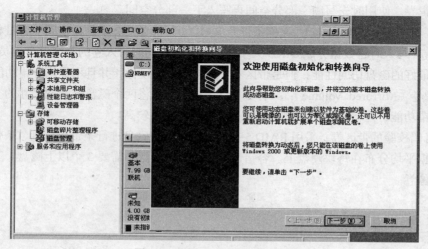

图 4-75　磁盘初始化和转换向导

（4）选择要转换的磁盘。根据向导提示，将基本磁盘转换成动态磁盘。

2. 磁盘镜像实验（RAID 1）

磁盘镜像卷是指在两个物理磁盘上复制数据的容错卷。通过使用两个相同的卷（被称为"镜像"），镜像卷提供了数据冗余以便复制包含在卷上的信息。镜像总是位于另一个磁盘上。如果其中一个物理磁盘出现故障，则该故障磁盘上的数据将不可用，但是系统可以在位于其他磁盘上的镜像中继续进行操作。只能在运行 Windows 2000 Server 或 Windows Server 2003 操作系统的计算机的动态磁盘上创建镜像卷，镜像卷也叫 RAID 1。在本次实验中，将创建一个 RAID 1 的磁盘组，大小为 1GB，操作步骤如下。

（1）在"磁盘管理"中，用鼠标右键单击第 2 个磁盘，选择"新建卷"，出现新建卷向导，如图 4-76 所示。在"卷类型"对话框中，选择"镜像"，出现"选择磁盘"对话框。

（2）镜像只能添一个硬盘，在本例中添加硬盘 2，并设置空间量 1GB。接下来为新卷指派驱动器号 G，对新加卷格式化并指定卷标，创建完成。

3. RAID 5 实验

在 Windows Server 2003 中，RAID 5 卷是带有数据和奇偶校验带区的容错卷，间歇分布于 3 个或更多物理磁盘。奇偶校验是用于在发生故障后重建数据的计算值。如果物理磁盘的某一部分发生故障，Windows 会根据其余的数据和奇偶校验重新创建发生故障的那部分磁盘上的数据。只能在运行 Windows 2000 Server 或 Windows Server 2003 操作系统的计算机的动态磁盘上创建 RAID 5 卷。用户无法镜像或扩展 RAID 5 卷。在 Windows NT 4.0 中，RAID 5 卷也被称为"带奇偶校验的带区集"。在本次实验中，将创建一个 RAID 5 的磁盘组，大小为 2GB，操作步骤如下。

（1）在"磁盘管理"中，用鼠标右键单击第 3 个磁盘，选择"新建卷"，出现新建卷向导，在"选择卷类型"对话框中，选择"RAID-5"，如图 4-77 所示。

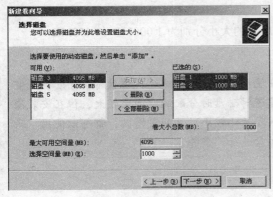

图 4-76　选择磁盘

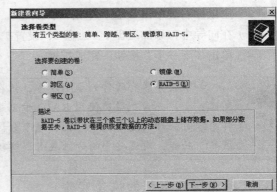

图 4-77　选择卷类型

（2）单击"下一步"按钮，出现"选择磁盘"对话框，添加第 2 块、第 4 块、第 5 块硬盘，设置卷大小为 2 000MB。

（3）为新卷指派驱动器号 H，对新加卷格式化并指定卷标，创建完成。

4. 带区卷实验（RAID 0）

带区卷是以带区形式在两个或多个物理磁盘上存储数据的卷。带区卷上的数据被交替、均匀

（以带区形式）地跨磁盘分配。带区卷是 Windows 的所有可用卷中性能最佳的卷，但它不提供容错。如果带区卷中的磁盘发生故障，则整个卷中的数据都将丢失。只能在动态磁盘上创建带区卷。带区卷不能被镜像或扩展。Windows Server 2003 中的"带区卷"相当于 RAID 0。本次实验将使用 5 块硬盘，每个磁盘使用 800MB 创建"带区卷"，创建之后，该卷空间为 800MB×5=4GB，具体步骤如下。

（1）在"磁盘管理"中，用鼠标右键单击第 3 块磁盘，选择"新建卷"，出现新建卷向导，在"卷类型"对话框中，选择"带区"。

（2）单击"下一步"按钮，出现"选择磁盘"对话框，添加第 1 块、第 2 块、第 4 块、第 5 块硬盘，设置卷大小为 800MB，如图 4-78 所示。

（3）按向导提示，为新卷指派驱动器号 I，对新加卷格式化并指定卷标，直到创建完成。

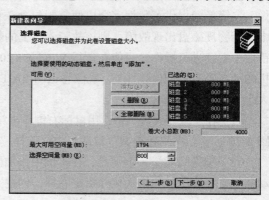

图 4-78　选择磁盘

5. 跨区卷实验（对现有磁盘扩容）

跨区卷是由多个物理磁盘上的磁盘空间组成的卷，可以通过向其他动态磁盘扩展来增加跨区卷的容量。这一功能是非常有用的，比如，SQL Server 安装在 D 盘，随着数据库内容的增加，磁盘的可用空间减少。在实际应用中可以使用"跨区卷"对 D 盘进行扩容。跨区卷只能在动态磁盘上创建跨区卷，同时跨区卷不能容错也不能被镜像。

下面以对 D 盘进行扩容为例，创建跨区卷。

（1）将系统硬盘转换为动态磁盘。转换完成需重新启动计算机。

（2）用鼠标右键单击 D 盘，单击"扩展卷"。

（3）在向导中，添加磁盘 1、磁盘 3，设置扩展卷的大小分别为 1 000MB 和 450MB。

（4）单击"下一步"按钮，完成扩展。

> 如果服务器有硬件的 RAID 卡，但在使用 RAID 卡创建逻辑磁盘时，分配磁盘空间比较小。或者，虽然使用 RAID 卡创建逻辑磁盘时分配的空间比较大，但在安装操作系统时，却创建了多个分区，每个分区容量比较小。这两种情况，都可以使用"跨区卷"功能，对这些小的分区或者逻辑磁盘进行"合并"。

6. 磁盘阵列数据的恢复实验

在前面所做的实验中，磁盘镜像和 RAID 5，在其中的一个硬盘损坏时，数据可以恢复。带区卷和跨区卷，在其中的一个硬盘损坏时，所有数据丢失并且不能恢复。本节将进行这方面的实验，主要步骤如下。

（1）磁盘 1、磁盘 2 创建了 RAID 1（磁盘镜像），大小为 1GB，盘符为 G。磁盘 2、磁盘 3、磁盘 4、磁盘 5 创建了 RAID 5，每个硬盘使用了 2GB 空间，盘符为 H。创建 RAID 5 后，大小为 $m \times (n-1)$，其中 n 为 RAID 5 磁盘的数量，m 为磁盘使用的容量。磁盘 1、磁盘 2、磁盘 3、磁盘 4、磁盘 5 创建了带区卷，每个硬盘使用了 800MB 空间，总大小为 4 000MB，盘符为 I。D 盘在磁盘 1、磁盘 3 进行了扩展，在磁盘 1 上扩展了 1 000MB 空间，在磁盘 3 上扩展了 450MB 空间，如图 4-79 所示。

（2）在 G 盘、H 盘、I 盘、D 盘上分别复制一些文件，然后关闭虚拟机。

（3）编辑虚拟机的配置文件，删除后面添加的第 3 块硬盘（如图 4-79 所示界面中的磁盘 2），然后再添加一块新硬盘（大小为 7GB）。

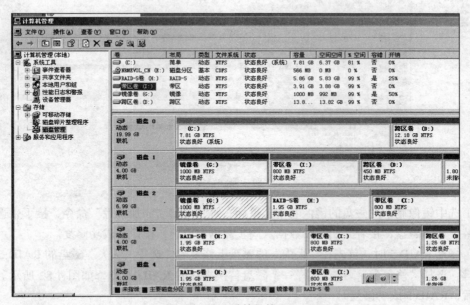

图 4-79　计算机管理

（4）启动虚拟机，打开"资源管理器"，可以看到 G 盘、D 盘仍然可以访问，但 H 盘、I 盘已经不存在，如图 4-80 所示。

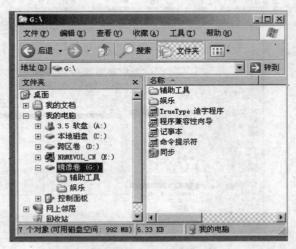

图 4-80　资源管理器

（5）带区卷无法修复，但 RAID 1、RAID 5 可以修复。在 Windows Server 2003 中修复 RAID 1 卷，需要删除失败的镜像，然后再修复 RAID。

（6）在"丢失"的磁盘上删除镜像。选中"丢失"磁盘的镜像卷单击鼠标右键，选择"删除镜像"命令，根据提示将"丢失"磁盘上的镜像卷删除，如图 4-81 所示。

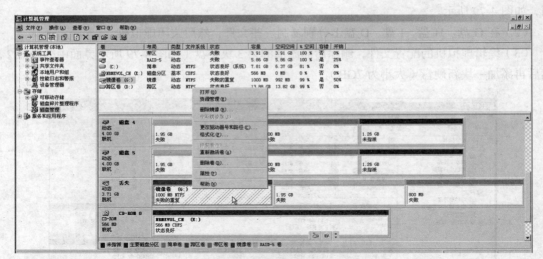

图 4-81　删除镜像卷

（7）选中镜像剩下的磁盘的镜像卷单击鼠标右键，单击"添加镜像"命令，接下来选择一个磁盘代替损坏的磁盘，接着开始同步数据。同步数据完成后，镜像卷成功修复。

（8）修复 RAID 5 时，首先在"丢失"的磁盘上修复卷。选中"丢失"磁盘的 RAID 5 卷单击鼠标右键，选择"修复卷"，接着选择一个磁盘替换损坏的 RAID 5 卷，如图 4-82 所示。同步数据完成后，RAID 5 成功修复。

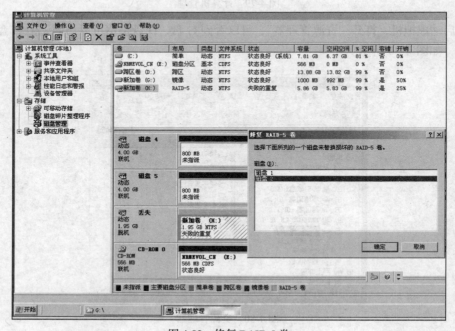

图 4-82　修复 RAID 5 卷

（9）RAID 1、RAID 5 成功修复后，将"丢失"磁盘的带区卷删除，然后用鼠标右键单击"丢失"磁盘，再单击"删除磁盘"命令，将"丢失磁盘"删除。

（10）再次打开资源管理器，可以看到 G 盘、H 盘、D 盘上的数据完整无损，而 I 盘则无法恢复。

4.8.6　实训思考题

- 哪种类型的磁盘可以实现软 RAID？
- 比较跨区卷与带区卷的相同点与不同点。
- 动态磁盘中 5 种主要类型的卷是什么？
- 简述 RAID-5 卷是如何实现容错性的。

4.8.7　实训报告要求

- 实训目的。
- 实训内容。
- 实训步骤。
- 实训中的问题和解决方法。
- 回答实训思考题。
- 实训心得与体会。
- 建议与意见。

4.9　注册表、服务器的性能监视和优化

4.9.1　实训目的

- 掌握本地安全策略的设置。
- 掌握注册表编辑器的使用。
- 掌握利用"任务管理器"、"事件日志"、"系统监视器"，设置警报监视和管理系统性能。
- 掌握编制审核策略，配置审核功能设置值的方法，能够查看安全性日志条目。

4.9.2　实训内容

- 练习修改注册表。
- 练习服务器性能的监视和优化。

4.9.3　理论基础

1. Windows 注册表

注册表是一个庞大的数据库，用来存储计算机软硬件的各种配置数据。它是针对 32 位硬件、

驱动程序和应用设计的，考虑到与 16 位应用的兼容性，在 32 位系统中仍提供*.ini 文件配置方式，一般情况下，32 位应用最好不使用*.ini 文件。

注册表中记录了用户安装在计算机上的软件和每个程序的相关信息，用户可以通过注册表调整软件的运行性能，检测和恢复系统错误，定制桌面等。用户修改配置，只需要通过注册表编辑器，单击鼠标，即可轻松完成。系统管理员还可以通过注册表来完成系统远程管理。因而用户掌握了注册表，即掌握了对计算机配置的控制权，用户只需要通过注册表即可将自己计算机的工作状态调整到最佳。

Windows 注册表也是帮助 Windows 操作系统控制硬件、软件、用户环境和操作系统界面的数据信息文件，注册表文件是包含在 Windows 操作系统目录下的两个文件：system.dat 和 user.dat。通过 Windows 操作系统目录下的 regedit.exe 程序能够存取注册表数据库。在 Windows 95 以前的更早版本中，这些功能是靠 win.ini、system.ini，以及和其他应用程序有关联的.ini 文件实现的。

2. 如何访问注册表

登录注册表编辑器其实是很容易的，打开"开始"菜单，单击"运行"选项，在"运行"框中输入命令 regedit 就可以进入注册表编辑器了。

而注册表文件是以二进制方式存储的，所以不能使用传统的文本编辑器读写注册表中的数据。

如果在 Windows 95/98 操作系统中，我们可以用 regedit.exe 访问注册表编辑器，而在 Windows NT/2000/2003 操作系统中也提供了 regedit.exe 和 regedit32.exe 两个版本的编辑器。对大多数的使用者来讲，两者基本上是一样的，只是设计的侧重点不同罢了。regedit32.exe 编辑器重点对安全程度要求较高的硬件数据进行编辑操作，而 regedit.exe 主要侧重对用户使用的方便灵活方面进行了改进。

3. 注册表的基本结构

不论是 Windows 95/98 操作系统，还是 Windows NT/2000/2003 操作系统，其注册表的结构大体上是基本相同的，都是一种层叠式结构的复杂数据库，由键、子键、分支、值项和默认值几部分组成。

注册表包括以下 5 个主要键项。

● HKEY_CLASSES_ROOT：包含启动应用程序所需的全部信息，包括扩展名、应用程序与文档之间的关系、驱动程序名、DDE 和 OLE 信息、类 ID 编号和应用程序与文档的图标等。

● HKEY_CURRENT_USER：包含当前登录用户的配置信息，包括环境变量、个人程序、桌面设置等。

● HKEY_LOCAL_MACHINE：包含本地计算机的系统信息，包括硬件和操作系统信息，如设备驱动程序、安全数据和计算机专用的各类软件设置信息。

● HKEY_USERS：包含计算机的所有用户使用的配置数据，这些数据只有在用户登录在系统上时方能访问。这些信息告诉系统当前用户使用的图标、激活的程序组、开始菜单的内容以及颜色、字体等。

● HKEY_CURRENT_CONFIG：存放当前硬件的配置信息，其中的信息是从 HKEY_LOCAL_MACHINE 中映射出来的。

4.9.4　实训步骤

任务 1：注册表编辑器

1．认识注册表

（1）单击"开始"→"运行"命令，在"打开"文本框中输入 regedit。

（2）单击"确定"按钮，出现注册表编辑器，如图 4-83 所示。

图 4-83　注册表编辑器

（3）注意查看和区分根键、键、子键和键值。

（4）查找键值为"run"的键，直到找到为止，这是系统的启动项，请把这些项备份到机器 d:\run 目录下。

2．注册表实用技术

（1）更改登录界面的背景图形。

① 单击"开始"→"运行"命令，在"打开"文本框中输入"regedit"。

② 单击以下的键：HKEY_USERS\.DEFAULT\Control Panel\Desktop。

③ 双击"WallPaper"键值名称，然后在"数值数据"处输入要作为背景图形的 BMP 图形文件的文件名。完成后单击"确定"按钮。

④ 单击"WallPaperStyle"键值名称，然后在"数值数据"处输入 1，以便设置将图形填满整个屏幕（若设为 0，图形只会占用屏幕中间一小块）。

⑤ 注销。将在登录界面的背景看到所设置的图形。

（2）自动登录。

① 选择"开始"→"运行"命令，在"打开"文本框中输入"regedit"。

② 单击以下的键：HKEY_LOCAL_MACHINE\SOFTWARE\。

Microsoft\WindowsNT\CurrentVersion\Winlogon。

③ 新建名为"AutoAdminLogon"的键值（如果该键值已经存在，直接跳过此步骤），其目的是让系统跳过"请按 Ctrl-Alt-Delete 开始"的界面。

④ 双击"AutoAdminLogon"键值名称，然后在"数值数据"处输入 1。完成后单击"确定"按钮。

⑤ 双击右边的"DefaultUserName"键值名称，然后在"数值数据"处输入用来自动登录的用户账户名称，完成后单击"确定"按钮。

⑥ 用鼠标右键单击 Winlogon，选择"新建"→"字符串值"命令，然后将新数值名称改为"DefaultPassword"。

⑦ 双击"DefaultPassword"数值名称，然后在"数值数据"处输入该用户的密码。完成后单击"确定"按钮。

⑧ 如果用户的计算机未加入域，可跳过本步骤。双击"DefaultDomainName"键值名称，当出现"编辑字符串"对话框时，如果用户是域用户，则在"数值数据"处输入域名；如果用户是本地用户，请在"数值数据"处输入本地计算机名称。完成后单击"确定"按钮。

（3）打开登录界面的 NumLock 指示灯。

① 选择"开始"→"运行"命令，在"打开"文本框中输入"regedit"。

② 单击以下的键：HKEY_USERS\.DEFULT\Control Panel\Key board。

③ 用鼠标右键单击右方的"InitialKeyboardIndicators"键值名称，然后在"数值数据"处输入 2。完成后单击"确定"按钮。

④ 注销，查看设置效果。

任务 2：服务器性能的监视和优化

1. 利用"任务管理器"监测应用程序

（1）利用"应用程序"选项卡监视和管理应用程序的运行情况。

① 启动几个应用程序。

② 打开"任务管理器"查看哪些应用程序正在运行。

启动任务管理器的方法：

● 用鼠标右键单击任务栏的空白处，选择任务管理器；

● 按下【Ctrl+Alt+Del】快捷键，选择任务管理器。

（2）利用"任务管理器"关闭应用程序。

（3）利用"任务管理器"切换应用程序。

（4）利用"任务管理器"打开新的应用程序。

（5）识别与应用程序有关的进程。

在"任务管理器"中选中该应用程序，用鼠标右键单击该应用程序，单击"转到进程"命令。此时即进入"进程"选项卡，相关的进程被高亮度显示。

（6）利用"进程"选项卡监视和管理进程的运行情况。

① 结束一个进程。

② 改变进程优先级。

（7）利用"性能"选项卡监视 CPU 和内存的使用情况。

比较启动游戏"连连看"前后，CPU 和内存的使用情况。

2. 利用事件日志监视系统活动

（1）单击"开始"→"程序"→"管理工具"→"事件查看器"命令，查看你的计算机上一次启动的时间。

（2）从"管理工具"菜单中打开"事件查看器"，单击"系统日志"，在详细资料窗格中，查看最近的事件，并双击该事件。

每一次计算机启动时，Windows 2000 都自动启动事件日志服务，事件日志服务启动的时间也差不多就是计算机的启动时间。

（3）单击"确定"按钮，关闭"事件属性"对话框，查看各个事件日志中事件的类型。

（4）归档应用程序日志。

① 打开"事件查看器"，在控制台树中，用鼠标右键单击"应用程序日志"，对其进行另存（.evt）。

② 清除应用程序日志。

③ 查看另存的日志文件。

④ 以另外的文件格式（如 TXT 格式）保存系统日志文件，并查看。

为了查找特定的事件，检测每一个事件不是最有效率的方式。因为日志中有大量的事件，可以通过"查看"→"筛选"命令，查询需要的日志。

3. 使用系统监视器监视系统性能

运行"系统监视器"，配置分别代表处理器、内存和磁盘使用情况的计数器。

（1）依次单击"开始"→"程序"→"管理工具"→"性能"菜单。打开"性能"对话框，如图 4-84 所示。在控制台树中，确认"系统监视器"被选择。

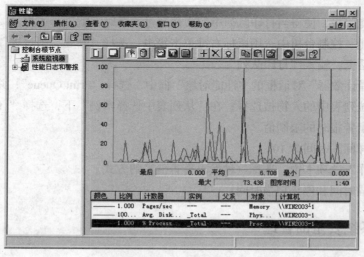

图 4-84　"性能"窗口

（2）在图 4-84 中，在右侧树中右击鼠标，单击"添加计数器"，出现"添加计数器"对话框，如图 4-85 所示。

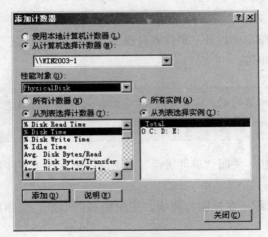

图 4-85   "添加计数器"对话框

在"性能对象"中选择"Processor"，单击"从列表选择计数器"，并在列表中选择"处理器"对象的"%Processor Time"，单击"添加"按钮，添加该计数器；在"性能对象"中选择"PhysicalDisk"，单击"从列表选择计数器"，并在列表中选择用于"物理磁盘"对象的%Disk Read Time 计数器和%Disk Write Time 计数器，其实例均为：_total。最后添加用于"内存"对象的 Available Bytes 计数器。

（3）对磁盘碎片进行整理。

　　　　　磁盘碎片整理操作使用"%Processor Time"和"%Disk Read Time"，此外还有某些磁盘写活动。

4. 设置警报监视系统活动

设置一个性能警报，使得当打印队列中的文档超过 5 个时，就进行通报。

（1）在"性能"控制台树中，用鼠标右键单击警报，选择"新建警报设置"命令，打开"新建警报设置"对话框，输入"打印队列"。

（2）在"选择计数器"对话框的"性能对象"框中，选择"Print Queue"，并确认"从列表中选择计数器"下拉列表中的人物被选择；在"从列表中选择实例"下，选择"_total"。

（3）设置发出警报时的限制值。

（4）设置采样间隔时间为 10。

（5）在"操作"选项卡中，选择一种发出警告信息的方式。

（6）设置扫描时间和停止扫描时间。

任务 3．系统安全的管理

1．配置审核功能设置值

依次单击"开始"→"控制面板"→"管理工具"，再双击"本地安全设置"。打开"本地安全设置"对话框，展开"本地策略"，单击"审核策略"，在右侧子窗口中，双击各个具体属性，并按如下要求进行设置。

- 审核账号登录时间——未配置；
- 审核账号管理——成功；
- 审核对目录服务的访问——未配置；
- 审核登录事件——失败；
- 审核访问对象——成功和失败；
- 审核策略变化——成功；
- 审核特权的使用——成功；
- 审核进程跟踪——未配置；
- 审核系统事件——成功和失败。

2. 建立对文件的审核

- 针对 NTFS 文件系统分区磁盘上的文件 bronte.txt（自己创建）建立审核功能。审核由所有用户进行的下列类型的访问。
- 创建文件/写数据。
- 删除。
- 修改权限。
- 获得所有权。

实现方法：用鼠标右键单击“bronte.txt”，单击“属性”→“安全”→“高级”→“审核”命令，打开审核对话框，单击“添加”→“高级”→“立即查找”命令，将“Everyone”添加进来，如图 4-86 所示，按要求建立审核功能。

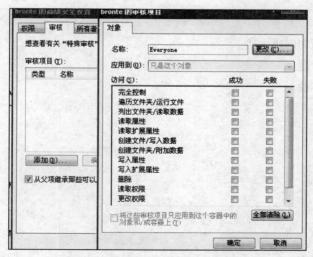

图 4-86　bronte 的审核功能

- 修改针对文件“bronte.txt”的权限，使得 Everyone 组可以进行“读”访问。

3. 创建和查看安全性日志条目

- 清除计算机上的安全性日志。

- 通过查看和试图修改，在本地计算机上创建日志文件条目。
  - ✓ 对 bronte.txt 文件，执行"打开—关闭"操作；
  - ✓ 对 bronte.txt 文件，执行"打开—修改—保存"操作；
  - ✓ 对 bronte.txt 文件，执行"关闭（不保存所进行的修改）"操作。
- 通过修改打印机的优先权，创建本地计算机上的日志文件条目。
- 在本地计算机上创建日志文件条目（为了实现此目的，重新启动计算机，试图用不正确的密码和非法的用户账号进行登录，然后再以管理员的身份登录，并重新启动计算机）。
- 登录计算机，查看本地计算机的安全性日志，复查由你的动作生成的事件。

4.9.5   实训思考题

- 什么是注册表？注册表中包含哪些信息？
- 简述注册表的基本结构和 5 个根键分别是什么？
- 任务管理器的"应用程序"选项卡所显示的列表中，包含有任何操作系统进程吗？为什么？
- 在任务管理器中对于进程的度量（包括 CPU、CPU 时间、内存使用等），分别是什么含义？
- 任务管理器中哪个系统资源在被过量使用？它是否说明存在什么问题？
- 日志文件可以保存成哪 3 种文件格式？有什么区别？

4.9.6   实训报告要求

- 实训目的。
- 实训内容。
- 实训步骤。
- 实训中的问题和解决方法。
- 回答实训思考题。
- 实训心得与体会。
- 建议与意见。

第5章

Linux 网络操作系统

Linux 是当前最具发展潜力的计算机操作系统，Internet 的旺盛需求正推动着 Linux 的发展热潮一浪高过一浪。Linux 自由与开放的特性，加上强大的网络功能，使 Linux 在 21 世纪有着无限的发展前景。

Red Hat 过去只拥有单一版本的 Linux，即 Red Hat Linux 7.3、8.0 和 9.0 等，单一版本的最高版本是 9.0。然而许多人对 Red Hat 的发展策略不了解，误以为目前 Red Hat Linux 9.0 是最新的发行版，其实自 2002 年起，Red Hat 将产品分成两个系列，即由 Red Hat 公司提供收费技术支持和更新的 Red Hat Enterprise Linux 4.0 服务器版（RHEL 4.0 AS），以及由 Fedora 社区开发的桌面版本 Fedora Core（FC）。这也就意味着不可能看到 Red Hat Linux 10.0 的版本，取而代之的是 RHEL 服务器版或 FC 桌面版。

本章以 RHEL 4.0 AS 为基础，介绍了 Linux 系统的安装与网络配置及用户管理、Samba 服务器的配置与应用、DNS 服务器的配置与管理、Web 服务器的配置与应用、FTP 服务器的配置与应用，以及 iptables 防火墙和 NAT 的配置。

5.1　Linux 的安装与配置

5.1.1　实训背景

假设某计算机中已经安装了 Windows 2000/2003，其磁盘分区情况如图 5-1 所示，要求增加安装 RHEL 4.0 AS，并保证原来的 Windows 2000/2003 仍可使用。

从图 5-1 所示可知，此硬盘约有 20GB，分为 C、D、E 这 3 个部分。对于此类硬盘比较简便的操作方法是将 E 盘上的数据转移到 C 盘或者 D 盘，而利用 E 盘的硬盘空间来安装 Linux。在计算机上安装 Windows 98、Windows Me 或者 Windows XP 均可参照此安装过程。

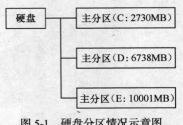

图 5-1　硬盘分区情况示意图

5.1.2　实训目的

- 掌握 Red Hat Enterprise Linux（RHEL 4.0 AS）操作系统的安装。
- 掌握对 Linux 操作系统的的基本系统设置。
- 掌握与 Linux 相关的多操作系统的安装方法。
- 掌握用虚拟机安装 Linux 的方法。
- 掌握删除 RHEL 4.0 AS 的基本步骤。

5.1.3　实训内容

- 硬盘分区。
- 安装启动管理程序。
- 设置网络环境。
- 创建启动盘，设置 X Window 及启动 Linux。
- 练习使用 VMware 虚拟机安装 Linux。
- 利用 Windows 2000 的安装光盘删除引导装载程序。
- 利用 Windows 2000 的磁盘管理工具删除 Linux 分区。

5.1.4　理论基础

1. 硬件的基本要求

- CPU：Pentium 以上处理器。
- 内存：至少 128MB，推荐使用 256MB 以上的内存。
- 硬盘：至少需要 1GB 以上的硬盘空间，完全安装需大约 5GB 的硬盘空间。
- 显卡：VGA 兼容显卡。
- 光驱：CD-ROM/DVD-ROM。
- 其他设备：如声卡、网卡和 Modem 等。
- 软驱：可选。

2. 硬件的兼容性

所谓硬件的兼容性，简单地说，就是计算机硬件所需的各种驱动程序能否由 Linux 提供。某一硬件在 Windows 中可以使用，但是在 Linux 中不一定能够使用。这一问题在 Linux 出现之初非常突出，但随着技术的进步，越来越多的硬件设备能用于 Linux 环境。RHEL 4.0 AS 与最近两年内厂家生产的多数硬件兼容，然而，硬件的技术规范几乎每天都在改变，因此很难保证用户的硬件会百分之百地与 RHEL 4.0 AS 兼容。

用户可以借助 Windows 的设备管理器来查看计算机中各硬件的型号，并与 Red Hat 公司提供的硬件兼容列表进行对比，以确定硬件是否与 RHEL 4.0 AS 兼容。

3．多重引导

用户既可以在整个硬盘上安装 Linux，也可以在已经安装有其他操作系统的硬盘上增加安装 Linux。安装完成后，Linux 与其他操作系统相互独立，可以分别启动。Linux 使用的磁盘空间必须和其他操作系统（如 Windows、OS/2，甚至于不同版本的 Linux）所用的磁盘空间分离。

Linux 支持多重引导，在计算机开机后用户可以选择启动不同的操作系统。目前 Linux 中实现多重引导的引导装载程序主要有 LILO 和 GRUB。

LILO 是最早出现的 Linux 引导装载程序之一，其全称为 Linux Loader。早期的 Linux 发行版本中都以 LILO 作为引导装载程序。GRUB 比 LILO 晚出现，其全称是 GRand Unified Bootloader。GRUB 不仅具有 LILO 的绝大部分功能，并且还拥有漂亮的图形化交互界面，方便的操作模式。因此，包括 Red Hat 在内越来越多的 Linux 发行版本转而将 GRUB 作为默认安装的引导装载程序。

GRUB 提供给用户交互式的图形界面，还允许用户定制个性化的图形界面；而 LILO 的旧版本只提供文字界面，在其最新版本中虽然已经有图形界面，但对图形界面的支持还比较有限。

LILO 通过读取硬盘上的绝对扇区来装入操作系统，因此每次改变分区后都必须重新配置 LILO。如果调整了分区的大小或分配，那么 LILO 在重新配置之前就不能引导这个分区的操作系统；而 GRUB 是通过文件系统直接把内核读取到内存，因此只要操作系统内核的路径没有改变，GRUB 就可以引导操作系统。

GRUB 不但可以通过配置文件进行系统引导，还可以在引导前动态改变引导参数，动态加载各种设备。例如，刚编译出 Linux 的新内核，却不能确定其能否正常工作时，就可以在引导时动态改变 GRUB 的参数，尝试装载新内核。LILO 只能根据配置文件进行系统引导。

GRUB 提供强大的命令行交互功能，方便用户灵活地使用各种参数来引导操作系统和收集系统信息。GRUB 的命令行模式甚至还支持历史记录功能，用户使用上下键就能寻找到以前的命令，非常高效易用，而 LILO 就不提供这种功能。

4．磁盘分区

任何硬盘在使用前都要进行分区。硬盘的分区首先有两种类型：主分区和扩展分区。一个硬盘上最多只能有 4 个主分区，其中一个主分区可以用一个扩展分区来替换。也就是说，主分区可以有 1~4 个，扩展分区可以有 0~1 个，而扩展分区中可以划分出若干个逻辑分区。

目前常用的硬盘主要有两大类：IDE 接口硬盘和 SCSI 接口硬盘。IDE 接口的硬盘读写速度比较慢，但价格相对便宜，是家庭用 PC 常用的硬盘类型。SCSI 接口的硬盘读写速度比较快，但价格相对较贵。通常，要求较高的服务器会采用 SCSI 接口的硬盘。一台计算机上一般有两个 IDE 接口（IDE0 和 IDE1），在每个 IDE 接口上可连接两个硬盘设备（主盘和从盘）。采用 SCSI 接口的计算机也遵循这一规律。

Linux 的所有设备均表示为/dev 目录中的一个文件，如：

- IDE 接口上的主盘称为/dev/hda。
- IDE 接口上的从盘称为/dev/hdb。
- SCSI 接口上的主盘称为/dev/sda。
- SCSI 接口上的从盘称为/dev/sdb。
- IDE 接口上主盘的第 1 个主分区称为/dev/hda1。
- IDE 接口上主盘的第 1 个逻辑分区称为/dev/hda5。

由此可知，/dev 目录下"hd"打头的设备是 IDE 硬盘，"sd"打头的设备是 SCSI 硬盘。设备名称中第 3 个字母为 a，表示该硬盘是连接在第 1 个接口上的主盘硬盘，而 b 则表示该盘是连接在第 1 个接口上的从盘硬盘，并依此类推。分区则使用数字来表示，数字 1~4 用于表示主分区或扩展分区，逻辑分区的编号从 5 开始。

5. 文件系统类型

Red Hat Linux 可以依据分区将要使用的文件系统创建为不同的分区类型。常用的文件系统有以下几种类型。

- ext2：ext2 文件系统支持标准 UNIX 文件类型（如常规文件、目录、符号链接等），还提供了分配长达 255 个字符文件名的能力。Red Hat Linux 7.2 以前版本默认使用 ext2 文件系统。
- ext3：ext3 文件系统是基于 ext2 文件系统之上的，该文件系统有一个主要优点——登记报表，即日志式文件系统（Journal File System）。使用日志式文件系统可减少系统崩溃后恢复文件系统所花的时间。从 Red Hat Linux 7.2 开始默认使用 ext3 文件系统。
- vfat：vfat 文件系统是一个与 Windows 98/NT FAT 文件系统的长文件名兼容的 Linux 文件系统。

6. 安装方式

RHEL 4.0 AS 提供 5 种基本的安装方式：本地光盘安装、本地硬盘安装、NFS 安装、FTP 安装和 HTTP 安装。通常采用本地光盘安装方式，当然如果拥有足够的硬盘空间，可以先将光盘内容复制到硬盘中，再通过硬盘进行安装。如果计算机连接网络的话，还可以选择网络安装方式（NFS、FTP 或 SMB）。本教材选用最常用的光盘安装方式进行安装，并重点介绍安装 Windows 与 RHEL 4.0 AS 并存的计算机，简要介绍安装仅有 RHEL 4.0 AS 的计算机。

5.1.5 实训步骤

1. 安装前的准备工作

（1）关闭 BIOS 中的病毒报警功能，如果硬盘大于 8GB 设置硬盘为 LBA 模式。
（2）备份硬盘上的所有重要数据。
（3）为 Linux 系统准备足够的硬盘空间。

2. 安装 Windows 与 RHEL 4.0 AS 并存的计算机

（1）以光盘启动计算机。

一般情况下，计算机的硬盘是启动计算机的第一选择，在 BIOS 设置界面中将系统启动顺序中的第一启动设备设置为 CD-ROM 选项，保存设置并退出 BIOS。

（2）光盘引导安装。

安装的具体步骤如下。

① 将 RHEL 4.0 AS 安装光盘的第 1 张放入光驱，并重新启动计算机。计算机启动后会出现启动界面。直接按【Enter】键即开始图形化界面下的安装。

② 安装程序首先会对硬件进行检测，然后提示用户是否要检测安装光盘，这可以防止出现由于安装光盘质量不好导致安装出错的问题。如果需要检测安装光盘，可以选择"OK"按钮。这里选择"Skip'"按钮跳过检测安装光盘。

③ 系统开始启动图形界面的安装程序，然后出现安装欢迎界面，直接单击"Next"按钮继续安装过程。

④ 进入安装语言的选择界面，在此可以选择安装过程中使用的语言，这里选择"简体中文"，单击"Next"按钮。

⑤ 进入"键盘配置"后，安装程序会自动为用户选取一个通用的键盘类型（U.S.English），在此只需使用默认值即可。

⑥ 进入磁盘分区界面后，可以选择"自动分区"或"用 Disk Druid 手工分区"。

● "自动分区"会删除硬盘已有分区并自动为 Linux 建立分区，所以对于新硬盘或已经不需要保留硬盘中数据的用户，可以选择这项。

● 如果硬盘中的部分或者全部要保留，则选择"用 Disk Druid 手工分区"，由用户来决定如何进行磁盘分区。

要在已安装 Windows 的计算机上添加安装 Linux 必须使用手工分区的方法，在此选择"用 Disk Druid 手工分区"，单击"下一步"按钮继续，如图 5-2 所示。

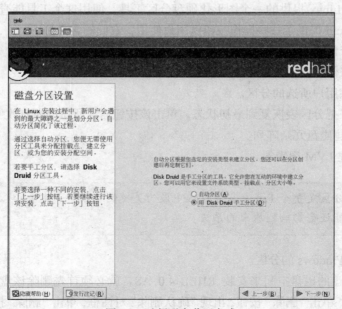

图 5-2　选择磁盘分区方式

⑦ Disk Druid 是 Linux 环境下最常用的图形化磁盘分区工具，其操作界面如图 5-3 所示，此

时显示硬盘当前分区情况。

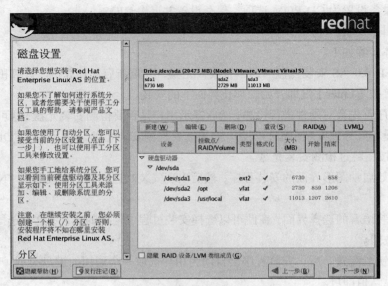

图 5-3　磁盘原有的分区信息

在 Disk Druid 操作界面的上部，首先显示出硬盘的逻辑设备名称（如/dev/sda1）、硬盘的物理信息及硬盘的型号等，然后以柱状图方式显示各分区占用硬盘的比例情况。

在界面的中部是与磁盘分区相关的功能按钮，然后显示当前硬盘各磁盘分区的具体情况如下。

- /dev/sda1：表示硬盘的主分区，它采用 ext2 文件系统类型，占用 6 730MB 磁盘空间。
- /dev/sda2：表示硬盘的主分区，它采用 vfat 文件系统类型，占用 2 730MB 磁盘空间。
- /dev/sda3：表示硬盘的主分区，它采用 vfat 文件系统类型，占用 11 013MB 磁盘空间。

Disk Druid 是 Linux 提供的一个图形化硬盘分区工具，使用这个工具能直观方便地完成硬盘分区工作。Disk Druid 提供了一些操作按钮供用户使用，它们的含义如下。

- 新建：用于创建一个新的分区。
- 编辑：用来修改已经创建的分区属性。
- 删除：删除用户所选的分区。
- 重设：用来把分区表恢复到最初状态，单击该按钮后，所做的所有改变将会丢失。
- RAID：创建磁盘冗余阵列。
- LVM：创建 LVM 逻辑卷。

　　　磁盘分区是整个 Linux 安装过程中最为关键的一步，一定要小心谨慎。如果操作不慎，可能还会影响到原来的系统。

⑧ 删除一个 Windows 的分区。

为了利用上述盘的磁盘空间来安装 RHEL 4.0 AS，就必须首先删除该盘所在的分区。选中"/dev/sda3"所在行，单击"删除"按钮，出现"确认删除"对话框，单击"删除"按钮。刚才/dev/sda3 所在的行已经被"空闲"所取代，表明分区已经成功删除，这个磁盘分区上原有的一切数据都不复存在，如图 5-4 所示。

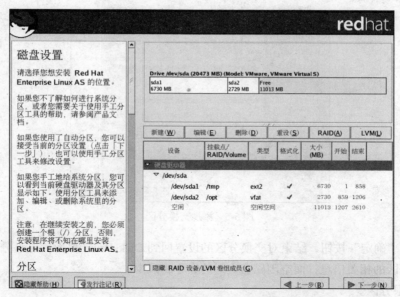

图 5-4　删除磁盘后的磁盘分区情况

⑨ 磁盘分区方案。

安装 Linux 与安装 Windows 在磁盘分区方面的要求有所不同。安装 Windows 时磁盘中可以只有一个分区（C 盘），而安装 Linux 时必须至少有两个分区：交换分区（又称 swap 分区）和/分区（又称根分区），最简单的分区方案如下。

● 交换分区：用于实现虚拟内存，也就是说，当系统没有足够的内存来存储正在被处理的数据时，可将部分暂时不用的数据写入交换分区。一般情况下，交换分区的大小是物理内存的 1~2倍，其文件系统类型一定是 swap。

● /分区：用于存放包括系统程序和用户数据在内的所有数据，其文件系统类型通常是 ext3或者是 ext2，但 ext3 优于 ext2，建议使用 ext3。

当然也可以为 Linux 多划分几个分区，那么系统就将根据数据的特性，把相关的数据保留到指定的分区中，而其他剩余的数据就保留在/分区。Red Hat 推荐的分区方案为 Linux 划分的 4 个分区，它们分别如下。

● 交换分区。

● /boot 分区：约 100MB，用于存放 Linux 内核，以及在启动过程中使用的文件。

● /var 分区：专门用于保存管理性和记录性数据，以及临时文件等。

● /分区：保存其他的所有数据。

在此以最简单的分区方案为例说明创建 Linux 的磁盘分区方法。分区创建的先后顺序不影响分区的结果，用户既可以先新建交换分区，也可以先新建根分区。

⑩ 新建交换分区。

选中"空闲"所在行，单击"新建"按钮，出现如图 5-5 所示界面。

在图 5-5 所示的对话框中进行如下操作。

（a）单击"文件系统类型"下拉列表，选中"swap"，那么"挂载点"下拉列表的内容会显示为灰色的（不适用），即交换分区不需要挂载点。

（b）在"大小"文本框输入表示交换分区大小的数字。

图 5-5　添加交换分区

（c）单击"确定"按钮，结束对交换分区的设置回到 Disk Druid 界面。磁盘分区信息部分多出一行交换分区的相关信息，而空闲磁盘空间的大小将减少。

⑪ 新建根分区。

再次选中"空闲"所在行，单击"新建"按钮，出现如图 5-6 所示界面。

图 5-6　添加根分区

在图 5-6 所示的对话框中进行如下操作。

（a）单击"挂载点"下拉列表，选中"/"，即新建根分区。

（b）单击"文件系统类型"下拉列表，选中"ext3"，根分区用 ext3 文件系统类型。

（c）由于不再设置其他的分区，在"大小"文本框中可以不输入，而在"其他大小选项"栏中选择"使用全部可用空间"，那么磁盘上所有的可用空间都划归根分区。

（d）单击"确定"按钮，结束对根分区的设置。

出现如图 5-7 所示界面，显示新建 Linux 分区后的磁盘分区情况。此时"格式化"栏中出现"√"符号，表示两个 Linux 分区均要进行格式化来创建文件系统。至此磁盘分区工作全部完成，单击"下一步"按钮继续。

如果需要建立/boot分区，按同样方法建立，不再赘述。

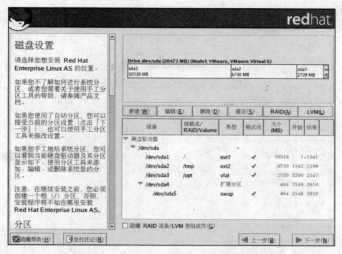

图 5-7 新建 Linux 分区后的磁盘分区情况

（3）在引导装载程序配置界面中，可以设置引导装载程序 GRUB 的属性，如图 5-8 所示。这里使用默认的配置即可，单击"下一步"按钮。

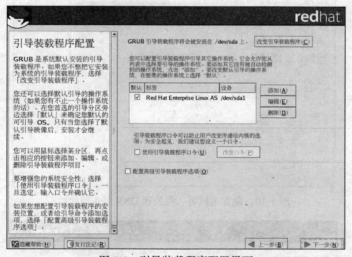

图 5-8 引导装载程序配置界面

（4）在网络配置界面中，安装程序提供通过 DHCP 自动配置和手工设置两种配置网络的方法。对于服务器而言，IP 地址通常是固定的，所以应该使用手工设置。单击"网络设置"旁边的"编辑"按钮，在弹出的"编辑接口 eth0"对话框中去除"使用 DHCP 进行配置"复选框的选择，然后在"IP 地址"和"子网掩码"文本框中根据实际情况输入相应值。选中"引导时激活"复选框，网卡会在 Linux 系统引导时自动激活设备，否则就需要进入系统后手动启动，如图 5-9 所示。

回到网络配置界面中，根据实际情况来设置主机名、网关和 DNS 服务器地址等参数，如图 5-10 所示，单击"下一步"按钮继续。

（5）Linux 本身内置了软件防火墙以加强计算机连接网络的安全性。默认 Linux 是启用防火墙的。对于初学者而言，在这里建议选择"无防火墙"单选按钮，将"是否启用 SELinux"设置为"已禁用"，如图 5-11 所示，单击"下一步"按钮继续。

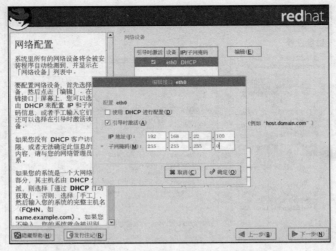

图 5-9 "编辑接口 eth0" 对话框

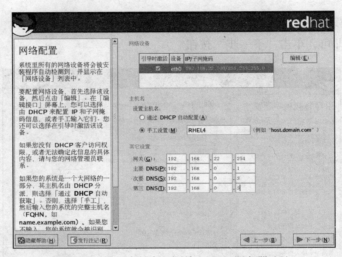

图 5-10 设置主机名、网关和 DNS 服务器地址

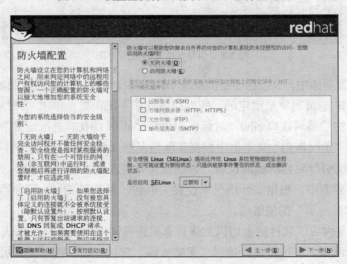

图 5-11 防火墙配置界面

这主要是考虑到初学者在学习和测试网络服务时，经常会遇到虽然服务配置正确，但由于开启了防火墙和 SELinux，因此在测试时经常会发现服务不能正常工作，花费大量的时间和精力去调试，最后才找到原因是出在防火墙和 SELinux 上。为了使读者能将精力放在服务的配置上，建议在学习的过程将防火墙和 SELinux 功能关闭。

 为了确保安全，对于准备投入实际运行的 Linux 服务器，一定要开启防火墙和 SELinux 功能。但如果在安装系统时没有启用防火墙和 SELinux 功能，可以在安装后进行启用，方法有以下两种。

● 执行"system-config-securitylevel"命令启动服务配置程序，在出现的对话框中的"安全级别"选项中，选择"启用"确定即可。

● 启用 SELinux。编辑"/etc/selinux/config"文件，找到语句"SELINUX=disabled"，将该句改为"SELINUX=enforcing"。重新启动 Linux，SELinux 就会被启用了。

（6）在选择系统支持的语言界面中，可以选择系统安装的语言和系统默认语言，这里建议除了选择常用的简体中文以外，还可以选择一些常用的语言（如英语），这样方便日后的使用。

（7）在时区选择界面中，应根据实际来选择。这里选择"亚洲，上海"按钮，单击"下一步"按钮继续。

（8）在设置根口令界面中，可以为 root 管理员账号设置口令。

（9）在软件包安装的默认设置界面中，安装程序会显示将要安装的软件包，建议这里选择"定制要安装的软件包"，这样可以在这里定制要安装的软件，如图 5-12 所示，单击"下一步"按钮继续。

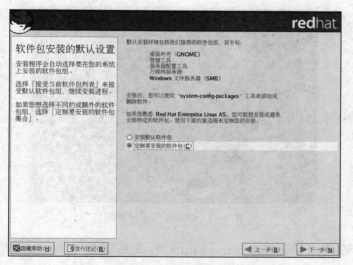

图 5-12　软件包安装的默认设置界面

（10）在"选择软件包组"界面中，为了方便编辑各种服务的配置软件和安装基于源序的软件包，建议安装"应用程序"中的"编辑器"，"服务器"中的"邮件服务器"、"DNS 名称服务器"、"网络服务器"、"SQL 数据库"，"开发"中的"开发工具"，如图 5-13 所示，单击"下一步"按钮继续。

（11）安装程序会让用户进行安装的最后确认，单击"下一步"按钮继续安装，接下来安装程序会非常善意地提醒用户需要准备的安装光盘，直接单击"继续"按钮即可。

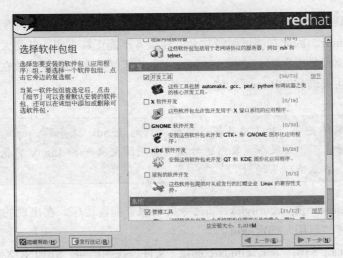

图 5-13　选择软件包组

（12）安装程序开始安装 Red Hat Enterprise Linux。

（13）在此整个漫长的安装过程中，安装程序会提示更换光盘。用户只要根据提示将相应的安装光盘放入光驱确定即可。

（14）安装程序报告系统安装完毕。至此，Red Hat Enterprise Linux 的安装完全结束，取出光驱中的安装光盘，单击"重新引导"按钮。

（15）计算机重新引导后，会出现 GRUB 的引导界面，默认 5s 内用户没有任何操作，则自动进入默认的操作系统 Red Hat Enterprise Linux，如图 5-14 所示。

图 5-14　GRUB 的引导界面

3．首次启动 Red Hat Enterprise Linux 的设置

具体的设置步骤如下。

（1）首次启动 Red Hat Enterprise Linux 后，会运行系统设置代理程序，单击"下一步"按钮继续。

（2）进入"许可协议"界面，选择"Yes，I agree to the License Agreement"，单击"下一步"按钮继续。

（3）在进入"日期和时间"设置界面后，应根据实际情况设置正确的时间，单击"下一步"按钮继续。

（4）在"显示"设置界面中，应根据实际设置，单击"下一步"按钮继续。

（5）在"Red Hat 网络登录"界面中，应输入在 Red Hat 网站注册的登录账户和口令，单击"下一步"按钮继续。

（6）在"激活"界面中，Red Hat Enterprise Linux 需要输入订阅号码来激活产品。所以这里选择"使用我现有的活跃订阅"，单击"下一步"按钮继续。

（7）在"系统用户"界面中，输入一个普通用户的用户名、全名、口令和确认口令（必须和口令相同）后，单击"下一步"按钮继续。

（8）在"声卡"界面中，单击"播放测试声音"按钮，系统将播放 3 次声音（右声道、左声道、立体声）。若声音播放正确，在随后弹出的声音播放成功对话框中选择"是"，反之选择"否"，系统将暂时屏蔽音频。声音设置完成后，如图 5-15 所示，单击"下一步"按钮继续。

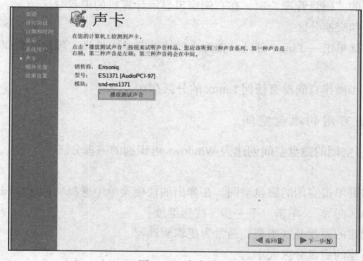

图 5-15　声卡界面

（9）在"额外光盘"界面中，可以通过额外光盘用来安装用户所需的额外软件。由于可以在以后安装，因此这里直接单击"下一步"按钮。

（10）在"结束设置"界面中，直接单击"下一步"按钮，可以完成首次启动的设置工作。接下来就可以开始使用 Red Hat Enterprise Linux 了。

当 RHEL 4.0 AS 安装完成后，如果需要卸载，可按如下步骤完成卸载操作。

4．删除引导装载程序

【操作要求】删除 GRUB 引导装载程序。

【操作步骤】

（1）修改 BIOS 的启动顺序，确保以光盘启动计算机。

（2）将 Windows 2000 的第一张安装光盘放入光驱，重新启动计算机后出现安装程序界面。

（3）按【R】键，选择对 Windows 2000 进行修复。

（4）按【C】键，选择以故障恢复控制台方式对 Windows 2000 进行修复。

（5）根据屏幕提示，输入 Windows 2000 安装目录的编号，并按下【Enter】键。

（6）输入管理员密码，并按下【Enter】键。

（7）在 DOS 命令提示符后输入"fixmbr"命令。

（8）输入"y"并按【Enter】键，确定修改主启动记录的内容。

（9）最后在 DOS 命令提示符后输入"exit"命令退出。

5. 删除 Linux 分区

【操作要求】删除 Linux 所用分区。

【操作步骤】

（1）重新启动计算机，GRUB 的启动界面将不会出现，登录 Windows 2000。

（2）依次单击"开始"→"程序"→"管理工具"→"计算机管理"命令，打开"计算机管理"窗口。

（3）单击左侧的"磁盘管理"项，在右侧窗口显示计算机的磁盘分区情况。Linux 至少占用两个分区：根分区和交换分区。

（4）用鼠标右键单击一 Linux 分区，在弹出的快捷菜单中选择"删除逻辑驱动器"命令，即删除这个磁盘分区。

（5）重复上一步操作直到没有任何 Linux 的分区存在。

6. 重新利用可用的磁盘空间

【操作要求】将空闲的磁盘空间创建为 Windows 可识别的磁盘分区。

【操作步骤】

（1）用鼠标右键单击空闲的磁盘空间，在弹出的快捷菜单中选择"创建逻辑驱动器"命令，出现"创建磁盘分区向导"，单击"下一步"按钮继续。

（2）选择要创建的磁盘分区类型，通常为逻辑驱动器。

（3）指定要创建的磁盘分区大小。

（4）指定这个磁盘分区的驱动器号。

（5）选择对这个磁盘分区进行格式化，并决定这个磁盘分区上使用的文件系统，以及分配单位的大小等。

（6）在完成"创建磁盘分区向导"界面上单击"完成"按钮结束。

5.1.6　实训思考题

● Linux 的版本分为哪两类？分别代表什么意思？

● Linux 有几种安装方法？

● 要建立 Linux 分区可以有哪几种方法？怎样使用 Disk Druid 工具建立磁盘分区。

● 安装 Linux 至少需要哪两个分区？还有哪些常用分区？

5.1.7　实训报告要求

● 实训目的。

● 实训内容。

- 实训步骤。
- 实训中的问题和解决方法。
- 回答实训思考题。
- 实训心得与体会。
- 建议与意见。

5.2　Linux 常用命令

5.2.1　实训目的

- 掌握 Linux 各类命令的使用方法。
- 熟悉 Linux 操作环境。

5.2.2　实训内容

练习使用 Linux 常用命令，达到熟练应用的目的。

5.2.3　实训环境

- 一台已经安装好 Linux 操作系统的主机，并且已经配置好基本的 TCP/IP 参数，能够通过网络连接局域网中或远程的主机。
- 一台 Linux 服务器，能够提供 FTP、Telnet 和 SSH 连接。

5.2.4　理论基础

1．Linux 命令特点

在 Linux 系统中命令区分大小写。在命令行中，可以使用【Tab】键来自动补齐命令，即可以只输入命令的前几个字母，然后按【Tab】键，系统将自动补齐该命令，若命令不止一个，则显示出所有和输入字符相匹配的命令。

按【Tab】键时，如果系统只找到一个和输入字符相匹配的目录或文件，则自动补齐；如果没有匹配的内容或有多个相匹配的名字，系统将发出警鸣声，再按一下【Tab】键将列出所有相匹配的内容（如果有的话），以供用户选择。例如，在命令提示符后输入 "mou"，然后按【Tab】键，系统将自动补全该命令为 "mount"；如果在命令提示符后只输入 "mo"，然后按【Tab】键，此时将警鸣一声，再次按【Tab】键，系统将显示所有以 "mo" 开头的命令。

另外，利用向上或向下的光标键，可以翻查曾经执行过的历史命令，并可以再次执行。

如果要在一个命令行上输入和执行多条命令，可以使用分号来分隔命令，如 "cd /;ls"。

断开一个长命令行，可以使用反斜杠 "\"，以将一个较长的命令分成多行表达，增强命令的可读性。执行后，Shell 自动显示提示符 ">"，表示正在输入一个长命令，此时可继续在新行上输

入命令的后续部分。

2. 后台运行程序

一个文本控制台或一个仿真终端在同一时刻只能运行一个程序或命令，在未执行结束前，一般不能进行其他操作，此时可采用将程序在后台执行，以释放控制台或终端，使其仍能进行其他操作。要使程序以后台方式执行，只需在要执行的命令后跟上一个"&"符号即可，如"find / -name httpd.conf &"。

3. 浏览目录类命令

● pwd 命令

pwd 命令用于显示用户当前所在的目录。如果用户不知道自己当前所在的目录，就必须使用它。

● cd 命令

cd 命令用来在不同的目录中进行切换。用户在登录系统后，会处于用户的家目录（$HOME）中，该目录一般以/home 开始，后跟用户名，这个目录就是用户的初始登录目录（root 用户的家目录为/root）。如果用户想切换到其他的目录中，就可以使用 cd 命令，后跟想要切换的目录名。

● ls 命令

ls 命令用来列出文件或目录信息。该命令的语法为：

```
ls [参数] [目录或文件]
```

4. 浏览文件类命令

● cat 命令

cat 命令主要用于滚屏显示文件内容或是将多个文件合并成一个文件。该命令的语法为：

```
cat [参数] 文件名
```

● more 命令

more 命令通常用于分屏显示文件内容。大部分情况下，可以不加任何参数选项执行 more 命令查看文件内容，执行 more 命令后，进入 more 状态，按【Enter】键可以向下移动一行，按【Space】键可以向下移动一页，按【Q】键可以退出 more 命令。该命令的语法为：

```
more [参数] 文件名
```

● less 命令

less 命令是 more 命令的改进版，比 more 命令的功能强大。more 命令只能向下翻页，而 less 命令可以向下、向上翻页，甚至可以前后左右的移动。执行 less 命令后，进入 less 状态，按【Enter】键可以向下移动一行，按【Space】键可以向下移动一页，按【B】键可以向上移动一页，也可以用光标键向前、后、左、右移动，按【Q】键可以退出 less 命令。

less 命令还支持在一个文本文件中进行快速查找。先按下斜杠键【/】，再输入要查找的单词或字符。less 命令会在文本文件中进行快速查找，并把找到的第 1 个搜素目标高亮度显示。如果希望继续查找，就再次按下斜杠键【/】，再按【Enter】键即可。

less 命令的用法与 more 基本相同，例如：

```
[root@RHEL4 ~]#less /etc/httpd/conf/httpd.conf   // 以分页方式查看 httpd.conf 文件的内容。
```

● head 命令

head 命令用于显示文件的开头部分，默认情况下只显示文件的前 10 行内容。该命令的语法为：

```
head [参数] 文件名
```

- tail 命令

tail 命令用于显示文件的末尾部分，默认情况下只显示文件的末尾 10 行内容。该命令的语法为：

```
tail [参数] 文件名
```

5. 目录操作类命令

- mkdir 命令

mkdir 命令用于创建一个目录。该命令的语法为：

```
mkdir [参数] 目录名
```

- rmdir 命令

rmdir 命令用于删除空目录。该命令的语法为：

```
rmdir [参数] 目录名
```

6. 文件操作类命令

- cp 命令

cp 命令主要用于文件或目录的复制。该命令的语法为：

```
cp [参数] 源文件　目标文件
```

- mv 命令

mv 命令主要用于文件或目录的移动或改名。该命令的语法为：

```
mv [参数] 源文件或目录　目标文件或目录
```

- rm 命令

rm 命令主要用于文件或目录的删除。该命令的语法为：

```
rm [参数] 文件名或目录名
```

- touch 命令

touch 命令用于建立文件或更新文件的修改日期。该命令的语法为：

```
touch [参数] 文件名或目录名
```

- diff 命令

diff 命令用于比较两个文件内容的不同。该命令的语法为：

```
diff [参数] 源文件　目标文件
```

- ln 命令

ln 命令用于建立两个文件之间的链接关系。该命令的语法为：

```
ln [参数] 源文件或目录　链接名
```

- gzip 和 gunzip 命令

gzip 命令用于对文件进行压缩，生成的压缩文件以 ".gz" 结尾，而 gunzip 命令是对以 ".gz" 结尾的文件进行解压缩。该命令的语法为：

```
gzip -v 文件名
gunzip -v 文件名
```

- tar 命令

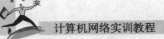
tar 是用于文件打包的命令行工具，tar 命令可以把一系列的文件归档到一个大文件中，也可以把档案文件解开以恢复数据。总的来说，tar 命令主要用于打包和解包。tar 命令是 Linux 系统中常用的备份工具之一。该命令的语法为：

```
tar [参数]  档案文件  文件列表
```

● rpm 命令

rpm 命令主要用于对 RPM 软件包进行管理。RPM 包是 Linux 各种发行版本中应用最为广泛的软件包格式之一。学会使用 rpm 命令对 RPM 软件包进行管理至关重要。该命令的语法为：

```
rpm [参数]  软件包名
```

● find 命令

find 命令用于文件查找。它的功能非常强大。该命令的语法为：

```
find [路径]  [匹配表达式]
```

● grep 命令

grep 命令用于查找文件中包含有指定字符串的行。该命令的语法为：

```
grep [参数]  要查找的字符串  文件名
```

7. 系统信息类命令

● dmesg 命令

dmesg 命令用实例名和物理名称来标识连到系统上的设备。dmesg 命令也显示系统诊断信息、操作系统版本号、物理内存大小及其他信息。例如：

```
[root@RHEL4 ~]#dmesg|more
```

● df 命令

df 命令主要用来查看文件系统各个分区的占用情况。

该命令列出系统上所有已挂载分区的大小、已占用的空间、可用空间及占用率。空间大小的单位为 K。使用选项-h，将使输出的结果具有更好的可读性。

● du 命令

du 命令主要用来查看某个目录中各级子目录所使用的硬盘空间数。基本用法是在命令后跟目录名。如果不跟目录名，则默认为当前目录。

● free 命令

free 命令主要用来查看系统内存、虚拟内存的大小及占用情况。

● date 命令

date 命令可以用来查看系统当前的日期和时间。

● cal 命令

cal 命令用于显示指定月份或年份的日历，可以带两个参数，其中年、月份用数字表示；只有一个参数时表示年份，年份的范围为 1 ~ 9 999；不带任何参数的 cal 命令显示当前月份的日历。

● clock 命令

clock 命令用于从计算机的硬件获得日期和时间。

8. 进程管理类命令

● ps 命令

ps 命令主要用于查看系统的进程。该命令的语法为：

```
ps [参数]
```

　　● kill 命令

　　前台进程在运行时，可以用【Ctrl+C】快捷键终止它，但后台进程无法使用这种方法终止，此时可以使用 kill 命令向进程发送强制终止信号，以达到目的。

　　● killall 命令

　　和 kill 命令相似，killall 命令可以根据进程名发送信号。例如：

```
[root@RHEL4 dir1]# killall -9 httpd
```

　　● top 命令

　　和 ps 命令不同，top 命令可以实时监控进程的状况。top 屏幕自动每 5s 刷新一次，也可以用"top –d 20"，使得 top 屏幕每 20s 刷新一次。

　　● bg、jobs、fg 命令

　　bg 命令用于把进程放到后台运行。例如：

```
[root@RHEL4 dir1]# bg find
```

　　jobs 命令用于查看在后台运行的进程。例如：

```
[root@RHEL4 dir1]# find / -name aaa &
[1] 2469
[root@RHEL4 dir1]# jobs
[1]+ Running                find / -name aaa &
```

　　fg 命令用于把从后台运行的进程调到前台。例如：

```
[root@RHEL4 dir1]# fg find
```

9．其他命令

　　● man 命令

　　man 命令用于列出命令的帮助手册。例如：

```
[root@RHEL4 dir1]# man ls
```

5.2.5　实训步骤

1．文件和目录类命令

　　（1）启动计算机，利用 root 用户登录到系统，进入字符提示界面。

　　（2）用 pwd 命令查看当前所在的目录。

```
#pwd
```

　　（3）用 ls 命令列出此目录下的文件和目录。

```
#ls
```

　　（4）用-a 选项列出此目录下包括隐藏文件在内的所有文件和目录。

```
#ls -a
```

　　（5）用 man 命令查看 ls 命令的使用手册。

```
#man ls
```

　　（6）在当前目录下，创建测试目录 test。

```
#mkdir test
```

　　（7）利用 ls 命令列出文件和目录，确认 test 目录创建成功。

```
#ls
```

（8）进入 test 目录，利用 pwd 查看当前工作目录。

```
#cd test;pwd
```

（9）利用 touch 命令，在当前目录创建一个新的空文件 newfile。

```
#touch  newfile
```

（10）利用 cp 命令复制系统文件/etc/profile 到当前目录下。

```
#cp /etc/profile .
```

（11）复制文件 profile 到一个新文件 profile.bak，作为备份。

```
#cp profile profile.bak
```

（12）用 ll 命令以长格形式列出当前目录下的所有文件，注意比较每个文件的长度和创建时间的不同。

```
#ll
```

（13）用 less 命令分屏查看文件 profile 的内容，注意练习 less 命令的各个子命令，如 b、p、q 等，并对 then 关键字查找。

```
#less profile
```

（14）用 grep 命令在 profile 文件中对关键字 then 进行查询，并与上面的结果比较。

```
#grep profile
```

（15）给文件 profile 创建一个软链接 lnsprofile 和一个硬链接 lnhprofile。

```
#ln -s profile lnsprofile
#ln profile lnhprofile
```

（16）长格形式显示文件 profile、lnsprofile 和 lnhprofile 的详细信息。注意比较 3 个文件链接数的不同。

```
#ll
```

（17）删除文件 profile，用长格形式显示文件 lnsprofile 和 lnhprofile 的详细信息，比较文件 lnhprofile 的链接数的变化。

```
#rm profile;ll
```

（18）用 less 命令查看文件 lnsprofile 的内容，看看有什么结果。

```
#less lnsprofile
```

（19）用 less 命令查看文件 lnhprofile 的内容，看看有什么结果。

```
#less lnhprofile
```

（20）删除文件 lnsprofile，显示当前目录下的文件列表，回到上层目录。

```
#rm lnsprofile;ls;cd ..
```

（21）用 tar 命令把目录 test 打包。

```
#tar -cvf test.tar test
```

（22）用 gzip 命令把打好的包进行压缩。

```
#gzip test.tar
```

（23）把文件 test.tar.gz 改名为 backup.tar.gz。

```
#mv test.tar.gz backup.tar.gz
```

（24）显示当前目录下的文件和目录列表，确认重命名成功。

（25）把文件 backup.tar.gz 移动到 test 目录下。

```
#mv backup.tar.gz test/
```

（26）显示当前目录下的文件和目录列表，确认移动成功。

（27）进入 test 目录，显示目录中的文件列表。

（28）把文件 backup.tar.gz 解包。

```
#tar -zxvf backup.tar.gz
```

（29）显示当前目录下的文件和目录列表，复制 test 目录为 testbak 目录作为备份。

```
#ls;cp -r test testbak
```

（30）查找 root 用户自己主目录下的所有名为 newfile 的文件。

```
#grep ~ -name newfile
```

（31）删除 test 子目录下的所有文件。

```
#rm test/*
```

（32）利用 rmdir 命令删除空子目录 test。

```
#rmdir test
```

回到上层目录，利用 rm 命令删除目录 test 和其下所有文件。

2. 系统信息类命令

（1）利用 date 命令显示系统当前时间，并修改系统的当前时间。

```
#date;date -d 08/23/2008
```

（2）显示当前登录到系统的用户状态。

（3）利用 free 命令显示内存的使用情况。

```
#free
```

（4）利用 df 命令显示系统的硬盘分区及使用状况。

```
#df
```

（5）显示当前目录下各级子目录的硬盘占用情况。

```
#du
```

3. 进程管理类命令

（1）使用 ps 命令查看和控制进程。

① 显示本用户的进程：#ps。

② 显示所有用户的进程：#ps -au。

③ 在后台运行 cat 命令：#cat &。

④ 查看进程 cat ：# ps aux |grep cat。

⑤ 杀死进程 cat：#kill –9 cat。

⑥ 再次查看进程 cat，看看是否被杀死。

（2）使用 top 命令查看和控制进程。

① 用 top 命令动态显示当前的进程。

② 只显示用户 user01 的进程（利用【U】键）。

③ 利用【K】键，杀死指定进程号的进程。

（3）挂起和恢复进程。

① 执行命令 cat。

② 按【Ctrl+Z】键，挂起进程 cat。

③ 输入 jobs 命令，查看作业。

④ 输入 bg，把 cat 切换到后台执行。

⑤ 输入 fg，把 cat 切换到前台执行。

⑥ 按【Ctrl+C】键，结束进程 cat。

（4）find 命令的使用。

① 在/var/lib 目录下查找所有文件其所有者是 games 用户的文件。

```
#find /var/lib -user games 2> /dev/null
```

② 在/var 目录下查找所有文件其所有者是 root 用户的文件。

```
#find /var -user root 2>/dev/mull
```

③ 查找所有文件其所有者不是 root、bin 和 student 用户，并用长格式显示（如 ls-l 的显示结果）。

```
#find / -not -user root -not -user bin -not -user student -ls 2> /dev/null
```

或者是：

```
#find / ! -user root ! -user bin ! -user student -exec ls -ld {} \; 2> /dev/null
```

④ 查找/usr/bin 目录下所有大小超过一百万 byte 的文件，并用长格式显示（如 ls-l 的显示结果）。

```
#find /usr/bin -size +1000000c -ls 2> /dev/null
```

⑤ 对/etc/mail 目录下的所有文件使用 file 命令。

```
#find /etc/maill -exec file {} \; 2 > /dev/null
```

⑥ 查找/tmp 目录下属于 student 的所有普通文件，这些文件的修改时间为 120 分钟以前，查询结果用长格式显示（如 ls-l 的显示结果）。

```
# find /tmp -user student -and -mmin +120 -and -type f -ls 2> /dev/null
```

⑦ 对于查到的上述文件，用-ok 选项删除。

```
# find /tmp -user student -and -mmin +120 -and -type f -ok rm {} \;
```

4. rpm 软件包的管理

（1）查询系统是否安装了软件包 squid。

```
[root@RHEL4 ~]#rpm -q squid
```

（2）如果没有安装，则挂载 Linux 第 2 张安装光盘，安装 squid-3.5.STABLE6-3.i386.rpm 软件包。

```
[root@RHEL4 ~]#mount /media/cdrom
[root@RHEL4 ~]#rpm -ivh /media/cdrom/RedHat/RPMS/squid-3.5.STABLE6-3.i386.rpm
```

（3）卸载刚刚安装的软件包。

```
[root@RHEL4 ~]#rpm -e squid
```

（4）软件包的升级：rpm   Uvh squid-3.5.STABLE6-3.i386.rpm。

（5）软件包的更新：rpm   Fvh squid-3.5.STABLE6-3.i386.rpm。

5. tar 命令的使用

系统上的主硬盘在使用的时候有可怕的噪音，但是它上面有有价值的数据。系统在两年半以前备份过，你决定手动备份少数几个最紧要的文件。/tmp 目录里储存在不同硬盘的分区上快坏的分区，这样你想临时把文件备份到那里。

（1）在/home 目录里，用 find 命令定位文件所有者是 student 的文件，然后将其压缩。

```
#find /home -user student -exec tar zvf /tmp/backup.tar {} \;
```

（2）保存/etc 目录下的文件到/tmp 目录下。

```
#tar cvf /tmp/confbackup.tar /etc
```

（3）列出两个文件的大小。

（4）使用 gzip 压缩文档。

5.2.6　实训思考题

more 与 less 命令有何区别。

5.2.7　实训报告要求

- 实训目的。
- 实训内容。
- 实训环境。
- 实训步骤。
- 实训中的问题和解决方法。
- 回答实训思考题。
- 实训心得与体会。
- 建议与意见。

5.3　Linux 系统用户管理

5.3.1　实训目的

- 熟悉 Linux 用户的访问权限。
- 掌握在 Linux 系统中增加、修改、删除用户或用户组的方法。
- 掌握用户账户管理及安全管理。

5.3.2　实训内容

- 用户的访问权限。
- 账号的创建、修改、删除。
- 自定义组的创建与删除。

5.3.3　实训环境

一台已经安装好 Windows 2000 的计算机（最好有音响或耳机），一套 RHEL 4.0 AS 安装光盘。

5.3.4　理论基础

Linux 属于多用户、多任务的操作系统，可让不同的用户从本地登录。在网络上则允许用户利用 Telnet 等方式从远程登录。但无论是从本机还是从远程登录，用户都必须在该主机上拥有账号。

1. 管理员账号

安装 Linux 之后，系统默认包括了 root 账号。此账号的用户为系统管理员，对系统有完全的控制权，可对系统做任何设置和修改（甚至摧毁整个系统），所以维护 root 账号的安全格外重要。以管理员身份登录系统后，可对 root 账号密码进行修改，修改密码可在 X Window 图形模式中进行，也可以命令方式进行。

2. 用户账号

用户登录系统时，必须有自己的账号名（login name）和密码，且用户的账号名必须是唯一的。用户的账号可以由管理员创建、修改或删除。

3. 组

为方便用户管理，把具有相同性质、相同权限的用户集中起来管理，这种用户集合就称为组。创建组的方法和创建账号几乎相同，组名也必须是唯一的，组也可以由管理员创建、修改和删除。

用户和组的管理可以在图形模式下进行，也可以在字符方式下用 Linux 相关命令进行管理。

- 用户标识码 UID 和组标识码 GID 的编号从 500 开始，0～499 保留给系统使用，若创建用户账号或组群时未指定标识码，则系统会自动指定从编号 500 开始查找尚未使用的号码。
- 在 Linux 系统中，英文字母的大小写是有差别的。

4. 用户切换

在某些情况下，已经登录的用户需要改变身份，即进行用户切换，以执行当前用户权限之外的操作。这时可以用下述方法实现。

（1）注销重新进入系统。在 GNOME 桌面环境中单击左上角的"动作"按钮，执行"注销"命令，屏幕上会出现新的登录界面，如图 5-16 所示。这时输入新的用户账号及密码，重新进入系统。

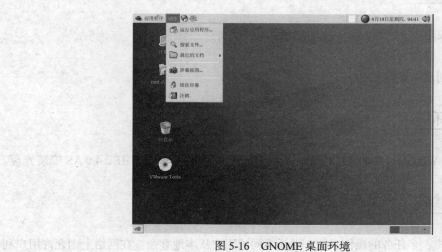

图 5-16　GNOME 桌面环境

（2）运行 su 命令进行用户切换。Linux 操作系统提供了虚拟控制台功能，即在同一物理控制台实现多用户同时登录和同时使用该系统。使用者可以充分利用这种功能进行用户切换。su 命令可以使用户方便地进行切换，不需要用户进行注销操作就可以完成用户切换。要升级为超级用户（root），只需在提示符$下输入 su，按屏幕提示输入超级用户（root）的密码，即可切换成超级用户。例如：

```
[root@RHEL4 ~]# whoami
root
[root@RHEL4 ~]# su user1               //root 用户转换为任何用户都不需要口令
[user1@RHEL4 /root]$ whoami
User1
[user1@RHEL4 /root]$ su root           //普通用户转换为任何用户都需要提供口令
Password:
[user1@RHEL4 /root]$ exit              //使用 exit 命令可以退回到上一次使用 su 命令时的用户
exit
[root@RHEL4 ~]# whoami
root
```

su 命令不指定用户名时将从当前用户转换为 root 用户，但需要输入 root 用户的口令。

5.3.5　实训步骤

1. 用户账号管理

在图形模式下管理用户账号。以 root 账号登录 GNOME 后，在 GNOME 桌面环境中单击左上角的主选按钮，单击"系统设置"→"用户和组群"，出现"用户管理器"界面，如图 5-17 所示。

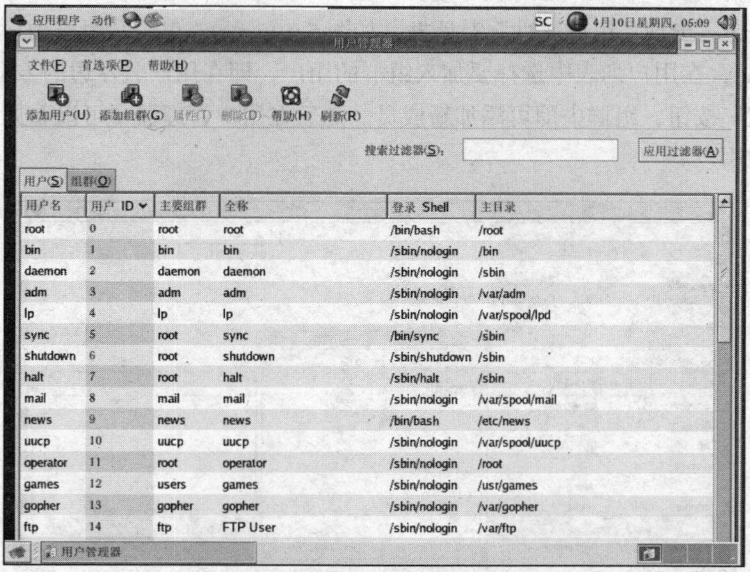

图 5-17　"用户管理器"界面

在用户管理器中可以创建用户账号，修改用户账号和口令，删除账号，加入指定的组群等操作。

（1）创建用户账号。在图 5-17 所示界面的用户管理器的工具栏中单击"添加用户"按钮，出现"创建新用户"界面。在界面中相应位置输入用户名、全称、口令、确认口令、主目录等，最后单击"确定"按钮，新用户即可建立。

（2）修改用户账号和口令。在用户管理器的用户列表中选定要修改用户账号和口令的账号，单击"属性"按钮，出现"用户属性"界面，选择"用户数据"选项卡，修改该用户的账号（用户名）和密码，单击"确定"按钮即可，如图 5-18 所示。

（3）将用户账号加入组群。在"用户属性"界面中，单击"组群"选项卡，在组群列表中选定该账号要加入的组群，单击"确定"按钮。

（4）删除用户账号。在用户管理器中选定欲删除的用户名，单击"删除"按钮，即可删除用户账号。

图 5-18 "用户属性"界面

（5）其他设置。在"用户属性"界面中，单击"账号信息"和"口令信息"，可查看和设置账号与口令信息。

2. 在图形模式下管理组群

在用户管理器中可以方便地进行创建组群、添加组群成员、删除组群成员、修改组群等操作。

（1）创建组群。在用户管理器中单击"添加组群"按钮，出现"创建组群"界面，输入组群名后，单击"确定"按钮，即可建立新组群。

（2）添加组群成员。在用户管理器中选择"组群"选项卡，选定要添加组群成员的组群名，单击"属性"按钮，出现"组群属性"对话框，如图 5-19 所示。单击"组群用户"选项卡，出现"组群用户"界面，在用户列表中选择要加入组群的用户，即在用户名左边的方框内出现"√"，然后单击"确定"按钮，组群中即可添加新成员。随后在用户管理器中可以看见新创建的组群中加入了新选定的用户。

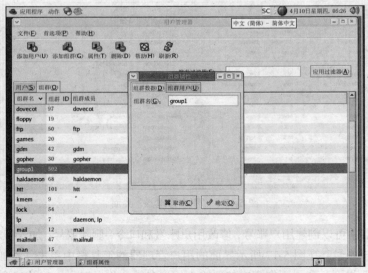

图 5-19 "群组属性"界面

（3）删除组群成员。在用户管理器中选定欲删除的组群名，单击"删除"按钮，即可删除用户账号。

5.3.6　实训思考题

- root 账号和普通账号有什么区别？root 账号为什么不能删除？
- 用户和组群有何区别？
- 如何在组群中添加用户？

5.3.7　实训报告要求

- 实训目的。
- 实训内容。
- 实训环境。
- 实训步骤。
- 实训中的问题和解决方法。
- 回答实训思考题。
- 实训心得与体会。
- 建议与意见。

5.4　Samba 服务的配置与应用

5.4.1　实训目的

掌握 Samba 服务器的安装、配置与调试。

5.4.2　实训内容

- 建立和配置 Samba 服务器。
- 在 Linux 与 Windows 的用户之间建立映射。
- 建立共享目录并设置权限。
- 使用共享资源。

5.4.3　实训环境及要求

1. 建立 Samba 服务器，并根据以下要求配置服务器

（1）设置 Samba 服务器所属的群组名称为 student。

（2）设置可访问 Samba 服务器的子网为 192.168.16.0/24。

（3）设置 Samba 服务器监听的网卡为 eth0。

2. 建立用户映射

在 Linux 中的用户 "root" 与 Windwos 中的用户 "teacher" 和 "monitor" 之间建立映射。

3. 设置共享目录

建立共享目录 student，它的本机路径为 "/home/student"，只有 teacher 组的用户可以读写该目录，student 用户只能读取。

4. 下载共享资源

使用 smbclint 客户端程序登录 Samba 服务器，并尝试下载服务器中的某个共享资源文件。

5.4.4　理论基础

Samba 是一套让 Linux 系统能够应用 Microsoft 网络通信协议的软件，它使执行 Linux 系统的计算机能与执行 Windows 系统的计算机进行文件与打印共享。Samba 使用一组基于 TCP/IP 的 SMB 协议，通过网络共享文件及打印机，这组协议的功能类似于 NFS 和 lpd（Linux 标准打印服务器）。支持此协议的操作系统包括 Windows、Linux 和 OS/2。Samba 服务在 Linux 和 Windows 系统共存的网络环境中尤为有用。

和 NFS 服务不同的是，NFS 服务只用于 Linux 系统之间的文件共享，而 Samba 可以实现 Linux 系统之间，以及 Linux 和 Windows 系统之间的文件和打印共享。SMB 协议使 Linux 系统的计算机在 Windows 的网上邻居中看起来如同一台 Windows 计算机。

1. SMB 协议

SMB（Server Message Block）通信协议可以看做是局域网上共享文件和打印机的一种协议。它是微软和英特尔在 1987 年制定的协议，主要是作为 Microsoft 网络的通信协议，而 Samba 则是将 SMB 协议搬到 UNIX 系统上来使用。通过 "NetBIOS over TCP/IP" 使用 Samba 不但能与局域网络主机共享资源，也能与全世界的计算机共享资源。因为互联网上千千万万的主机所使用的通信协议就是 TCP/IP。SMB 是在会话层和表示层，以及小部分的应用层的协议，SMB 使用了 NetBIOS 的应用程序接口 API。另外，它是一个开放性的协议，允许协议扩展，这使得它变得庞大而复杂，大约有 65 个最上层的作业，而每个作业都超过 120 个函数。

2. Samba

Samba 是用来实现 SMB 协议的一种软件，由澳大利亚的 Andew Tridgell 开发，是一套让 UNIX 系统能够应用 Microsoft 网络通信协议的软件。它使执行 UNIX 系统的机器能与执行 Windows 系统的计算机共享资源。Samba 属于 GNU Public License（简称 GPL）的软件；因此可以合法而免费地使用。作为类 UNIX 系统，Linux 系统也可以运行这套软件。

Samba 的运行包含两个后台守护进程：nmbd 和 smbd，它们是 Samba 的核心。在 Samba 服务器启动到停止运行期间持续运行。nmbd 监听 137 和 138 UDP 端口，smbd 监听 139 TCP 端口。nmbd

守护进程使其他计算机可以浏览 Linux 服务器，smbd 守护进程在 SMB 服务请求到达时对它们进行处理，并且对被使用或共享的资源进行协调。在请求访问打印机时，smbd 把要打印的信息存储到打印队列中；在请求访问一个文件时，smbd 把数据发送到内核，最后把它存到磁盘上。smbd 和 nmbd 使用的配置信息全部保存在"/etc/samba/smb.conf"文件中。

3．Samba 的功能

目前 Samba 的最新版本是 3.0，它的主要功能如下。

● 提供 Windows 风格的文件和打印机共享。Windows 9x、Windows 2000、Windows XP、Windows 2003 等操作系统可以利用 Samba 共享 Linux 等其他操作系统上的资源，外表看起来和共享 Windows 的资源没有区别，如图 5-20 所示。

图 5-20　通过 Windows 客户端看到的 Samba 服务器

● 解析 NetBIOS 名字。在 Windows 网络中为了能够利用网上资源，同时使自己的资源也能被别人利用，各个主机都定期向网上广播自己的身份信息，而负责收集这些信息并为其他主机提供检索的服务器被称为浏览服务器。Samba 可以有效地完成这项功能。在跨越网关的时候，Samba 还可以作为 WINS 服务器使用。

● 提供 SMB 客户功能。利用 Samba 提供的 smbclient 程序可以在 Linux 上像使用 FTP 一样访问 Windows 资源。

● 提供一个命令行工具，利用该工具可以有限制地支持 Windows 的某些管理功能。

● 支持 SWAT（Samba Web Administration Tool）和 SSL（Secure Socket Layer）。

5.4.5　实训步骤

1．建立 Samba 服务器，并配置服务器

（1）以 root 账号登录系统。

（2）运行命令"rpm -q samba"，检查 Samba 服务器是否安装。

（3）如果系统没有安装 samba 服务，插入第 2 张安装盘，挂载。

```
//挂载光盘
mount /media/cdrom
//进入安装文件所在目录
cd/media/cdrom/Redhat/RPMS
```

```
//安装相应软件包
rpm -ivh /media/cdrom/RedHat/RPMS/samba-3.0.10-1.4E.i386.rpm
```

（4）运行"vi /etc/samba/smb.conf"打开 Samba 主配置文件。

（5）修改第 18 行"workgroup=MYGROUP"项目，将其改为：

```
workgroup = student
```

（6）修改第 28 行"hosts allow=192.168.1. 192.168.2.127."项目，将其改为：

```
hosts allow=192.168.16.
```

并将该项目前的";"删除。

（7）修改第 98 行"interfaces=192.168.12.2/24 192.168.13.2/24"项目，将其改为：

```
interfaces=eth0
```

并将该项目前的";"删除。

（8）存盘退出，使用命令"/etc/rc.d/init.d/smb restart"，重新启动 Samba 服务。

2. 建立用户映射

在 Linux 中的用户"root"与 Windwos 中的用户"teacher"和"monitor"之间建立映射。

（1）以 root 账号登录系统。

（2）运行"vi /etc/samba/smb.conf"打开 Samba 主配置文件。

（3）将第 84 行"username map=/etc/samba/smbusers"前的";"删除。

（4）存盘退出。

（5）运行"vi /etc/samba/smbusers"命令打开文件 smbusers。

（6）修改第 2 行"root=administrator admin"的内容，将它改为"root=teacher monitor"。

（7）存盘退出。

在使用前需要将 root 账户添加到 Samba 用户中。

3. 设置共享目录

建立共享目录 student，它的本机路径为"/home/student"，只有 teacher 组的用户可以读写该目录，student 用户只能读取。

（1）以 root 账号登录系统。

（2）使用命令"groupadd teacher"建立 teacher 组。

（3）使用命令"usermod -G teacher teacher1"将相应用户 teacher1 添加到 teacher 组中。

（4）如果"/home"目录下不存在目录 student，则使用命令"mkdir /home/student"在"/home"目录下建立子目录 student。

（5）运行"vi /etc/samba/smb.conf"打开 Samba 主配置文件。

（6）在配置文件末尾添加下列项目。

```
[student]
comment = teaching directory
path = /home/student
read list = student
write list = @teacher
```

（7）存盘退出。

> 　　在使用前需要用 smbpasswd 命令将所有 teacher 组账户和 student 账户添加到 Samba 中。

4．下载共享资源

使用 smbclint 客户端程序登录 Samba 服务器，并尝试下载服务器中的某个共享资源文件。

（1）以 root 账号登录系统。

（2）使用"rpm -q samba-client"命令，检查 smbclint 是否已经安装。

（3）如果系统还未安装 smbclint，应将 Red Hat Enterprise Linux 4 Update1 第 2 张安装光盘放入光驱，加载光驱后在光盘的"RedHat/RPMS"目录下找到 smbclint 的 RPM 安装包文件"samba-clint-3.0.10-1.4E.i386.rpm"，使用下面的命令安装 smbclint。

```
rpm -ivh /media/cdrom/RedHat/RPMS/samba-client-3.0.10
```

（4）假设 Samba 服务器中有一个名为 student 的共享目录，则利用下面的命令。

```
smbclient //RHEL4/student -U teacher1
```

并输入 teacher1 用户密码，使 teacher1 用户登录到 Samba 服务器中。

（5）使用命令"get test.cfg /home/teacher1/test.cfg"将"test.cfg"下载到"/home/teacher1"目录中。

5.4.6　实训思考题

Samba 服务器的主要作用是什么？

5.4.7　实训报告要求

- 实训目的。
- 实训内容。
- 实训环境及要求。
- 实训步骤。
- 实训中的问题和解决方法。
- 回答实训思考题。
- 实训心得与体会。
- 建议与意见。

5.5　NFS 服务的配置与应用

5.5.1　实训目的

- 掌握 Linux 系统之间资源共享和互访方法。
- 掌握 NFS 服务器和客户端的安装与配置。

5.5.2 实训内容

- 架设一台 NFS 服务器。
- 利用 Linux 客户端连接并访问 NFS 服务器上的共享资源。

5.5.3 实训环境及要求

1. 架设一台 NFS 服务器

（1）开放"/nfs/shared"目录，供所有用户查阅资料。

（2）开放"/nfs/upload"目录作为 192.168.1.0/24 网段的数据上传目录，并将所有用户及所属的用户组都映射为 nfs-upload，其 UID 与 GID 都为 210。

（3）将"/home/tom"目录仅共享给 192.168.1.20 这台主机，并且只有用户 tom 可以完全访问该目录。

2. 利用 Linux 客户端连接并访问 NFS 服务器上的共享资源

5.5.4 理论基础

NFS 即网络文件系统（Network File System），是使不同的计算机之间能通过网络进行文件共享的一种网络协议，多用于类 UNIX 系统的网络中。

1. NFS 服务概述

在 Windows 主机之间可以通过共享文件夹来实现存储远程主机上的文件，而在 Linux 系统中通过 NFS 实现类似的功能。NFS 最早是由 Sun 公司于 1984 年开发出来的，其目的就是让不同计算机、不同操作系统之间可以彼此共享文件。由于 NFS 使用起来非常方便，因此很快得到了大多数 Linux 和 UNIX 系统的广泛支持，而且还被 IETE（国际互联网工程组）制定为 RFCl904、RFCl813 和 RFC3010 标准。

NFS 网络文件系统具有以下优点。

- 被所有用户访问的数据可以存放在一台中央主机（NFS 服务器）上并共享出去，而其他不同主机上的用户可以通过 NFS 服务访问中央主机上的共享资源。这样既可以提高资源的利用率，节省客户端本地硬盘的空间，也便于对资源进行集中管理。
- 客户访问远程主机上的文件和访问本地主机上的资源一样，是透明的。
- 远程主机上文件的物理位置发生变化不会影响客户访问方式的变化。
- 可以为不同客户设置不同的访问权限。

2. NFS 工作原理

NFS 服务是基于客户/服务器模式的。NFS 服务器是提供输出文件（共享目录文件）的计算机，而 NFS 客户端是访问输出文件的计算机，它可以将输出文件挂载到自己系统的某个目录文件中，然后像访问本地文件一样去访问 NFS 服务器中的输出文件。

例如，在 Linux 主机 A 中有一个目录文件/source，该文件有网络 Linux 主机 B 中用户所需的资源。我们可以把它输出（共享）出来，这样 B 主机上的用户可以把 A:/source 挂载到本机的某个挂载目录（例如/mnt/nfs/source）中，之后 B 上的用户就可以访问/mnt/nfs/source 中的文件了。而实际上 B 主机上用户访问的是 A 主机上的资源。

NFS 客户和 NFS 服务器通过远程过程调用（RPC，Remote Procedure Call）协议实现数据传输。服务器自开启服务之后一直处于等待状态，当客户主机上的应用程序访问远程文件时，客户主机内核向远程服务器发送一个请求，同时客户进程被阻塞并等待服务器应答。服务器接收到客户请求之后，处理请求并将结果返回给客户端。NFS 服务器上的目录如果可以被远程用户访问，就称为"导出"（export），客户主机访问服务器导出目录的过程称为"挂载"（mount）或"导入"。

使用 NFS 服务，至少需要启动 3 个系统守护进程。

● rpc.nfsd：NFS 基本守护进程，主要功能是管理客户端是否能够登录服务器。

● rpc.mountd：RPC 安装守护进程，主要功能是管理 NFS 的文件系统。当客户端顺利地通过 rpc.nfsd 登录 NFS 服务器后，在使用 NFS 服务器所提供的文件前，还必须通过文件使用权限的验证，rpc.mountd 会读取 NFS 的配置文件 "/etc/exports" 来对比客户端的权限。

● portmap：portmap 的主要功能是进行端口映射工作。当客户端尝试连接并使用 RPC 服务器提供的服务（如 NFS 服务）时，portmap 会将所管理的与服务对应的端口号提供给客户端，从而使客户端可以通过该端口向服务器请求服务。

　　　　虽然 portrmap 只用于 RPC，但它对 NFS 服务来说是必不可少的。如果 portmap 没有运行，NFS 客户端就无法查找从 NFS 服务器中共享的目录。

5.5.5　实训步骤

1．架设一台 NFS 服务器。

（1）以 root 账号登录系统。

（2）运行命令 "rpm -q nfs-utils portmap"，检查 NFS 服务器是否安装。

（3）如果系统没有安装 NFS 和 portmap 服务，这时需插入第二张安装光盘，挂载。然后输入下面的命令完成安装。

```
//安装 portmap 服务
[root@RHEL4 ~]# rpm -ivh /media/cdrom/RedHat/RPMS/portmap-4.0-63.i386.rpm
//安装 NFS 服务
[root@RHEL4 ~]# rpm -ivh /media/cdrom/RedHat/RPMS/nfs-utils-1.0.6-46.i386.rpm
```

（4）分别使用命令 "mkdir /nfs"、"mkdir /nfs/shared"、"mkdir /nfs/upload" 创建目录 "/nfs/shared" 和 "mkdir /nfs/upload"。

（5）使用命令 "useradd tom" 创建 tom 账户，并使用 "passwd tom" 命令为 tom 用户设置密码（创建账户后，系统会自动在/home 目录下创建与用户名相同的目录）。

（6）使用命令 "vi /etc/exports" 打开 NFS 主配置文件，并在文件中添加下列语句。

```
//开放/nfs/shared 目录，供所有用户查阅资料。
```

```
/nfs/shared    (ro)
```
//开放/nfs/upload 目录作为 192.168.1.0/24 网段的数据上传目录，并将所有用户及所属的用户组都映射为 nfs-upload，其 UID 与 GID 都为 210。
```
/nfs/upload    192.168.1.0/24(ro,all_squash,anonuid=210,anongid=210)
```
//将/home/tom 目录仅共享给 192.168.1.20 这台主机，并且只有用户 tom 可以完全访问该目录。
```
/home/tom      192.168.1.20(rw,sync)
```

（7）存盘退出。

2. 利用 Linux 客户端连接并访问 NFS 服务器上的共享资源

（1）使用命令"mount -t nfs 192.168.16.177:/nfs/shared /mnt/nfs"，连接到 NFS 服务器的"/nfs/shared"输出目录。（NFS 服务器地址为 192.168.16.177。）

（2）使用命令"cp /mnt/nfs/openssl-0.9.8.tar.gz /root"，将"openssl-0.9.8.tar.gz"文件复制到 /root 目录中。

5.5.6　实训思考题

使用 NFS 服务，至少需要启动哪 3 个系统守护进程。

5.5.7　实训报告要求

- 实训目的。
- 实训内容。
- 实训环境及要求。
- 实训步骤。
- 实训中的问题和解决方法。
- 回答实训思考题。
- 实训心得与体会。
- 建议与意见。

5.6　DHCP 服务的配置与应用

5.6.1　实训目的

- 掌握 Linux 下 DHCP 服务器的安装和配置方法。
- 掌握 DHCP 客户端的配置。

5.6.2　实训内容

- 架设一台 DHCP 服务器。
- 配置一台 DHCP 客户机。

5.6.3　实训环境及要求

1.　架设一台 DHCP 服务器和一台 NFS 服务器。

● 为子网 192.168.1.0/24 建立一个 IP 作用域，并将在 192.168.1.20~192.168.1.100 范围之内的
IP 地址动态分配给客户机。

● 假设子网中的 DHCP 服务器地址为 192.168.1.2，IP 路由器地址为 192.168.1.1，所在的网
域名为 example.com，将这些参数指定给客户机使用。

● 为某台主机保留 192.168.1.50 这个地址。

2.　配置一台 DHCP 客户机，测试 DHCP 服务器的功能

5.6.4　理论基础

请参见 4.6.4 节内容。

5.6.5　实训步骤

1.　架设一台 DHCP 服务器和一台 NFS 服务器

（1）以 root 账号登录系统。

（2）运行命令 rpm -q dhcp，检查 DHCP 服务器是否安装。

```
[root@RHEL4 ~]# rpm -q dhcp            //查看是否安装了 DHCP 服务
package dhcp is not installed          //显示结果
[root@RHEL4 ~]# mount /media/cdrom  //将 RHEL 4.0 AS 的第 4 张安装盘放入光驱，挂装
//安装所需软件包
[root@RHEL4 cdrom]# rpm -ivh /media/cdrom/RedHat/RPMS/dhcp-3.0.1-12_EL.i386.rpm
```

（3）运行 "vi /etc/dhcpd.conf" 打开 DHCP 服务器配置文件。

（4）在配置文件中添加如下语句。

```
ddns-update-style interim;
ignore client-updates;
#为子网 192.168.1.0/24 建立一个 IP 作用域
subnet 192.168.1.0 netmask 255.255.255.0 {
#将在 192.168.1.20~192.168.1.100 范围之内的 IP 地址动态分配给客户机
        range 192.168.1.20 192.168.1.100;
#IP 路由器地址为 192.168.1.1
        option routers 192.168.1.1;
        option subnet-mask 255.255.255.0;
#所在的网域名为 example.com
        option domain-name "example.com";
#DNS 服务器地址为 192.168.1.2
        option domain-name-servers 192.168.1.2;
```

```
        option broadcast-address 192.168.1.255;
        default-lease-time 86400;
        max-lease-time 172800;
#为网络适配器的物理地址为 00:a0:c7:cf:ed:69 的主机保留 192.168.1.50
这个 IP 地址
        host pc1 {
                hardware ethernet 00:a0:c7:cf:ed:69;
                fixed-address 192.168.1.50;
        }
}
```

（5）对应 Linux 主机可以使用 ifconfig 查看网络适配器的物理地址，对应 Windows 主机可以使用“ipconfig /all”查看网络适配器的物理地址。

2. 配置一台 DHCP 客户机，测试 DHCP 服务器的功能

（1）以 root 账号登录系统。

（2）使用命令“vi /etc/sysconfig/network-scripts/ifcfg-eth0”打开网卡配置文件，找到语句“BOOTPROTO=none”，将其改为“BOOTPROTO=dhcp”。

（3）使用命令“ifdown eth0; ifup eth0”重新启动网卡。

（4）使用命令“ifconfig eth0”测试 DHCP 客户端是否已配置好，图 5-21 所示为配置正确的命令。

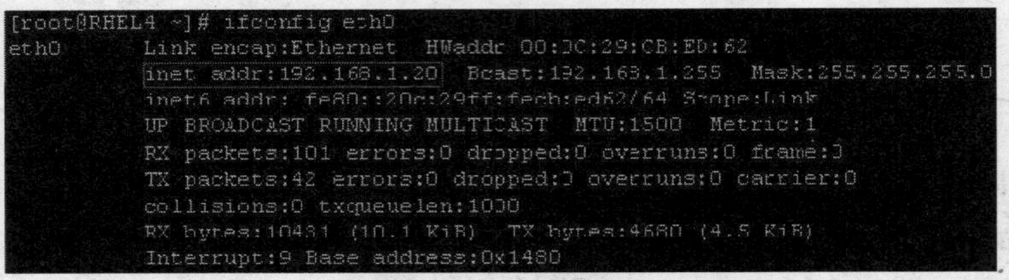

```
[root@RHEL4 ~]# ifconfig eth0
eth0      Link encap:Ethernet  HWaddr 00:0C:29:CB:ED:62
          inet addr:192.168.1.20  Bcast:192.168.1.255  Mask:255.255.255.0
          inet6 addr: fe80::20c:29ff:fecb:ed62/64 Scope:Link
          UP BROADCAST RUNNING MULTICAST  MTU:1500  Metric:1
          RX packets:101 errors:0 dropped:0 overruns:0 frame:0
          TX packets:42 errors:0 dropped:0 overruns:0 carrier:0
          collisions:0 txqueuelen:1000
          RX bytes:10431 (10.1 KiB)  TX bytes:4680 (4.5 KiB)
          Interrupt:9 Base address:0x1480
```

图 5-21 利用 ifconfig 测试结果

5.6.6 实训思考题

- Windows 操作系统下通过什么命令可以知道本地主机当前获得的 IP 地址？
- 描述 DHCP 服务的地址分配过程。

5.6.7 实训报告要求

- 实训目的。
- 实训内容。
- 实训环境及要求。
- 实训步骤。
- 实训中的问题和解决方法。
- 回答实训思考题。
- 实训心得与体会。

- 建议与意见。

5.7 DNS 服务的配置与应用

5.7.1 实训目的

掌握 Linux 下主 DNS、辅助 DNS 和转发器 DNS 服务器的配置与调试方法。

5.7.2 实训内容

- 配置主 DNS 服务器。
- 配置辅助 DNS 服务器。
- 配置转发器 DNS 服务器。

5.7.3 实训环境及要求

1. 安装基于 chroot 的 DNS 服务器，并根据以下要求配置主要名称服务器

（1）定义服务器的版本信息为 "4.9.11"。

（2）设置根区域并下载根服务器信息文件 "named.ca"，以便 DNS 服务器出现在本地区域文件不能进行查询的解析时，能转到根 DNS 服务器查询。

（3）建立 xyz.com 主区域，设置允许区域复制的辅助域名服务器的地址为 192.168.7.17。

（4）建立以下 A 资源记录。

```
dns.xyz.com.        IN  A    192.168.16.177
www.xyz.com.        IN  A    192.168.16.9
mail.xyz.com.       IN  A    192.168.16.178
```

（5）建立以下别名 CNAME 资源记录。

```
bbs        IN     CNAME      www
```

（6）建立以下邮件交换器 MX 资源记录。

```
xyz.com.   IN     MX   10    mail.xyz.com
```

（7）建立反向解析区域 "16.168.192.in-addr.arpa"，并为以上 A 资源记录建立对应的指针 PTR 资源记录。

2. 安装基于 chroot 的 DNS 服务器，并根据以下要求配置辅助名称服务器

（1）定义服务器的版本信息为 "4.9.11"。

（2）建立 xyz.com 从区域，设置主要名称服务器的地址为 192.168.16.177。

3. 安装转发器 DNS 服务器

安装基于 chroot 的 DNS 服务器，并将其配置成缓存 Cache-only 服务器，然后将客户机的查询转发到 61.144.56.101 这台 DNS 服务器上。

5.7.4 理论基础

请参见 4.3.5 节内容。

5.7.5 实训步骤

1. 安装基于 chroot 的 DNS 服务器，并根据以下要求配置主要名称服务器

（1）以 root 账号登录系统。

（2）运行命令“rpm -q bin”，检查 DNS 服务器是否安装。

（3）要安装 DNS 服务，可将 Red Hat Enterprise Linux 4 第 4 张安装盘放入光驱，加载光驱后使用命令“rpm -ivh /media/cdrom/RedHat/RPMS/bind-9.2.4-2.i386.rpm ”可以安装 BIND 软件包。其命令执行结果如下：

```
[root@RHEL4 RPMS]# rpm -ivh /media/cdrom/RedHat/RPMS/bind-9.2.4-2.i386.rpm
warning: /media/cdrom/RedHat/RPMS/bind-9.2.4-2.i386.rpm: V3 DSA signature: NOKEY, key ID db42a60e
Preparing...                ########################################### [100%]
        package bind-9.2.4-2 is already installed
```

（4）将 Red Hat Enterprise Linux 4 第 4 张安装盘放入光驱，加载光驱后使用命令“rpm -ivh /media/cdrom/RedHat/RPMS/bind-chroot-9.2.4-2.i386.rpm ”可以安装 chroot 软件包。其命令执行结果如下：

```
[root@RHEL4 RPMS]# rpm -ivh /media/cdrom/RedHat/RPMS/bind-chroot-9.2.4-2.i386.rpm
warning: /media/cdrom/RedHat/RPMS/bind-chroot-9.2.4-2.i386.rpm: V3 DSA signature: NOKEY, key ID db42a60e
Preparing...                ########################################### [100%]
package bind-chroot-9.2.4-2 is already installed
```

（5）运行“vi /var/named/chroot/etc/named.conf”命令打开 DNS 配置文件。

（6）在配置文件中添加 version "4.9.11"；定义服务器的版本信息为“4.9.11”，如图 5-22 所示。

（7）从 ftp://ftp.rs.internic.net/domain/named.root 下载根服务器最新版本。下载完成后，将该文件改名为 named.ca，并复制到“/var/named/chroot/var/named/”目录下。

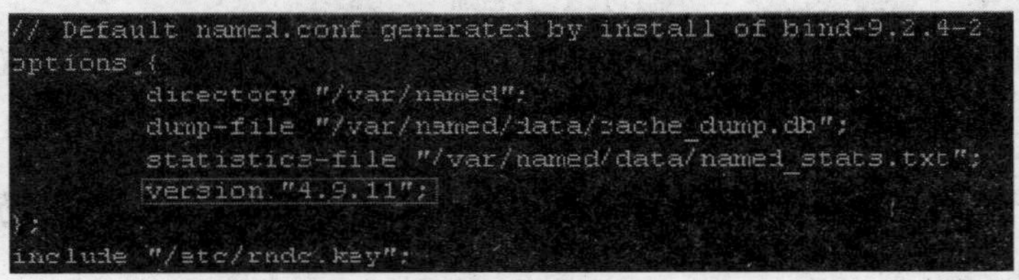

```
// Default named.conf generated by install of bind-9.2.4-2
options {
        directory "/var/named";
        dump-file "/var/named/data/cache_dump.db";
        statistics-file "/var/named/data/named_stats.txt";
        version "4.9.11";
};
include "/etc/rndc.key";
```

图 5-22 定义服务器版本信息

（8）在“named.conf”配置文件中添加如下语句，设置根区域。

```
zone "." {
       type hint;
       file "named.ca";
};
```

（9）在 "named.conf" 配置文件中添加如下语句，建立 xyz.com 主区域。

```
zone "xyz.com" {
        type master;
        file "xyz.com.zone";
        allow-transfer {
        192.168.7.17;
        };
};
```

（10）使用命令 "vi /var/named/chroot/var/named/xyz.com.zone" 创建并打开 xyz.com.zone 区域文件。

（11）在区域文件中添加如下语句。

```
$ttl 38400
xyz.com. IN SOA dns.xyz.com. admin.xyz.com. (
        2005090508
        10800
        3600
        604800
        38400 )
xyz.com.        IN NS    dns.xyz.com.
dns.xyz.com.        IN A      192.168.16.177
www.xyz.com.     IN A      192.168.16.9
mail.xyz.com.      IN A      192.168.16.178
bbs.xyz.com.        IN  CNAME www.xyz.com.
xyz.com.      IN MX 10 mail.xyz.com
```

（12）使用命令 "vi /var/named/chroot/etc/named.conf" 打开 DNS 配置文件。在配置文件中添加如下语句，建立反向解析区域 "16.168.192.in-addr-arpa"。

```
zone "0.16.168.192.in-addr.arpa" {
        type master;
        file "/var/named/192.168.16.arpa";
        };
```

（13）使用 "vi /var/named/chroot/var/named/192.168.16.0. arpa" 创建并打开反向区域文件 "192.168.16.0.arpa"。

（14）在区域文件中添加如下语句，为 A 资源记录建立对应的指针 PTR 资源记录。

```
$ttl 38400
0.16.168.192.in-addr.arpa. IN SOA dns.xyz.com admin.xyz.com. (
          1132239782
          10800
          3600
          604800
          38400 )
0.16.168.192.in-addr.arpa.   IN  NS   RHEL4.
177.16.168.192.in-addr.arpa. IN  PTR  dns.xyz.com.
9.16.168.192.in-addr.arpa.   IN  PTR  www.xyz.com.
178.16.168.192.in-addr.arpa. IN  PTR  mail.xyz.com.
```

2. 安装基于 chroot 的 DNS 服务器，配置辅助名称服务器

（1）以 root 账号登录系统。

（2）运行"vi /var/named/chroot/etc/named.conf"命令打开 DNS 配置文件。在配置文件中添加如下语句，建立 xyz.com 从区域和反向解析从区域"16.168.192.in-addr.arpa"。

```
options {
        directory "/var/named";
        dump-file "/var/named/data/cache_dump.db";
        statistics-file "/var/named/data/named_stats.txt";
        version "4.9.11";
};
include "/etc/rndc.key";
zone "." {
        type hint;
        file "named.ca";
};
zone "xyz.com" {
        type slave;
        file "slaves/xyz.com.zone";
        masters {192.168.16.177;};
        };
zone "0.16.168.192.in-addr.arpa" {
        type slave;
        file "slaves/192.168.16.0.arpa";
        masters {192.168.16.177;};
        };
```

结果如图 5-23 所示。

图 5-23　DNS 配置结果

3. 安装转发器 DNS 服务器

（1）以 root 账号登录系统。

（2）运行"vi /var/named/chroot/etc/named.conf"命令打开 DNS 配置文件。在配置文件中添加如下语句，将 DNS 服务器配置成缓存 Cache-Only 服务器。

```
options {
        directory "/var/named";
        dump-file "/var/named/data/cache_dump.db";
        statistics-file "/var/named/data/named_stats.txt";
        version "4.9.11";
        forward only;
```

```
        forwarders {
                61.144.56.101;
                };
};
include "/etc/rndc.key";
```

5.7.6　实训思考题

- 请描述域名 www.163.com 的解析过程。
- DNS 配置文件中的 SOA 记录，作用是什么？
- 请列举 4 种不同的 DNS 记录类型，并说明它们的不同作用。

5.7.7　实训报告要求

- 实训目的。
- 实训内容。
- 实训环境及要求。
- 实训步骤。
- 实训中的问题和解决方法。
- 回答实训思考题。
- 实训心得与体会。
- 建议与意见。

5.8　Web 服务的配置与应用

5.8.1　实训目的

掌握 Web 服务器的配置与应用方法。

5.8.2　实训内容

- 安装运行 Apache。
- 配置 Apache，建立普通的 Web 站点。
- 配置 Apache，实现用户认证和访问控制。

5.8.3　实训环境及要求

1. 建立 Web 服务器，并根据以下要求配置 Web 服务器

（1）设置主目录的路径为“/var/www/web”。

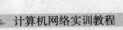

（2）添加 index.jsp 文件作为默认文档。

（3）设置 Apache 监听的端口号为 8888。

（4）设置默认字符集为 GB2312。

2. 在 Web 服务器中建立一个名为 temp 的虚拟目录，并进行相应设置

其对应的物理路径是"/usr/local/temp"，并配置 Web 服务器允许该虚拟目录具备目录浏览和允许内容协商的多重视图特性。

3. 实现用户认证

在 Web 服务器中建立一个名为 private 的虚拟目录，其对应的物理路径是/usr/local/private，并配置 Web 服务器对该虚拟目录启用用户认证，只允许用户名为 abc 和 xyz 的用户访问。

4. 实现访问控制

在 Web 服务器中建立一个名为 test 的虚拟目录，其对应的物理路径是"/usr/local/test"，并配置 Web 服务器仅允许来自网络 192.168.16.0/24 的客户机访问该虚拟目录。

5. 建立基于多 IP 地址的虚拟主机

使用 192.168.1.17 和 192.168.1.18 两个 IP 地址创建基于 IP 地址的虚拟主机，其中 IP 地址为 192.168.1.17 的虚拟主机对应的主目录为"/usr/www/web1"，IP 地址为 192.168.1.18 的虚拟主机对应的主目录为"/usr/www/web2"。

6. 建立基于多域名的虚拟主机

在 DNS 服务器中建立 www.example.com 和 www.test.com 两个域名，使它们解析到同一个 IP 地址 192.168.16.17 上，然后创建基于域名的虚拟主机，其中域名为 www.example.com 的虚拟主机对应的主目录为"/usr/www/webl"，域名为 www.test.com 的虚拟主机对应的主目录为"/usr/www/web2"。

7. 让 Web 服务器支持 CGI 运行环境

8. 让 Web 服务器支持 PHP 运行环境

9. 让 Web 服务器支持 JSP 运行环境

5.8.4 理论基础

请参见 4.5.4 节相关内容。

5.8.5　实训步骤

1. 建立 Web 服务器，并根据以下要求配置 Web 服务器

（1）以 root 账号登录系统。

（2）运行命令"rpm -q httpd"，检查 Apache 服务器是否安装。

（3）如果系统没有安装 Apache 服务，插入第 2 张安装盘，挂载。然后输入下面的命令完成安装。

```
//挂载光盘
[root@RHEL4 ~]# mount /media/cdrom
//进入安装文件所在目录
[root@RHEL4 ~]# cd /media/cdrom/RedHat/RPMS
//安装相应的软件包
[root@RHEL4 RPMS]# rpm -ivh httpd-2.0.52-12.ent.i386.rpm
```

（4）运行"vi /etc/httpd/conf/httpd.conf"命令打开 Apache 主配置文件。

（5）修改第 265 行的"DocumentRoot "/var/www/html""语句，将其改为 DocumentRoot "/var/www/web"。

（6）修改第 375 行的"DirectoryIndex index.html index.html.var"语句，将其改为"DirectoryIndex index.html index.html.var index.jsp"。

（7）修改第 133 行的"Listen 80"语句，将其改为 Listen 8888。

2. 在 Web 服务器中建立一个名为 temp 的虚拟目录，并进行相应设置

（1）以 root 账号登录系统。

（2）运行"vi /etc/httpd/conf/httpd.conf"命令打开 Apache 主配置文件，并在文件的末尾添加如下语句。

```
//建立一个名为temp的虚拟目录
Alias /temp/ "/usr/local/temp/"
//设置目录权限
  <Directory "/usr/local/temp">
    Options Indexes MultiViews
    AllowOverride None
    Order allow,deny
    Allow from all
</Directory>
```

3. 实现用户认证

（1）以 root 账号登录系统。

（2）运行"htpasswd -c /etc/httpd/mysecretpwd abc"命令为 abc 用户建立口令文件。用同样的方法为 xyz 建立口令文件（注意，建立第二个用户口令文件时，不能再加"c"参数，否则将删除前一个用户的数据）。

（3）运行"vi /etc/httpd/conf/httpd.conf"命令打开 Apache 主配置文件，并在文件的末尾添加

如下语句。

```
//建立名为private的虚拟目录
Alias /private/ "/usr/local/private/"
//设置目录权限
<Directory "/usr/local/private">
    AuthType Basic
    AuthName "This is a private directory. Please Login:"
    AuthUserFile /etc/httpd/mysecretpwd
    Require user abc xyz
</Directory>
```

4. 实现访问控制

（1）以 root 账号登录系统。

（2）运行"vi /etc/httpd/conf/httpd.conf"命令打开 Apache 主配置文件，并在文件的末尾添加如下语句。

```
//建立名为test的虚拟目录
Alias /test/ "/usr/local/test/"
//设置目录权限
<Directory "/usr/local/test">
    Order allow,deny
    Allow from 192.168.16.0/24
</Directory>
```

5. 建立基于多 IP 地址的虚拟主机

（1）以 root 账号登录系统。

（2）运行"vi /etc/httpd/conf/httpd.conf"命令打开 Apache 主配置文件，并在文件的末尾添加如下语句。

```
//基于IP地址为192.168.1.17的虚拟主机
<VirtualHost 192.168.1.17>
ServerName 192.168.1.17:80
ServerAdmin web1@163.com
DocumentRoot "/usr/www/web1"
DirectoryIndex index.html
ErrorLog logs/web1/error_log
CustomLog logs/web1/access_log combined
</VirtualHost>
//基于IP地址为192.168.1.18的虚拟主机
<VirtualHost 192.168.1.18>
ServerName 192.168.1.18:80
ServerAdmin web2@163.com
DocumentRoot "/usr/www/web2"
DirectoryIndex default.html
ErrorLog logs/web2/error_log
CustomLog logs/web2/access_log combined
</VirtualHost>
```

6. 建立基于多域名的虚拟主机

（1）以 root 账号登录系统。

（2）在 DNS 服务器建立 www.example.com 和 www.test.com（建立方法请参见 5.7 节 DNS 服务器的配置与应用）。

（3）运行"vi /etc/httpd/conf/httpd.conf"命令打开 Apache 主配置文件，并在文件的末尾添加如下语句。

```
NameVirtualHost 192.168.16.17
//基于域名为 www.example.com 的虚拟主机
<VirtualHost www.example.com >
ServerName www.example.com:80
ServerAdmin web1@163.com
DocumentRoot "/usr/www/web1"
DirectoryIndex index.html
ErrorLog logs/web1/error_log
CustomLog logs/web1/access_log combined
</VirtualHost>
//基于域名为 www.test.com 的虚拟主机
<VirtualHost www.test.com>
ServerName www.test.com:80
ServerAdmin web2@163.com
DocumentRoot "/usr/www/web2"
DirectoryIndex default.html
ErrorLog logs/web2/error_log
CustomLog logs/web2/access_log combined
</VirtualHost>
```

7. 让 Web 服务器支持 CGI 运行环境

（1）以 root 账号登录系统。

（2）运行"rpm -q perl"命令检查 perl 是否已安装。

（3）如果系统没有安装 perl 解释器，这时需插入第 2 张安装光盘，挂载。然后输入下面的命令完成安装。

```
rpm -ivh /mnt/cdrom/RedHat/RPMS/perl-5.8.5-12.1.i386.rpm
```

（4）运行"vi /etc/httpd/conf/httpd.conf"命令打开 Apache 主配置文件。

（5）修改第 304 行"Options Indexes FollowSymLinks"语句，将其改为：

```
Options Indexes FollowSymLinks ExecCGI
```

（6）修改第 807 行的 "#AddHandler cgi-script.cgi"语句，将其前面的"#"去掉。

8. 让 Web 服务器支持 PHP 运行环境

（1）以 root 账号登录系统。

（2）运行"rpm -q php"命令检查 PHP 解释器是否已安装。

（3）如果系统没有安装 PHP 解释器，这时需插入第二张安装光盘，挂载。然后输入下面的命令完成安装。

```
rpm -ivh /mnt/cdrom/RedHat/RPMS/php-4.3.9-3.6.i386.rpm
```

（4）运行"vi /etc/httpd/conf.d/php.conf"命令打开配置文件。

（5）修改第 11 行"AddType application/x-httpd-php .php .php3"语句，将其改为：

```
AddType application/x-httpd-php .php .php3
```

9. 让 Web 服务器支持 JSP 运行环境

（1）访问 http://java.sun.com/j2se/1.5.0/download.jsp，下载 J2SDK 安装文件"jdk-1_5_0_05-linux-i586-rpm.bin"。

（2）访问 http://jakarta.apache.org/site/downloads/downloads_tomcat-5.cgi，下载 Tomcat 安装文件"jakarta-tomcat-5.5.9.tar.gz"。

（3）访问 http://jakarta.apache.org/site/downloads/downloads_tomcat-connectors.cgi，下载"Fedora-Core-1-i386.tar.gz"。

（4）以 root 账号登录系统。

（5）在上述文件所在的目录中使用命令"./jdk-1_5_0_05-linux-i586-rpm.bin"启动安装程序，根据提示完成安装。

（6）使用命令"ln -s /usr/java/jdk1.5.0_05 /usr/jdk"为 J2SDK 的安装目录建立一个符号连接。

（7）使用命令"tar zxvf jakarta-tomcat-5.5.9.tar.gz -C /usr/local/"将 Tomcat 解压到"/usr/local"目录下，即可完成 Tomcat 的安装。

（8）使用命令"ln -s /usr/local/jakarta-tomcat-5.5.9/ /usr/local/tomcat"为 Tomcat 的安装目录建立一个符号连接。

（9）使用命令"vi /usr/local/tomcat/bin/startup.sh"打开 Tomcat 启动脚本，并在"#------------------------"的后面添加如下语句。

```
export JAVA_HOME=/usr/jdk
export PATH=$PATH:$JAVA_HOME/bin
export CLASSPATH=$JAVA_HOME/lib
```

（10）使用命令"vi /usr/local/tomcat/bin/shutdown.sh"打开 Tomcat 停止脚本，并在"#------------------------"的后面添加如下语句。

```
export JAVA_HOME=/usr/jdk
export PATH=$PATH:$JAVA_HOME/bin
export CLASSPATH=$JAVA_HOME/lib
```

（11）使用命令"vi /etc/rc.d/rc.local"打开自启动文件，在文件末尾添加如下语句，实现每次启动系统时自启动 Tomcat 服务。

```
/usr/local/tomcat/bin/startup.sh
```

（12）使用下列命令完成 mod_jk2 的安装，并将相关文件复制到系统的对应目录。

```
tar zxvf Fedora-Core-1-i386.tar.gz
cd Fedora-Core-1-i386
cp etc/httpd/conf/workers2.properties /etc/httpd/conf
cp etc/httpd/conf.d/jk2.conf /etc/httpd/conf.d/
cp usr/lib/httpd/modules/* /usr/lib/httpd/modules/
cp -a usr/share/doc/mod_jk2/ /usr/share/doc/mod_jk2/
cp -a var/www/manual/mod_jk2/ /var/www/manual/mod_jk2/
```

（13）使用"vi /etc/httpd/conf/workers2.properties"命令打开 mod_jk2 的配置文件，并在文件的末尾添加如下语句。

```
[uri:/*.jsp]
worker=ajp13:localhost:8009
```

（14）在第 190 行找到如下语句。

```
<Host name="localhost" appBase="webapps"
unpackWARs="true" autoDeploy="true"
xmlValidation="false" xmlNamespaceAware="false">
```

在其后添加下面语句，设置 Tomcat 主目录为 "/var/www/html/"。

```
<Context path="" docBase="/var/www/html" debug="0"/>
```

（15）启动或重启 Apache 和 Tomcat。

5.8.6　实训思考题

- 怎样改变 Apache 服务器的监听端口？如何在 Apache 服务器中使用 SSL 功能？
- 在配置用户认证的时候，如果密码文件中包含多个用户，如何设置只允许其中的某几个用户访问一个认证区域？

5.8.7　实训报告要求

- 实训目的。
- 实训内容。
- 实训环境及要求。
- 实训步骤。
- 实训中的问题和解决方法。
- 回答实训思考题。
- 实训心得与体会。
- 建议与意见。

5.9　FTP 服务的配置与应用

5.9.1　实训目的

掌握 Linux 下架设 FTP 服务器的方法。

5.9.2　实训内容

- 安装 FTP 服务软件包。
- 在 FTP 客户端连接并测试 FTP 服务器。

5.9.3　实训环境及要求

1. 建立基于虚拟用户的 FTP 服务器。

（1）配置 FTP 匿名用户的主目录为/var/ftp。

（2）建立一个名为 abc，口令为 xyz 的 FTP 账户。设置该账户的文件配额为 1 000 个，磁盘配额为 250MB，下载带宽限制为 500KB/s。

（3）设置 FTP 服务器同时登录到 FTP 服务器的最大链接数为 100，每个 IP 最大链接数为 3，用户空闲时间超过限值为 5 分钟。

2. 在 FTP 客户端连接并测试 FTP 服务器

5.9.4　理论基础

请参见 4.5.4 节相关内容。

5.9.5　实训步骤

1. 建立基于虚拟用户的 FTP 服务器

（1）访问 http://www.pureftpd.org/，下载 pure-ftpd 安装软件"pure-ftpd-1.0.20.tar.gz"。

（2）访问 http://web.cnie.cn/download/webpureftp0.1.tar.gz，下载 webpureftp 安装文件。

（3）访问 http://www.zend.com/store/free_download.php，下载 Zend Optimizer 安装程序。

（4）以 root 账号登录系统。

（5）安装 MySQL 服务。运行"rpm -qa | grep mysql"命令检查 MySQL 是否已安装。

（6）如果系统没有安装 MySQL 服务，这时需插入第 4 张安装光盘，挂载。然后输入下面的命令完成安装。

```
rpm -ivh /media/cdrom/RedHat/RPMS/perl-DBD-MySQL-2.9004-3.1.i386.rpm
rpm -ivh /media/cdrom/RedHat/RPMS/mysql-server-4.1.10a-2.RHEL4.1.i386.rpm
rpm -ivh /media/cdrom/RedHat/RPMS/mysql-bench-4.1.10a-2.RHEL4.1.i386.rpm
```

（7）使用命令"tar zxvf pure-ftpd-1.0.20.tar.gz"解压缩文件，并使用命令"cd pure-ftpd-1.0.20"进入解压目录。

（8）使用命令：

```
./configure      prefix=/usr/local/pureftpd     --with-mysql    --with-virtualchroot
--with-virtualhosts    --with-virtualroot     --with-diraliases    --with-uploadscript
--with-cookie   --with-quotas   --with-sysquotas    --with-ratios    --with-throttling
--with-largefile    --with-peruserlimits     --with-paranoidmsg    --with-welcomemsg
--with-language=simplified-chinese
```

配置 pure-ftpd，并指定各种安装选项。

（9）分别使用命令"make"和"make install"完成 pure-ftpd 的安装。

（10）使用命令：

```
cp configuration-file/pure-config.pl /usr/local/pureftpd/sbin/
```

生成配置脚本。

（11）使用命令"chmod +x /usr/local/pureftpd/sbin/pure-config.pl"修改配置脚本权限。

（12）使用命令"mkdir /ftproot"建立 FTP 主目录。

（13）进入 pure-ftpd 解压目录，使用命令"vi contrib/redhat.init"编辑 contrib 子目录里的 redhat.init 文件，修改第 18 行的"fullpath=/usr/local/sbin/$prog"语句，将其改为"fullpath=/usr/local/

pureftpd/ sbin/$prog"; 修改第 19 行的 "pureftpwho=/usr/local/sbin/pure-ftpwho" 语句，将其改为 "pureftpwho=/ usr/local/pureftpd/sbin/pure-ftpwho"。

（14）使用命令 "cp contrib/redhat.init /etc/init.d/pure-ftpd"，将文件 redhat.init 复制到/etc 目录中，并重命名为 pure-ftpd。

（15）使用命令 "chmod +x /etc/init.d/pure-ftpd" 设置文件为可执行。

（16）使用命令 "chkconfig --add pure-ftpd" 使 pure-ftpd 可以随系统启动而自动运行。

（17）使用命令 "mkdir /var/ftp" 为匿名用户建立目录。

（18）使用下列命令安装 Zend Optimizer。

```
tar zxvf ZendOptimizer-2.5.10a-linux-glibc21-i386.tar.gz
cd ZendOptimizer-2.5.10a-linux-glibc21-i386
./install.sh
```

（19）使用下列命令设置相关文件的安全属性。

```
rm -f /etc/php.ini
cp /usr/local/Zend/etc/php.ini /etc/
chcon -u system_u /etc/php.ini
chcon -t shlib_t /usr/local/Zend/lib/ZendExtensionManager.so
chcon -t shlib_t /usr/local/Zend/lib/Optimizer-2.5.10/php-4.3.x/ZendOptimizer.so
```

（20）使用命令 tar zxvf webpureftp0.1.tar.gz 解压缩文件。

（21）编辑 SQL 子目录里的 "pureftp_0.1.sql" 文件："vi webpureftp0.1/SQL/pureftp_0.1.sql"，找到语句 "DROP TABLE IF EXISTS 'depart_info';" 在该语句前加入以下两条语句。

```
CREATE DATABASE pureftp;
USE pureftp;
```

（22）使用命令 "mysql -u root -p < webpureftp0.1/SQL/pureftp_0.1.sql" 生成 MySQL 数据库。

（23）使用命令 "vi webpureftp0.1/docs/pureftpd-mysql.conf" 打开 webpureftp 的配置文件。

（24）修改第 27 行的 "MYSQLUser network"，将其改为 MYSQLUser root。

（25）修改第 32 行的 "MYSQLPassword 123456"，将其改为用以访问 MySQL 用户的口令。

（26）修改第 37 行的 "MYSQLDatabase pureftp"，将其改为 MYSQLDatabase pureftp。

（27）使用命令将 "pure-ftpd.conf 和 pureftpd-mysql.conf" 复制到/etc 目录下。

```
cp webpureftp0.1/docs/pure-ftpd.conf /etc
cp webpureftp0.1/docs/pureftpd-mysql.conf /etc
```

（28）使用命令 "vi webpureftp0.1/config/config.inc.php" 打开 webpureftp 的配置文件。

（29）修改第 11 行的 "$default_ftp_root="/data/ftp";" 语句，将其改为：

```
$default_ftp_root="/ftproot/";
```

（30）修改第 13 行的 "$obj_db=new db("localhost","root","","pureftp");" 语句，将其改为：

```
$obj_db=new db("localhost","root","mygoodpwd","pureftp");
```

（31）进入 webpureftp 解压目录里的父目录，使用命令 "cp -a webpureftp0.1/var/www/html/webpureftp" 将 webpureftp 解压后的目录复制到 Apache 的主目录中。

（32）启动 Apache、MySQL 和 pureftp 服务。

（33）使用 http://IP 地址或域名 webpureftp/index.php 地址打开 webpureftp 管理页面，输入用户名 admin，密码 admin 登录。

（34）选择左边的 "FTP 管理" 选项卡，单击其中的 "账号管理"，打开账户管理器，然后单击 "增加" 超链接添加 FTP 账户，在增加用户页面中设置用户的文件配额、磁盘配额、上传/下载比例和带宽等信息，如图 5-24 所示。

（35）使用命令 "vi /etc/pure-ftpd.conf" 打开 pure-ftpd
配置文件。

（36）修改第 40 行的 "MaxClientsNumber 50" 语句，
将其改为 "MaxClientsNumber 100"，使同时登录到 FTP
服务器的最大链接数为 100。

（37）修改第 52 行的 "MaxClientsPerIP　8" 语句，
将其改为 "MaxClientsPerIP　3"，使每个 IP 最大链接数
为 3。

（38）修改第 104 行的 "MaxIdleTime 15" 语句，将
其改为 "MaxIdleTime　5"，使用户空闲时间超过限值时
间为 5 分钟。

图 5-24　增加 FTP 用户信息

（39）保存退出，使用命令 "/etc/init.d/pure-ftpd restart" 重新启动 FTP 服务器使设置生效。

2. 在 FTP 客户端连接并测试 FTP 服务器

（1）登录 Linux 系统。

（2）使用命令 "ftp 服务器 IP 地址或域名"，连接到 FTP 服务器，然后输入用户名和密码登录，
如图 5-25 所示表示服务器正常运行。

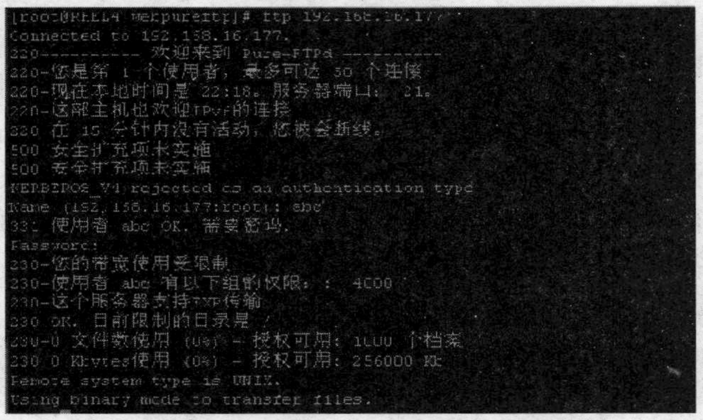

图 5-25　FTP 服务器正常启动

5.9.6　实训思考题

● 简述 FTP 工作原理。
● 使用一种 FTP 软件进行文件的上传与下载。

5.9.7　实训报告要求

● 实训目的。
● 实训内容。
● 实训环境及要求。

- 实训步骤。
- 实训中的问题和解决方法。
- 回答实训思考题。
- 实训心得与体会。
- 建议与意见。

5.10　配置 iptables 防火墙和 NAT

5.10.1　实训目的

- 掌握 iptables 防火墙的配置。
- 掌握 NAT 的实现方法。

5.10.2　实训内容

- 使用 iptables 做防火墙，设置访问规则。
- 使用 iptables 实现 NAT 服务，并设置访问规则。

5.10.3　实训环境及要求

1.　使用 iptables 作防火墙，设置访问规则。

- 禁止 IP 地址 192.168.1.5 从 eth0 访问本机。
- 禁止子网 192.168.5.0 从 eth0 访问本机的 Web 服务。
- 禁止 IP 地址 192.168.7.9 从 eth0 访问本机的 FTP 服务。

2.　使用 iptables 实现 NAT 服务，并设置访问规则。

- 禁止所有客户机使用 QQ。
- 禁止 Internet 上的计算机通过 ICMP 协议 ping 到 Linux 服务器的 ppp0 接口。
- 发布内网 192.168.2.5 主机的 Web 服务到 Internet。
- 禁止用户访问域名为 www.playboy.com 的网站。
- 在 Linux 服务器上实现智能的 DNS 服务。

5.10.4　理论基础

1.　防火墙的分类

防火墙一般分为两类，一类是"包过滤"型防火墙，另一类是"代理服务器"型防火墙。

- 包过滤型防火墙

包过滤型防火墙内置于 Linux 系统的内核。它和人们日常生活中门卫的作用有点类似。门卫把守着企业大门，根据上级的指示允许或拒绝某些人员出入。包过滤型防火墙技术也是采用一个"门卫"（软件）查看所流经的数据包的包头，由此决定整个数据包的命运。包过滤型防火墙技术是在网络层或传输层对经过的数据包进行筛选。筛选的依据是系统内设置的过滤规则，被称为访问控制列表（ACL）。通过检查数据流中每个数据包的源地址、目的地址、所有的协议、端口号等因素，或它们的组合来决定是否允许该数据包通过。它可能会决定丢弃（drop）这个数据包，也可能会接受（accept）这个数据包。图 5-26 所示是包过滤型防火墙常用的一种模式，主要用来阻隔来自外网对内部网络的威胁。

　　包过滤型防火墙有两种基本的默认访问控制策略：一种是先禁止所有的数据包通过，然后再根据需要允许满足匹配规则的数据包通过；另一种是先允许所有的数据包通过，再根据需要拒绝满足匹配规则的数据包通过。原则上，第一种方法比较简单，但是对于不熟悉 TCP/IP 的用户，可能会导致其他的一些困扰。

　　● 代理服务器型防火墙

　　代理服务器型防火墙是应用网关型防火墙，通常工作在应用层。图 5-27 所示是网关型防火墙的常见应用模式。

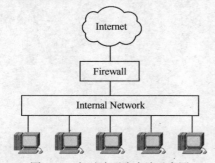

图 5-26　包过滤型防火墙示意图

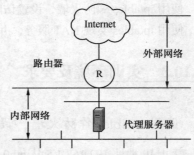

图 5-27　代理服务器型防火墙示意图

　　代理服务器实际上是运行在防火墙上的一种服务器程序，代理服务器型防火墙通常具备两个网络接口。服务器监听客户机的请求，如申请浏览网页等。当内网的客户机请求与外网的真实服务器连接时，客户端首先连接代理服务器，然后再由代理服务器与外网真实的服务器建立连接，取得客户想要的信息，代理服务器再把信息返回给客户。此处的代理服务器是一个中间点，类似于日常生活中的中介，内网的客户机并不直接和外网的主机建立连接，这是代理服务器型防火墙和包过滤型防火墙的本质差别。代理服务器型防火墙中数据的流通完全依赖于代理服务器所能代理的服务，因此透明性较差。在使用代理服务器上网时需要在客户端做相应的设置，例如使用 WIN Proxy 代理服务器时，需要在客户端的浏览器中进行相应的配置。另外一种代理服务器软件通常只能代理一种或几种服务。因此往往要在服务器上安装多个代理服务器软件。代理服务器型防火墙的优点是可以彻底地隔离内外部网络，安全性较好，但透明性较差。

2. 防火墙的工作原理

（1）包过滤型防火墙工作原理

　　如图 5-28 所示，包过滤型防火墙都有一个包检查模块，该模块在操作系统或路由器转发包之前将拦截所有的数据包，并对其进行验证，查看是否满足过滤规则，它的具体工作过程如下。

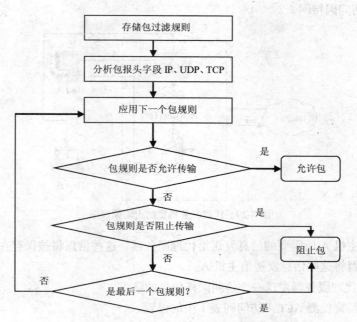

图 5-28　包过滤型防火墙原理图

① 数据包从外网传送给防火墙后，防火墙在 IP 层向 TCP 层传输数据前，将数据包转发给包检查模块进行处理。

② 首先与第一条过滤规则进行比较。

③ 如果与第一条规则匹配，则进行审核，判断是否允许传输该数据包，如果允许则传输，否则查看该规则是否阻止该数据包通过，如果阻止则将该数据包丢弃。

④ 如果与第一条过滤规则不同，则查看是否还有下一条规则。如果有，则与下一条规则匹配，如果匹配成功，则进行与（3）相同的审核过程。

⑤ 依次类推，一条一条规则匹配，直到最后一条过滤规则。如果该数据包与所有的过滤规则均不匹配，则采用防火墙的默认访问控制策略（丢掉该数据包，或允许该数据包通过）。

包过滤规则并不检查数据包中的所有内容，通常只检查下列几项。

- 源 IP 地址、目标 IP 地址；
- TCP 和 UDP 的源端口号、目的端口号；
- 协议类型；
- ICMP 消息类型；
- TCP 报头中的 ACK 位、序列号、确认号；
- IP 校验和。

（2）代理服务器型防火墙工作原理

代理服务器型防火墙是在应用层上实现防火墙功能的，它能提供部分与传输有关的状态，能完全提供与应用相关的状态和部分传输的信息，它的具体工作原理如图 5-29 所示。

① 主机 A 向代理服务器发送一个访问因特网的请求。

② 代理服务器将检测 ACL（访问列表）中的设置。

③ 如果主机 A 所需要的信息已经存在，代理服务器将直接将其发送给主机 A。否则，服务

器将代替主机 A 访问因特网。

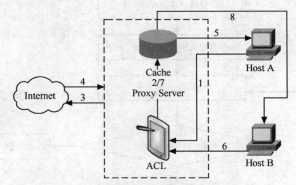

图 5-29 代理服务器型防火墙原理图

④ 因特网将主机 A 所需要的信息发送给代理服务器，这些信息将被保存在缓存中。

⑤ 代理服务器将这些信息发送给主机 A。

⑥ 主机 B 向代理服务器发送一个访问同样信息的请求。

⑦ 代理服务器将检测 ACL（访问列表）中的设置。

⑧ 服务器直接将已保存的信息发送给主机 B。

外部主机访问内部主机的过程是一样的。

3. Netfilter/iptables 架构

从 1.1 内核开始，Linux 就已经具有包过滤功能了，随着 Linux 内核版本的不断升级，Linux 下的包过滤系统经历了如下 3 个阶段。

● 在 2.0 内核中，采用 ipfwadm 来操作内核包过滤规则。

● 在 2.2 内核中，采用 ipchains 来控制内核包过滤规则。

● 在 2.4 内核中，采用了一个全新的内核包过滤管理工具——iptables。

Netfilter/iptables 最早是与 2.4 内核版本的 Linux 系统集成的 IP 信息包过滤系统。它与 ipfwadm 和 ipchains 相比，使用户更易于理解其工作原理，更容易使用，也具有更强大的功能。Netfilter/iptables 由 Netfilter 和 iptables 两个组件组成。

4. Netfilter 组件（内核空间）

Netfilter 组件称为内核空间，它集成在 Linux 的内核中。Netfilter 是一种内核中用于扩展各种网络服务的结构化底层框架。Netfilter 的设计思想是生成一个模块结构使之能够比较容易地扩展。新的特性加入到内核中并不需要重新启动内核。这样，可以通过简单地构造一个内核模块来实现网络新特性的扩展，给底层的网络特性扩展带来了极大的便利，使更多从事网络底层研发的开发人员能够集中精力实现新的网络特性。

Netfilter 主要由信息包过滤表（tables）组成，包含了控制 IP 包处理的规则集（rules）。根据规则所处理的 IP 包的类型，规则被分组放在链（chain）中，从而使内核对来自某些源、前往某些目的地或具有某些协议类型的信息包处置方法，完成信息包的处理、控制和过滤等工作。图 5-30 显示了 Netfilter 的总体结构。Netfilter 中的表由若干个链组成，而每条链中可以由一条或者多条规则组成。我们可以这样理解，Netfilter 是表的容器，表是链的容器，而链又是规则的容器。

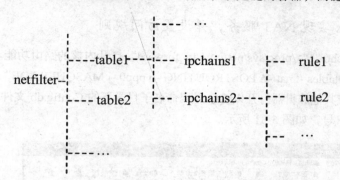

图 5-30　netfilter 的总体结构

● 规则（rules）

规则存储在内核空间的信息包过滤表中，这些规则分别指定了源 IP 地址、目的 IP 地址、传输协议、服务类型等。当数据包与规则匹配时，就根据规则所定义的方法来处理这些数据包，如放行（accept）、丢弃（drop）等。

链是数据包传播的路径，每一条链其实就是众多规则中的一个检查清单，每一条链中可以有一条或数条规则。当数据包到达一条链时，会从链中第一条规则开始检查，看该数据包是否满足规则所定义的条件，如果满足，系统就会根据该条规则所定义的方法处理该数据包；否则将继续检查下一条规则。如果该数据包不符合链中任何一条规则，会根据该链预先定义的默认策略处理数据包。

● 表（tables）

Netfilter 中内置有 3 张表：filter 表、nat 表和 mangle 表。其中 filter 表用于实现数据包的过滤，nat 表用于网络地址转换，mangle 表用于包的重构。

5．iptables 组件（用户空间）

iptables 组件是一个简洁强大的工具，它也被称为用户空间，用户通过它来插入、删除和修改规则链中的规则，这些规则告诉内核中的 Netfilter 组件如何去处理信息包。iptables 和 ipchains 非常相似，可以通过 iptables 控制防火墙和信息包过滤，根据自己的安全需要来定制各种规则。

5.10.5　实训步骤

1．使用 iptables 做防火墙，设置访问规则

（1）以 root 账户登录系统。

（2）使用命令 "iptables -t filter -A INPUT -s 192.168.1.5 -i eth0 -j DROP" 实现禁止 IP 地址 192.168.1.5 从 eth0 访问本机。

（3）使用命令 "iptables -t filter -I INPUT 2 -s 192.168.5.0/24 -p tcp --dport http -j DROP" 实现禁

止子网 192.168.5.0 从 eth0 访问本机的 Web 服务。

（4）使用命令"iptables -t filter -I INPUT 2 -s 192.168.7.9 -p tcp --dport ftp -j DROP"实现禁止 IP 地址 192.168.7.9 从 eth0 访问本机的 FTP 服务。

2. 使用 iptables 实现 NAT 服务，并设置访问规则

（1）使用命令"echo "1">/proc/sys/net/ipv4/ip_forward"打开内核的路由功能。

（2）使用命令"iptables -t nat -A POSTROUTING -o ppp0 -j MASQUERADE"实现 IP 伪装。

（3）使用记事本或其他编辑器打开以 QQ 号码命名子目录下的 Config.db 文件，查看 QQ 使用的服务器的地址和端口号，如图 5-31 所示。

图 5-31　查看 QQ 端服务器的地址与端口号

（4）然后使用下列访问规则，实现禁止所有客户机使用 QQ。

```
iptables -I FORWARD -p tcp --dport 8000 -j DROP
iptables -I FORWARD -p udp --dport 8000 -j DROP
iptables -I FORWARD -d tcpconn.tencent.com -j DROP
iptables -I FORWARD -d tcpconn2.tencent.com -j DROP
iptables -I FORWARD -d tcpconn3.tencent.com -j DROP
iptables -I FORWARD -d tcpconn4.tencent.com -j DROP
iptables -I FORWARD -d tcpconn5.tencent.com -j DROP
iptables -I FORWARD -d tcpconn6.tencent.com -j DROP
iptables -I FORWARD -d http.tencent.com -j DROP
iptables -I FORWARD -d 219.133.60.173 -j DROP
iptables -I FORWARD -d 219.133.49.73 -j DROP
iptables -I FORWARD -d 58.60.14.46 -j DROP
```

（5）使用命令"iptables -I INPUT -i ppp0 -p icmp -j DROP"禁止 Internet 上的计算机通过 ICMP 协议 ping 到 Linux 服务器的 ppp0 接口。

（6）使用命令"iptables -t nat -I PREROUTING -i ppp0 -p tcp --dport 80 -j DNAT --to-destination 192.168.2.5:80"实现发布内网 192.168.2.5 主机的 Web 服务到 Internet。

（7）使用命令"iptables -I FORWARD -d www.playboy.com -j DROP"实现禁止用户访问域名为 www.playboy.com 的网站。

（8）使用命令

```
iptables -t nat -I PREROUTING -i eth0 -p udp --dport 53 -j DNAT --to-destination
61.144.56.101:53
iptables -t nat -I PREROUTING -i eth0 -p tcp --dport 53 -j DNAT --to-destination
61.144.56.101:53
```

实现在 Linux 服务器上实现智能的 DNS 服务。

5.10.6　实训思考题

- 简述防火墙的分类。
- 简述防火墙的工作原理。
- 简述 Netfilter/iptables 架构。

5.10.7　实训报告要求

- 实训目的。
- 实训内容。
- 实训环境及要求。
- 实训步骤。
- 实训中的问题和解决方法。
- 回答实训思考题。
- 实训心得与体会。
- 建议与意见。

第6章

网络操作系统综合实训

在具体工作中，Windows Server 的综合组网与 Linux 的综合组网都是经常遇到的问题。为了更好地理解和掌握这两种操作系统的使用方法和技巧，本章将重点介绍这两种网络操作系统的综合应用。

6.1 Windows Server 2003 综合实训一

6.1.1 实训场景

假如你是某公司的系统管理员，现在公司要做一台文件服务器。公司购买了一台某品牌的服务器，在这台服务器内插有三块硬盘。

公司有三个部门——销售部门、财务部门、技术部门。每个部门有三个员工，其中一名是其部门经理（另两名是副经理）。

6.1.2 实训要求

● 在三块硬盘上共创建三个分区（盘符），并要求在创建分区的时候，使磁盘实现容错的功能。

● 在服务器上创建相应的用户账号和组。

命名规范，如用户名：sales-1，sales-2…；组名：sale，tech…。

要求用户账号只能从网络访问服务器，不能在服务器本地登录。

● 在文件服务器上创建三个文件夹分别存放各部门的文件，并要求只有本部门的用户才能访问其部门的文件夹（完全控制的权限），每个部门的经理和公司总经理可以访问所有文件夹（读取），另创建一个公共文件夹，使得所有用户都能在里面查看和存放公共文件。

- 每个部门的用户可以在服务器上存放最多 100MB 的文件。
- 做好文件服务器的备份工作，以及灾难恢复的备份工作。

6.1.3　实训前的准备

进行实训之前，完成以下任务。
- 画出拓扑图。
- 写出具体的实施方案。

6.1.4　实训后的总结

完成实训后，进行以下工作。
- 完善拓扑图。
- 修改方案。
- 写出实训心得和体会。

6.2　Windows Server 2003 综合实训二

6.2.1　实训场景

假定你是某公司的系统管理员，公司内有 500 台计算机，现在公司的网络要进行规划和实施，现有条件如下：公司已租借了一个公网的 IP 地址 203.198.89.1，并注册了一个域名 jnrp.com 和 ISP 提供的一个公网 DNS 服务器的 IP 地址 192.168.0.200。

6.2.2　实训要求

- 搭建一台 NAT 服务器，使公司的 Intranet 能够通过租借的公网地址访问 Internet。
- 搭建一台 VPN 服务器，使公司的移动员工可以从 Internet 访问内部网络资源（访问时间：9:00 ～ 17:00）。
- 在公司内部搭建一台 DHCP 服务器，使网络中的计算机可以自动获得 IP 地址访问 Internet。
- 在内部网中搭建一台 Web 服务器，并通过 NAT 服务器将 Web 服务发布出去，使 Internet 的用户可以通过 https://www.jnrp.com 访问此服务器的 Web 页。
- 公司内部用户访问此 Web 服务器时，使用 https://www.sdjn.com，在内部搭建一台 DNS 服务器使 DNS 能够解析此主机名称，并使内部用户能够通过此 DNS 服务器解析 Internet 主机名称。
- 在 Web 服务器上搭建 FTP 服务器，使用户可以远程更新 Web 站点。

6.2.3　实训前的准备

进行实训之前，完成以下任务。

- 画出拓扑图。
- 写出具体的实施方案。

在拓扑图和方案中，要求公网和私网部分都要模拟实现。

6.2.4　实训后的总结

完成实验后，进行以下工作。

- 完善拓扑图。
- 修改方案。
- 写出实验心得和体会。

6.3　Linux 系统故障排除

6.3.1　实训场景

假如你是 A 公司的 Linux 系统管理员，公司有几台 Linux 服务器。现在这几台服务器分别发生了不同的故障，需要进行必要的故障排除。

Server A：由实训指导教师修改 Linux 系统的"/etc/inittab"文件，将 Linux 的 init 级别设置为6；Server B：由实训指导教师将 Linux 系统的"/etc/fstab"文件删除；Server C：root 账户的密码已经忘记，无法使用 root 账户登录系统并进行必要的管理。

为便于日后进行类似的故障排除，建议在故障排除完成后，对/etc 目录进行备份。

6.3.2　实训要求

- 参加实训的学生启动相应的服务器，观察服务器的启动情况和可能的故障信息。
- 根据观察的故障信息，分析服务器的故障原因。
- 制定故障排除方案。
- 实施故障排除方案。
- 进行/etc 目录的备份。

6.3.3　实训前的准备

进行实训之前，完成以下任务。

- 熟悉 Linux 系统的重要配置文件，如"/etc/inittab"、"/etc/fstab"、"/boot/grub/grub.conf"等。
- 了解 Red Hat Enterprise Linux 的常用故障排除工具，如 GRUB 引导管理程序、Red Hat 救援模式等，并了解各个工具适合的故障排除类型。

6.3.4　实训后的总结

完成实训后，进行以下工作。

● 在故障排除过程中，观察服务器的启动情况，并记录其中的关键故障信息，将这些信息记录在实训报告中。

● 根据故障排除的过程，修改或完善故障排除方案。

● 写出实训心得和体会。

6.4　Linux 系统企业综合应用

6.4.1　实训场景

B 公司包括一个园区网络和两个分支机构。在园区网络中，大约有 500 个员工，每个分支机构大约有 50 名员工，此外还有一些 SOHO 员工。

假定你是该公司园区网络的网络管理员，现在公司的园区网络要进行规划和实施，条件如下：公司已租借了一个公网的 IP 地址 100.100.100.10 和 ISP 提供的一个公网 DNS 服务器的 IP 地址 100.100.100.200。园区网络和分支机构使用 IP 地址为 172.16.0.0 的网络，并进行必要的子网划分。

6.4.2　实训基本要求

● 在园区网络中搭建一台 squid 服务器，使公司的园区网络能够通过该代理服务器访问 Internet。要求进行 Internet 访问性能的优化，并提供必要的安全特性。

● 搭建一台 VPN 服务器，使公司的分支机构，以及 SOHO 员工可以从 Internet 访问内部网络资源（访问时间：9:00～17:00）。

● 在公司内部搭建 DHCP 和 DNS 服务器，使网络中的计算机可以自动获得 IP 地址，并使用公司内部的 DNS 服务器完成内部主机名及 Internet 域名的解析。

● 搭建 FTP 服务器，使分支机构和 SOHO 用户可以上传和下载文件。要求每个员工都可以匿名访问 FTP 服务器，进行公共文档的下载；另外还可以使用自己的账户登录 FTP 服务器，进行个人文档的管理。

● 搭建 Samba 服务器，并使用 Samba 充当域控制器，实现园区网络中员工账户的集中管理，并使用 Samba 实现文件服务器，共享每个员工的主目录给该员工，并提供写入权限。

6.4.3　实训前的准备

进行实训之前，完成以下任务。

● 熟悉实训项目中涉及的各个网络服务。

● 写出具体的综合实施方案。

● 根据要实施的方案画出园区网络拓扑图。

6.4.4　实训后的总结

完成实训后，进行以下工作。

● 完善拓扑图。

● 根据实施情况修改实施方案。

● 写出实训心得和体会。

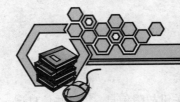

1. 杨云，平寒． Windows Server 2003 组网技术与实训. 北京：人民邮电出版社，2007。

2. 杨云，马立新，金月光． Linux 网络操作系统与实训. 北京：中国铁道出版社，2008。

3. 王春海． 非常网管——典型网络实验. 北京：人民邮电出版社，2007

4. 欧阳江林． 计算机网络实训教程. 北京：电子工业出版社，2006。

5. 李馥娟． 计算机网络实验教程. 北京：清华大学出版社，2007。

6. 深职院精品课程建设网，http://jpkc.szpt.edu.cn/show.htm